교양으로 읽는 지구 이야기

대단한
지구여행

교양으로 읽는 지구 이야기

대단한 지구여행

1판 1쇄 발행 | 2006. 5. 29
2판 2쇄 발행 | 2017. 9. 15

지은이 | 윤경철
펴낸이 | 김선기
펴낸곳 | (주)푸른길

출판등록 | 1996년 4월 12일 제16-1292호
주소 | (08377) 서울특별시 구로구 디지털로 33길 48 대륭포스트타워 7차 1008호
전화 | 02-523-2907, 6942-9570~2
팩스 | 02-523-2951
이메일 | purungilbook@naver.com
홈페이지 | www.purungil.co.kr

ⓒ 윤경철, 2011
ISBN 978-89-6291-166-4 03400

이 도서의 국립중앙도서관 출판시도서목록(CIP)은 e-CIP홈페이지(http://nl.go.kr/ecip)에서
이용하실 수 있습니다.(CIP 제어번호 : CIP2011003001)

교양으로 읽는 지구 이야기

대단한 지구여행

윤경철 지음

$\mathcal{W}hat\ happens\ on\ the\ earth?$

재미있는 지구 이야기!
과학적 탐구심이 솟아나게 하는 지구 상식 백과사전

푸른길

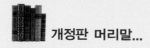

개정판 머리말...

더욱 새로운 지구

　어느덧 본서를 출판한지 만 5년이 지났다. 당시에는 『대단한 ○○여행』이라는 제목의 시리즈 형식으로 출간 할 계획이 없었지만, 어느덧 3권으로 구성된 시리즈로 변해 있었다. 『대단한 지구여행』의 원고를 쓸 때까지만 해도 『대단한 바다여행』과 『대단한 하늘여행』을 염두에 두지 않고 원고를 썼다. 그러다 보니 제일 먼저 출간한 본서에서 일부 잘못된 부분이 발견되었을 뿐만 아니라 꼭 삽입했으면 하는 부분도 있었다. 그래서 5년 전에 출판된 본서를 증보하여 개정판을 내게 되었다.

　흔히 탐험이라고 생각하면 육지보다는 더 악조건 속에서 이루어지는 바다 탐험을 연상하기 마련이다. 또한 대부분의 육지 탐험은 바다 탐험이 이루어진 후에 행해졌기 때문에 탐험의 원조는 바다 탐험이라고 생각한다. 물론 알렉산더의 동방 원정, 장건의 실크로드, 마르코 폴로의 동방 여행 등이 15세기 말 디아스나 가마의 바다 탐험보다 훨씬 앞서 이루어졌지만 이것들은 탐험이라기보다는 정복과 전쟁, 무역을 위해 행해진 것이라고 생각된다. 그래서 당초에 출간된 본서에서 빠졌던 육지 관련 탐험을 추가하였다. 또한 본서의 꼭지 중 바다와 하늘에 관한 내용이 일부 있었는데, 이것들도 지구의 일부분이므로 그냥 두었음을 밝힌다.

　당초 본서는 12장으로 구성되어 있었지만 내용이 유사한 것끼리 통폐합하여 5장으로 줄였다. 본서의 "제1장 – 지구가 만들어졌다"는 당초 1장과 2장을 합하였고, "제2장 – 지구를 탐험한 영웅들"은 당초 3장과 4장 그리고 이번에 추가한 육지 탐험을 포함하였다. "제3장 – 지구와 함께하는 인간 생활"은 당초 5장과 6장 그리고 9장을 합하였고, "제4장 – 지구촌 곳곳에 숨겨진 이야기"는 당초 7장, 8장을 합하였으며, 마지막으로 "제5장 – 지구촌에는 오늘도 비바람이 분다"는 당초 10장, 11장, 12장을 합하였다. 독자들에게 혼란을 주지 않게 하기 위하여 보다 간결하게 통폐합하여 새롭게 꾸몄다. 끝으로 어려운 여건인데도 본서를 다시 증보해 주신 (주)푸른길 김선기 대표님과 편집에 애써 주신 직원들께도 감사드린다.

2011년 여름
North Rocks 서재에서, 윤경철

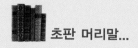

재미있는 지구

중·고등학교에 다닐 때 세계사와 지리를 유난히도 재미있어했다. 그때는 지구나 지도, 지리에 대해 특별히 아는 것도 없었는데, 수학이나 영어 같이 골치 아픈 수업보다는 지구와 관련된 지리 시간이 재미있었다. 칠판 위에 길게 늘어뜨려진 세계 지도를 보며 각 나라와 지역의 특산물이 생산되는 위치를 공부하고, '지도에서 북쪽은 어디일까? 미국까지는 얼마나 걸릴까?' 라는 생각도 해 보았다. 쇳덩어리인 비행기가 어떻게 해서 하늘을 날아 그렇게도 먼 곳까지 다니는지 궁금해하기도 했다.

나는 지금도 궁금하다. 저 너머에는 무엇이 있을까? 동네가 있을까? 바다일까? 그곳까지는 어떻게 갈 수 있을까? 그래서인지 여행을 가든 등산을 가든 막다른 곳까지 가 보아야만 직성이 풀린다. 일행들이 이제 그만 돌아가자고 해도 그 너머를 확인하지 않고는 발길이 움직이질 않는다. 내가 몇 세기 전에 태어났다면 탐험가가 되었을지도 모른다. 지금도 나의 꿈은 세계를 두루 돌아보는 것이다.

어린 시절부터 품었던 지구와 세계에 대한 궁금증이 내가 이 책을 쓰도록 이끌어 주었다. 이 한 권의 책으로 지구라는 큰 땅덩어리의 겉과 속을 다 알 수는 없다. 그러나 어느 정도 접근은 가능하다. 지레짐작으로 겁을 먹고 지구라는 목표물을 향해 도전하지 않는 것은 잘못이라고 생각한다. 지구라는 물체는 과학적인 이론으로 똘똘 뭉쳐 있지만, 그 속을 들여다보면 재미있는 곳이 한두 군데가 아니다.

이 책의 1·2장은 지구의 탄생과 대륙의 생성에 대한 이야기이고 3·4장은 지구의 바다와 극지를 탐험한 사람들의 이야기이다. 5·6장에서는 지구의 표면을 측량하고 그것을 지도로 만드는 이야기가, 7장에서는 지구촌의 물과 뭍 이야기가 전개된다. 8·9장은 지구와 함께하는 인간 생활에 대한 이야기로, 10·11·12장은 지구촌에서 일어나는 기상 현상과 지구 오염 등에 대한 이야기로 엮었다.

　본문 중 측량학과 지리학 저서를 일부 참고하여 쓴 내용이 있다. 혹시라도 잘못 인용된 부분이나 미비한 점이 있다면 양해 바란다. 특히 2001년도에 출판한 『지도의 이해』라는 교재를 준비할 때 모아 둔 지구 관련 자료들이 빛을 보게 되어 다행스럽게 생각한다. 끝으로 어려운 여건 속에서도 책이 나오기까지 애써 주신 (주)푸른길에 감사를 드린다.

2006년 봄
Liberty Grove에서, 윤경철

차례...

개정판 머리말 ... 4

초판 머리말 ... 6

지구가 만들어졌다

먼지 알갱이들이 만든 지구 – 지구의 탄생 ... 16

지구에 나타난 원시 생명체 – 생명체의 탄생 ... 19

우주선 지구호에 주인이 등장하다 – 인류의 출현 ... 22

저는 4학년 6반인데요 – 지구의 나이 ... 25

지구는 둥글다. 그런데 평평하다 – 둥근 지구 ... 28

지구 속에는 대형 전동기가 있다 – 자전과 공전 ... 31

화석에서 잠자고 있는 공룡 – 공룡 이야기 ... 35

태초에 대륙은 한 덩어리였다 – 대륙 이동설 ... 38

지구는 3대양 7대주 6반구로 나누어진다 – 지구의 반구 ... 42

점토판에 숨어 있던 무 대륙 – 침몰한 대륙 ... 45

전설의 대륙 아틀란티스 – 사라진 대륙 ... 48

대륙의 이름에도 유래가 있다 – 대륙의 이름 ... 52

서구에 짓밟힌 검은 대륙 – 아프리카 ... 55

하얀 사막이 있는 제7의 대륙 – 남극 대륙 ... 58

대륙을 끊어 뱃길을 열었다 – 운하 ... 62

지구를 탐험한 영웅들

70개의 알렉산드리아를 세운 30대 청년 – 알렉산드로스 ...68

동서양을 이어 준 기원전 고속도로 – 실크로드 ...71

내가 본 것들의 절반도 이야기하지 못 하였다 – 마르코 폴로 ...74

포르투갈이 뚫은 초기의 바닷길 – 동방으로 가는 바닷길 ...78

대서양을 건너 인도(?)에 도착하다 – 신대륙의 발견 ...81

신대륙 저편에 넓은 바다가 있더라 – 세계 일주 ...86

탐험이 아니고 약탈과 살인이었다 – 아즈텍과 잉카 ...90

황금을 찾아 강을 헤맨 유럽인들 – 아마존 탐험 ...94

서쪽으로 서쪽으로… – 미국 서부 개척 ...98

어마어마한 소금 호수를 찾아서… – 매켄지의 도전 ...102

동남아시아를 주름잡은 동인도 회사 – 네덜란드의 활약 ...105

금성을 관측하고 미지의 땅을 찾아라 – 남방 탐험 ...110

제가 마지막 생존자입니다 – 오스트레일리아 내륙 탐험 ...114

북부 아프리카에서 죽어간 사람들 – 사하라 탐험 ...118

토인을 사랑한 의인 – 리빙스턴 ...121

러시아의 동쪽 끝에는 물길이 있다 – 베링 해협 ...125

북극 탐험에 종지부를 찍어라 – 북극점의 정복 ...128

얼음 바다에 묻힌 사람들 – 북서 항로의 비극 ...131

신이여, 우리 가족을 돌보아 주소서! – 남극점 탐험 ...134

무사 귀환이 의심스러운 여행 – 섀클턴의 귀환 ...138

제3의 극지에 선 사람 – 에베레스트 초등자 ...142

달에는 토끼도 없고 계수나무도 없더라 – 달 탐험 ...145

지구와 함께하는 인간 생활

3

항해의 기준을 찾은 목수 - 크로노미터와 경도　　...150

아무렇게나 그은 벽돌 자오선 - 본초자오선　...154

손목시계의 시침을 돌려라 - 시간의 기준　...157

모든 물질은 찰나와 겁 사이에 존재한다 - 측정의 단위　...159

지구는 1초의 오차도 허용치 않는다 - 초(秒)　...163

산야에 묻힌 돌말뚝 - 측량 기준점　...165

호랑이는 어디에 앉아 있는가? - 우리나라의 위치　...168

방향의 기준은 동쪽이 아니다 - 방향과 북쪽　...170

길을 가르쳐 주는 돌 - 나침반　...173

여기는 봄인데 거기는 가을 - 남반구와 북반구　...176

안방에서 남의 집 동태를 살핀다 - 인공위성　...178

지구의 땅을 재고 헤아린다 - 지구의 측량　...181

지구의 땅 모양을 그린 사람들 - 지도의 역사　...185

지구의는 지구를 그대로 줄인 것이다 - 지구의　...188

나라가 어지러울 때는 적을 쳐부수고 - 김정호와 대동여지도　...192

바다에도 지도가 있다 - 해도　...195

땅의 생김새가 숨어 있는 지도 - 지형도　...198

토지의 쓰임새를 나타내는 지도 - 지적도　...201

지도를 읽으면 길눈이 밝아진다 - 지도 읽기　...204

태양과 달이 역법을 만들었다 - 달력　...207

오뉴월에 눈이 내리고 동지섣달에 더위가 온다 - 치윤법　...210

동지는 태양의 탄생일이다 - 동지　...213

산중 과일을 따 먹으며 달린다 - 오리엔티어링　...216

10시간을 날아도 같은 날이다 - 시차　...219

땅 밑을 흐르는 생기를 찾아라 - 풍수지리　...222

지구가 품고 있는 유용한 물질 - 지하자원　...225

지구촌 곳곳에 숨겨진 이야기

물 외투를 입고 있는 지구 - 바다 ... 228

시베리아의 담수 공장 - 바이칼 호 ... 231

빙하 얼음으로 전기와 맥주를 만든다 - 빙하의 이용 ... 234

사람의 발길이 닿지 않는 강 - 아마존 강 ... 236

지옥에서 나오는 더운 물 - 온천 ... 239

지구에 마실 물이 없다 - 물의 부족 ... 243

인류가 처음 자리 잡은 도시들 - 고대 도시 ... 246

시간이 멈춰 버린 적색 평원 - 사하라 사막 ... 250

인도가 밀어 올린 세계의 지붕 - 히말라야와 에베레스트 ... 253

막일꾼들이 만든 콘크리트 무지개 - 교량 ... 256

한반도 면적의 10배까지만 섬이다 - 섬 ... 259

49번째 미국 땅이 된 빙토 - 알래스카 ... 261

하루에 봄, 여름, 가을, 겨울이 다 있는 나라 - 칠레 ... 264

전화기는 없지만 와인과 야일라가 있다 - 흑해 연안 사람들 ... 267

아오테아로아는 이렇게 태어났다 - 뉴질랜드의 탄생 ... 270

우리와 얼굴이 닮은 사람이 산다 - 그린란드 ... 273

'연가'를 만든 마오리 - 뉴질랜드 원주민 ... 276

사막에 숨어 사는 애버리진 - 오스트레일리아 원주민 ... 279

가난과 내전으로 찌든 중앙아시아 - ~스탄 나라들 ... 282

지구촌에는 오늘도 비바람이 분다

1마이크로의 물방울이 비를 만든다 – 강수 ... 286

바람을 타고 비행하는 거미 – 바람 ... 289

시베리아 고기압이 변했다 – 심한 사온 ... 292

물방울이 만들어 내는 하늘의 색동 띠 – 무지개 ... 295

달이 바닷물을 밀고 당긴다 – 조수 ... 298

북극에는 오로라와 백야가 꿈꾼다 – 북극의 기상 ... 301

불의 신이 다가온다 – 화산 ... 303

천지가 진동하고 땅이 갈라진다 – 지진 ... 306

바다 밑바닥에서 올라온 웨이브 – 쓰나미 ... 310

서해 상공에 담을 쳐라 – 황사 ... 313

바다가 태풍을 잉태한다 – 태풍 ... 316

하늘에서 내려오는 게릴라들 – 홍수 ... 319

기차도 들어 올리는 회오리바람 – 토네이도 ... 322

정어리 떼를 쫓아낸 아기 예수 – 엘리뇨 현상 ... 324

하늘에 구멍이 뚫렸다 – 오존층 파괴 ... 327

온실에서 시들어 가는 인간들 – 지구 온난화 ... 330

지구의 얼음이 녹아 내린다 – 빙하의 용융 ... 333

불모의 땅이 넓어진다 – 사막화 현상 ... 335

지구가 대머리 된다 – 산성비 ... 339

맑은 하늘이 보고 싶다 – 대기 오염 ... 342

전 지구를 돌아다니는 살인 물질 – 방사능 ... 345

지구는 멸망할 것인가? – 지구의 미래 ... 348

참고 문헌 ... 351

What happens on the earth?

지구가 만들어졌다

먼지 알갱이들이 만든 지구
- 지구의 탄생

우주 대폭발설을 주장한 벨기에의 르메트르•는 아마 욕설을 들었을 지도 모른다. 당시로서는 증명이 불가능한 주장이었을 뿐만 아니라, 터무니없는 일로 여겨졌기 때문이다. 르메트르가 1927년에 발표한 대폭발설(빅뱅 이론)•은 시간과 공간 그리고 모든 물질이 어느 한순간의 폭발로 생겨났다고 보는 학설이다.

대부분의 과학자들은 논쟁의 가치가 없는 것으로 생각하였지만, 에드윈 허블만•은 이 주장을 진지하게 받아들였다. 그는 혹시 우주가 팽창하고 있지 않을까라는 생각을 했다고 한다. 또 벨 전화 연구소의 일부 연구원들도 빅뱅의 잔존물로 생각되는 무선음을 발견하였다고 한다. 뿐만 아니라 캘리포니아의 로렌스 리버모어 연구소의 조지 스무트 George Smoot는 우주 배경 복사• 탐사선COBE이 얻은 증거들을 볼 때 빅뱅은 강력하게 부정하지 않았다고 한다. 아무튼 빅뱅은 지금도 많은 수수께끼를 안고 있다.

빅뱅 이론을 과학적인 이론에 근거하여 접근해 보면 원반 형태의 넓디넓은 원시 우주에서 약 1~2백억(137억) 년 전에 대폭발이 있었는데, 이때 다량의 성간 가스가 응축되어 태양이 만들어졌다. 이때 외곽에 있던 소량의 물질들이 마치 세탁기 안에서 빨래가 돌아가는 것처럼 돌다가 미행성이 만들어졌을 것으로 추정한다. 초기에 만들어진 이 미행성은 먼지 입자 또는 가스

Georges Lemaitre, 1894~1966: 벨기에의 천문학자·우주론자. 우주 대폭발설을 제안하였다.

big bang theory: 약 120~150억 년(또는 200억 년) 전에 우주가 하나의 점과 같은 상태였다가 대폭발에 의해 생겼다는 이론

Edwin Powell Hubble, 1889~1953: 우주가 팽창하고 있다는 증거를 처음 제시한 미국의 천문학자

宇宙背景輻射, cosmic background radiation: 우주의 모든 방향으로부터 같은 강도로 들어오는 전파. 그 관측을 통해 초기 우주의 상태를 알 수 있다.

구름들이 서로 뭉쳐서 생겼을 것으로 생각되는데, 그 수는 수조 개로 추산된다. 이들은 자기들끼리 서로 충돌하면서 계속 부착 성장해 나갔다. 마치 오래된 침대 밑에서 먼지들이 엉켜서 덩어리가 되는 것과 같은 이치다. 미행성은 암석 성분으로 된 것과 철과 같은 금속 성분으로 된 것으로 나눌 수 있는데, 이들이 충돌하는 과정에서 금속 성분의 미행성은 서로 끌어당기는 힘 때문에 점점 더 커지고, 암석으로 된 미행성 물질들은 부서져서 떨어져 나갔을 것이다.

원시 지구의 내부 구조_원시 대기에서 태양을 비롯한 태양계의 행성들이 만들어질 때 원시 지구도 형성되었는데, 이때 가장 먼저 만들어진 것이 원시 중심핵(철과 니켈)이다.

이제 원시 태양과 미행성들도 만들어졌다. 보통 이상 되는 큰 미행성들은 더 빨리 커져 나갔다. 왜냐하면 이것들 서로 간에는 주위의 물체를 끌어당기는 중력이 생겼기 때문이다. 그래서 부딪혀 흩어지는 암석형 파편들도 중력의 힘에 의해 외부로 떨어져 나가지 못하게 붙들어 둘 수 있었다. 더 많은 물질들이 빨려 들어왔고, 모든 물질들이 하나로 합쳐지는 과정이 진행된 것이다. 이때부터 큰 미행성의 중심부에 모여 있던 고온의 물질들이 외부로 표출되고 크고 작은 천체들이 하늘에서 마구 떨어지는, 그야말로 혼돈의 상태가 지속되었다.

수백만 년 동안 이런 분합의 과정을 거치며 그 중 가장 큰 것이 원시 지구로 자랐으며, 시간이 지나면서 성장은 점점 느려졌다. 왜냐하면 원시 지구의 덩치가 워낙 커져서 보다 작은 미행성이 충돌해도 성장률이 상대적으로 낮았을 뿐만 아니라, 궤도 부근에 있던 미행성의 수도 많이 줄어들었기 때문이다. 이런 가운데 지구 내부에서는 온도가 높아지고 화산 폭발 같은 일이 일어나기 시작하였다. 이때 빠져 나온 기체들로 하늘에는 새로운 대기가 만들어지기 시작하였다.

그렇다면 어떤 기적이 있었기에 오늘날과 같이 생명이 숨쉬는 푸른 지구가 될 수 있었을까? 미행성들이 충돌하고 지구 내부의 물질이 표출하는 과정에서 엄청난 압력과 열 그리고 휘발성 성분(메탄, 수소, 암모니아, 이산화탄소 그리고 80%의 수증기)이 방출되기 시작했다. 시간이 흐르면서 점차 온도가 내려가고 이산화탄소와 수증기가 점점 많아지면서 대기의 기초가 형성된 것이다.

　　지구가 이산화탄소와 수증기로 덮여 있었다는 사실은 매우 중요하다. 이산화탄소와 수증기는 온실 효과•를 일으키는 기체이기 때문이다. 만약 온실 기체가 없었다면 이때 생긴 엄청난 열이 모두 우주 공간으로 날아가 버렸을 것이다. 따라서 오늘날과 같이 푸른 지구가 탄생되지 않았을지도 모른다. 원시 지구의 수증기와 이산화탄소에 의해 두터운 구름층이 형성되고 공기 중의 수증기가 물방울로 변하는 아주 중요한 일이 벌어졌다.

溫室效果, greenhouse effect 열을 흡수·반사하는 수증기, 이산화탄소 등의 대기 성분에 의해 나타나는 지구 보온 효과

　　마침내 하늘을 뒤덮은 구름에서 비가 내리기 시작했다. 펄펄 끓던 마그마•의 바다가 점점 식기 시작하면서 수백만 년 동안 끊임없이 비가 내렸다. 땅 표면이 꺼진 부분은 모두 빗물로 채워져 태초의 바다가 생겼다. 하지만 이 비는 시원한 비가 아니라 300℃에 가까운 뜨거운 비였다. 폭포수처럼 땅으로 쏟아진 이 뜨거운 비는 1,300℃ 정도로 펄펄 끓는 땅 표면을 빠른 속도로 식혀 주었다. 땅 표면이 식으면서 더 많은 수증기가 하늘로 올라가고 또 비가 내렸다. 땅은 더욱 식었고 더 많은 비가 내렸다. 이런 일이 얼마나 오랫동안 지속되었는지 아무도 모른다. 지구를 덮고 있던 두꺼운 구름층은 차츰 자취를 감추었고, 대기의 농도가 낮아짐에 따라 지표의 온도가 점점 더 내려갔다. 이렇게 해서 지구에는 육지와 바다, 그리고 맑게 갠 하늘이 생겼다. 지금부터 46억?년 전의 일이다.

Magma, 용암. 지하 내부에 있는 암석의 용융체

지구에 나타난 원시 생명체
− 생명체의 탄생

지구의 생명체 탄생을 알기 위해서는 지구 탄생 최초의 순간을 알아야 한다. 하지만 현대 물리학이 아무리 발전했다고 해도 우주 진화 과정과 생명 탄생 초기의 사건은 정확히 알 수 없다. 생명 탄생 초기의 비밀은 앞으로도 긴 시간 동안 미지의 상태로 남아 있을 수밖에 없다. 어쩌면 우리 인간은 생명 탄생의 비밀을 모른 채 멸망할지도 모른다.

지구에 원시 생물이 처음 나타난 곳은 바다였을 것이라고 추정한다. 초창기 지구 대기에는 지금과 달리 오존층이 없었기 때문에 태양으로부터 나오는 자외선을 막을 방법이 없었다. 이때 자외선을 피할 수 있는 유일한 곳은 바다 속이었다. 실제로 35억 년 전 바다에 생명체가 살고 있었다는 확실한 증거도 있다. 오스트레일리아 노스폴에서 발견된 스트로마톨라이트stromatolite가 그것이다. 그리스어로 '바위 침대'라는 뜻의 이것은 나무의 나이테를 연상케 하는 줄무늬가 있는 검붉은 암석으로, 세포 속에 핵이 따로 없는 원핵생물인 녹조류들이 무리 지어 살면서 만든 형태이다. 이 녹조류들은 엽록소를 갖고 있어서 광합성을 할 수 있었는데, 그 후손들이 지금도 살아남아 오스트레일리아 서쪽의 샤크 만에서 스트로마톨라이트를 만들고 있다고 한다. 한편 35억 년 전에 광합성을 하는 생명체가 있었다는 것은 이때 이미 산소가 만들어지고 있었다는 것을 뜻한다.

고대로부터 파스퇴르Louis Pasteur, 1822~1895 이전의 과학자들 사이에서는 생물체가 우연히 생겨날 수 있다고 주장하였으나, 파스퇴르가 1861년에 실험한 "자연발생설의 검토"에서 자연발생설이 일어날 수 없다고 주장하였다. 그동안의 잘못된 관념을 파스퇴르가 바로잡은 것이다. 그리고 원시 생명체가 탄생했던 당시의 지구 환경은 생명을 유지하고 발전시킬 만큼 좋아지기는 했어도, 생명이 '어찌어찌하여' 창조될 만큼 좋아지지도 않았다는 것이다. 그렇다고 다른 외계에서 '생명의 씨앗'이 지구로 흘러들어 왔다고 단정 지을 수도 없다. 왜냐하면 당시에는 지금처럼 자유로이 호흡할 수 있을 정도의 산소가 없었기 때문이다. 그 후 산소의 양도 충분해졌고 오존층도 만들어졌는데, 지금으로부터 불과 약 4억 년 전의 일이다. 그렇다고 다른 외계에서 '생명의 씨앗'이 지구로 흘러들어 왔다고 단정지을 수도 없다. 왜냐하면 당시에는 지금처럼 자유로이 호흡할 수 있을 정도의 산소가 없었기 때문이다. 그 후 산소의 양도 충분해졌고 오존층도 만들어졌는데, 지금으로부터 불과 약 4억 년 전의 일이다.

원시 생명체의 탄생에 매우 중요한 역할을 한 것은 물이었다. 태초에 바다가 만들어진 후, 바다 속에서는 여러 가지 원소들이 특별한 반응과 변화를 거쳐 생명체의 바탕이 되는 유기물을 만들어 냈다. 그리고 이 유기물들이 변화하면서 마침내 최초의 생명체가 만들어졌다. 이 생명체들은 서로 분화된 기능을 수행하면서 점점 더 복잡한 생물들로 진화되어 갔으며, 이들 중 일부는 오랜 진화 과정을 거치면서 육지로 올라 왔다. 이처럼 바다는 지구 최초의 생명체를 밴 곳이며, 물은 지금도 모든 생물을 낳고 기르는 데 반드시 필요한 생명의 젖이다.

영국의 생물학자 다윈Charles Robert Darwin, 1809~1882은 비글호를 타고 갈라파고스 제도를 답사하면서, 동일한 종류의 생물이라도 자라는 환경이 다르면 진화도 다르게 한다는 것을 전 세계에 알렸다. 그가 여행 중의 관찰 기록을 정리하여 1839년에 출간한 『비글호 항해기Journal of the Voyage of the Beagle』는 진화론의 기초가 되었다. 그는 또 1859년 『종의 기원On the Origin of Species by

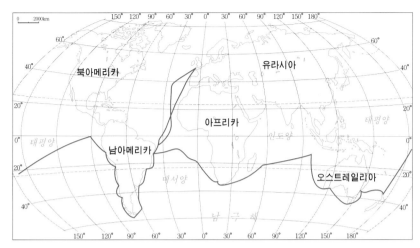

비글호의 항해로_다윈은 22세 때인 1831년에 해군 측량선 비글호에 박물학자로서 승선하여, 남아메리카 및 남태평양의 여러 섬, 특히 갈라파고스 제도와 오스트레일리아 등지를 두루 항해·탐사하고 1836년에 귀국하였다.

Means of Natural Selection or the Preservation of Favoured Race in the Struggle for Life』이라는 진화론 관련 책을 내놓았다. 이것은 어떤 종의 개체 간에 변이가 생겼을 경우에, 그 생물이 생활하고 있는 환경에 가장 적합한 것만이 살아남고 부적합한 것은 사라진다는 견해이다. 곧, 개체 간에 경쟁이 일어나고 진화가 된다는 것이다.

진화론자들이나 생물학자들이 주장하는 어느 것도 정답이 아닐 수 있다. 왜냐하면 지구에 생명체가 탄생된 것을 일반인들이 이해할 수 있도록 꼭 집어 답해 줄 사람도 없기 때문이다. 우리는 그들을 낳은 부모도 정확히 모르고, 자란 이력서도 모른다. 그러나 우리는 각종 유기 물질들이 화학적으로 진화하는 과정에서 생명체가 탄생할 수도 있다는 것을 실험실에서 간접적으로 알 수 있다. 그렇다고 어찌어찌하여 탄생되었다고 얼버무려 버릴 수도 없다. 아무튼 생명체의 탄생은 우주 및 지구의 생성 과정부터 정확히 알아야 하기 때문에, 이 문제는 영원한 숙제로 남을지도 모른다.

우주선 지구호에 주인이 등장하다
– 인류의 출현

　이제 지구가 만들어지고 원시 생명체도 나타났다. 또 오존층도 생기고 산소도 많아졌다. 그렇다면 인간은 언제, 어디서 나타났을까? 지금으로부터 4, 5백만 년 전, 에너지 폭발에 의해 원시 인류가 나타났다고 한다. 당시의 인간 모습을 상상할 수는 없지만 그림의 왼쪽과 같이 아주 초보적인 형태였을 것으로 추정하고 있다. 그 후 인류의 조상인 오스트랄로피테쿠스Australopithecus가 등장하였고, 250만 년 전쯤에는 뇌가 점점 커지고 도구를 사용할 줄 아는 호모 하

인류의 진화_7백만 년 전 트리오피테쿠스가 오늘날의 긴팔원숭이로 변했으며, 그 후 4, 5백만 년 전쯤에 오랑우탄과 침팬지도 독립적으로 생성되었는데, 이때 침팬지는 다시 좀 더 진화된 고릴라로 변해 갔다. 남아프리카 원인이 탄생한 이후 자바 원인, 네안데르탈인, 크로마뇽인 등으로 진화를 거듭해 오다가 현재의 인류가 등장하였다.

빌리스(Homo habilis: 재간꾼)가 등장했다. 160만 년 전에는 걸어 다니는 호모 에렉투스(Homo erectus: 곧선 사람)가 나타나서 아시아, 아프리카, 유럽, 중국까지 퍼져 나갔다. 50만 년 전에는 베이징 원인이 나타났고, 10만 년 전에는 인류의 사촌이라고 할 수 있는 네안데르탈(Neanderthal, 호모 에렉투스의 후예)인이 유럽과 중동에 등장하였다.

4만~5만 년 전부터 인류는 호모 사피엔스(Homo sapiens: 지혜로운 사람)라는 현대적인 인간으로 변모해 갔다. 유럽에서는 후기 구석기 시대인 4만 년 전에 크로마뇽Cro-Magnon인이 나타나 네안데르탈인과 장기간 공존하였다. 그리고 약 4만 년 전부터 인류의 직계 조상이라고 할 수 있는 호모 사피엔스 사피엔스

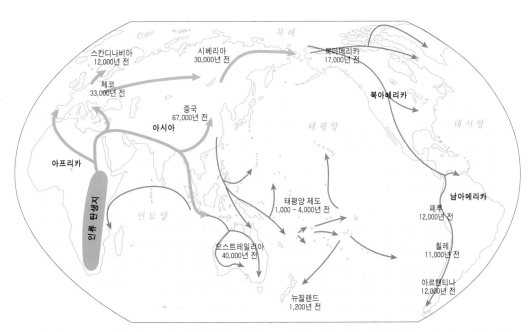

인류의 이동 경로_아프리카 남동부에서 탄생한 인류는 유럽으로 간 백인계와 아시아로 간 황인계 그리고 아프리카에 남은 흑인계 등으로 구분할 수 있다. 그 후 인류는 다른 생명체들과는 전혀 다른 진화의 길을 걷게 되었으며, 문화의 발달을 멈추지 않고 전 지구로 퍼져 나갔다. 전 지구에서 인류가 가장 늦게 도착한 곳은 뉴질랜드이다. 우리나라에 도착한 인류는 시베리아와 몽골 쪽에서 건너온 것으로 추정되므로, 인도와 중국보다 인류가 늦게 도착한 것으로 추정된다.

(Homo sapiens sapiens: 아주 현명한 사람)가 나타나기 시작하였다.

인류의 진화는 여러 지역에서 진행되었지만 뿌리는 아프리카로 알려져 있다. 1924년 남아프리카의 외과 의사이자 아마추어 인류학자인 레이먼드 다트Raymond Dart, 1893~1988는 남부 아프리카에서 원시 인간의 두개골인 오스트랄로피테쿠스를 발견했고, 1959년 영국의 인류학자 루이스 리키Louis Leakey, 1903~1972는 동아프리카 탄자니아의 올두바이 계곡에서 170만 년 전의 두개골인 진잔트로푸스Zinganthropus를 발견하였다. 이러한 발견을 통해서 아프리카 대륙이야말로 인류의 발상지라고 생각하게 되었다. 인류의 아프리카 단일 기원설을 뒷받침하는 또 하나의 중요한 단서는 인류의 직계 조상이라고 할 수 있는 호모 사피엔스 사피엔스도 남아프리카의 동굴에서 발견되었다는 것이다.

인류의 조상이 아프리카 대륙에 처음 등장했을 때만 해도 네 다리로 기어 다니는 동물이나 다름없었지만, 많은 세월이 흐르면서 두 다리로 걸어 다니는 직립 인간으로 변해 갔다. 더불어 지적인 능력이 서서히 진화하면서 도구를 발달시키고 농사를 짓고 문명을 이룩할 만큼 뇌도 점점 커졌고, 마침내 지구를 변화시킬 만한 위치에 우뚝 서게 되었다. 이들은 기후 변동과 인구 증가 등으로 인해 아프리카에만 머물지 않고 전 대륙으로 퍼져 나갔는데, 이들 중 유럽으로 간 종족을 백인종(코카소이드), 아시아로 간 종족을 황인종(몽골로이드) 그리고 아프리카에 남은 종족을 흑인종(니그로이드)이라 부른다.

부모님이 우리를 낳아 주셔서 우리가 이 땅에 살게 된 것은 자연의 순리이지만, 진화론적인 관점에서 바라보면 기적에 가까운 일이다. 왜냐하면 인류의 탄생과 진화 과정을 정확하게 깨칠 수 없기 때문이다. 반면에 성경의 관점에서 바라보면 태초에 하느님이 천지를 창조할 때 인간도 함께 만들었다고 한다. 진화론이든 천지창조론이든 인간의 출현은 큰 사건이다.

저는 4학년 6반인데요
– 지구의 나이

어른들이 서로의 나이를 얘기할 때 농담 삼아 초등학교 때의 학년과 반으로 표현한다. 그래서 지구의 나이 46억 년도 재미로 4학년 6반이라고 표현해 보았다. 지구의 나이를 과학적인 방법으로 최초로 측정한 사람은 콩트 드뷔퐁 Comte de Buffon, 1707~1788이다. 그는 지구가 뜨거운 상태로 출발했기 때문에, 쇠를 뜨겁게 달구어 식는 속도를 관찰하면 지구의 나이를 어느 정도 알 수 있을 것이라고 했다. 그는 이 실험으로 지구의 나이를 약 7만 5천 년으로 계산해 냈다. 이것은 1779년에 발표되었는데, 당시만 해도 해괴망측한 일로 받아들여졌다. 지금과 비교해 보면 엄청난 차이가 나지만 감히 지구 나이를 측정해 보려고 한 시도는 높이 살 만했으며, 그 후 여러 과학자들이 다른 방법으로 지구의 나이를 실험하는 계기가 되었다.

우리들은 각자의 현재 나이를 알고 있다. 뿐만 아니라 부모가 누구이며, 지금까지 어떻게 성장하였는지 잘 알고 있다. 이는 우리가 태어나서 자라는 과정을 부모와 주변 사람들이 지켜보았고, 사진이나 학교 성적표 같은 여러 기록들이 남아 있기 때문이다. 그러므로 내가 알지 못하는 어떤 다른 것에 대해 보다 자세히 알려면, 그것이 태어나서 그동안 겪어 온 과정을 알아보거나 그것이 남긴 기록을 살펴보면 된다. 그러나 불행히도 지구는 정확히 나이가 몇 살인지, 탄생 후 어떤 과정으로 진화하였는지, 말할 수 있는 사람이 아무도 없다. 어느 누구도 지구의 탄생 과정을 목격하지 못했으며, 지구가 변해 온 과정을 지켜보지 못했기 때문이다. 또 아직까지 지구의 탄생을 뒷받침할 만한 결정적인 자료도 발견되지 않았다.

과학자들은 지구의 나이를 대략 46억 년으로 잡고 있다. 1970년 1월과 1971년 1월 두 차례에 걸쳐 미국 휴스턴에서 달 과학 회의가 열렸는데, 이때 아폴로 11호가 달에서 가지고 온 월석의 연구 결과가 발표되었다. 9개국의 과학자가 참여한 발표의 내용은 달의 암석은 지구와 비슷한 46억 9000만 년 전에 생성되었다는 것이었다. 일부 학자들은 30억~40억 년 정도로 지구보다 많이 어리다고 얘기했지만, 대체로 지구와 비슷한 시기인 46억 년 전에 만들어졌다고 했다. 이는 태양계의 모든 행성들이 따로 만들어진 것이 아니라 거의 비슷한 시기에 만들어졌다는 가설을 뒷받침하고 있다. 그렇다면 태양, 달, 지구를 포함한 10개의 행성 모두가 46억 살이라는 말인가?

지금 널리 알려진 46억 년이라는 지구 나이는 초기 지구의 물질로부터 직접 측정된 것이 아니다. 왜냐하면 지구가 만들어지면서 생긴 에너지가 지각•을 용융•시켰을 뿐만 아니라, 지표면에서 침식 작용이 일어나 원시 지구의 지각을 모두 파괴해 버렸기 때문이다. 현재까지 지구에서 오래된 암석은 캐나다에서 발견된 40억 년 된 늙은 돌, 그린란드 이수아 지방에서 발견된 38억 년 된 암석 그리고 동남극에서 발견된 42억 년 전 암석 등이 있다. 그러므로 지구 상에서 발견되는 암석들은 이미 알려진 지구 나이 46억 년에 비하면 무려 6~8억 년이라는 오차가 난다. 그렇다면 우리가 알고 있는 지구 나이 46억 년은 틀렸다는 말일까? 아니면 46억 년의 나이를 가진 물질이 지구에서 아직 발견되지 않았기 때문일까? 46억 년이라는 수치가 비록 정확하지 않다고 하더라도 지구의 나이가 최소한 얼마 이상이라는 것은 알려 주는 셈이다.

한편 지구의 나이가 결코 오래되지 않았다고 주장하는 사람도 있다. 미국 시애틀 남쪽의 헬렌 화산은 1980년에 다시 폭발하여 엄청난 지각 변동을 일으켰

地殼 Crust. 지구의 표면에 해당되는 부분. 밀도가 낮은 고체로 된 암석권의 최상부층으로 대륙 지각과 해양 지각으로 나눈다.

熔融 고체가 가열되어 액체로 변하는 현상

는데, 문제는 이 화산이 폭발한 지 3일 만에 급속히 계곡들이 만들어졌다는 것이다. 이와 같이 지구 생성도 그렇게 오래되지 않았을 것이라고 한다. 또 성경에 나오는 조상들의 나이를 다 더해 보면 6천~7천 년 정도가 된다. 인류의 조상들이 문화를 일군 기간도 6천~7천 년 정도가 된다. 아일랜드의 제임스 어셔 주교도 BC 4004년에 천지창조가 이루어졌다고 주장했다. 거꾸로 생각해 보면 6천~7천 년 정도 전에 지구가 생성되었을 수도 있다는 것이다. 여하튼 지구가 젊다는 것이 과학적으로 증명만 된다면 진화라는 것은 거짓이 된다. 그래서 진화론자들은 지구의 나이가 젊다는 것을 인정하려 들지 않고, 학교에서 가르치는 것도 막고 있다. 지구의 나이가 46억 년이든 38억 년이든, 아니면 다른 주장대로 6천~7천 년이든 지구의 나이를 확인할 수 있는 길은 없다. 지구의 나이를 밝히는 문제도 후세에 맡길 수밖에 없다.

 지구의 물질

지구에는 세 개의 주요 불연속면이 존재한다. 지표로부터 평균 40km까지는 지구의 껍데기에 해당되는 지각이 형성되어 있다. 이는 지구 부피의 1% 정도인데 주로 화성암, 변성암, 섬록암을 비롯한 여러 가지 암석 물질들로 구성되어 있을 것이라고 한다. 또 지구 표면으로부터 약 2,900km까지는 맨틀 부분이다. 깊이는 지구 중심의 반 정도 되지만, 체적은 지구 전체의 80%를 차지한다. 맨틀의 주성분은 짙은 녹색의 투명한 페리도타이트라는 감람석의 일종으로 추정하고 있다. 또 가장 깊은 곳에 있는 핵 중 외핵의 두께는 약 2,280km로 철과 유황이 함유된 액체이거나 액체와 같은 성질의 물질로 이루어져 있다고 한다. 그리고 내핵은 약 1,190km의 두께로 여러 가지 광석류(유황, 규소, 니켈, 칼륨 등)로 이루어져 있다고 한다.

지구는 둥글다, 그런데 평평하다
- 둥근 지구

대부분의 사람들은 지구가 둥글다는 것을 잊은 채 살아간다. 둥글다는 것을 느낄 수가 없을 뿐만 아니라 시각적으로도 구球처럼 보이지 않기 때문이다. 그렇다면 얼마나 큰 구이기에 평지처럼 느껴질까? 보통 사람의 시각으로는 판별할 수 없지만, 비행기를 타고 하늘 높이 올라가거나 인공위성이 대기권• 바깥에서 찍어 보내온 사진을 보면 알 수 있다. 아무튼 지구는 평평한 듯한 곡면이 모여 커다란 구를 이루는데, 길이의 측면에서 약 20km까지를 평지라고 생각해도 무방하다.

과학적인 사고가 없었던 고대의 사람들도 월식•을 보고 지구가 둥글다는 것을 어느 정도 짐작할 수 있었다. 월식은 태양과 달 사이에 지구가 끼어들어 생기는 현상으로, 이때 달그림자의 변하는 모습을 보고 지구가 둥글다는 것을 알 수 있다. 또 북쪽으로 올라갈수록 북극성의 고도가 높게 나타난다는 점이나 배가 항구에 들어올 때는 돛대가 먼저 보이고 반대로 항구를 떠나갈 때는 돛대가 마지막으로 사라진다는 점도 지구가 둥글다는 것을 알려주는 현상이다. 이 외에 지구의 적도에서 남·북극으로 갈수록 같은 위도상의 평행선의 크기(길이)가 점점 줄어드는 것도 지구가 둥글기 때문이다.

지구가 둥글다는 이론은 오래 전부터 알려져 왔다. 피타고라스Pythagoras, BC 582~BC 497는 '물체의 가장 완전한 형태는 구이다' 라는 철학적 근거에 의

大氣圈, Atmosphere. 지구를 둘러싸고 있는 공기층. 중력에 의해 붙잡혀 있다.

월식(月蝕, lunar eclipse)과 일식(日蝕, solar eclipse) 월식은 달 표면의 전부 또는 일부가 지구의 그림자에 가려져서 어둡게 보이는 현상이고, 일식은 지구 상에서 볼 때 태양이 달에 의해서 가려지는 현상이다.

해 지구가 둥글 것이라고 생각했다고 한다. 지구 모양이 둥글다고 생각하고 그 둘레를 처음 측정한 사람은 알렉산드리아의 수학자인 에라토스테네스 Eratosthenes, BC 273~BC 192였다. 이 시기에는 여러 수학자나 천문학자, 과학자에 의해 지구가 둥글다는 이론이 제시되었지만, 실제로 확인된 것은 지구의 탐험이 거의 끝나 갈 무렵인 15세기 후반부터였다. 1671년 프랑스의 천문학자인 장 리세Jean Richer, 1630~1696는 루이 14세의 명을 받고 지구가 둥근지 확인에 나섰다. 그 후에도 여러 과학자들이 확인을 거듭한 끝에, 지구가 둥글되 적도 쪽이 약간 불거져 나온 회전 타원체•라는 것이 확인되었다.

回轉楕圓體, rotational ellipsoid, 타원이 긴 지름 또는 짧은 지름을 축으로 회전할 때 생기는 입체. 보통 '회전 타원체'라고 하면 지구를 두고 하는 말이다.

아주 먼 옛날 사람들은 자기가 보이는 곳을 벗어나면 낭떠러지라고 생각하고 함부로 멀리 가는 것을 꺼렸다고 한다. 뿐만 아니라 지구 탐험 초기의 탐험가들도 지구가 둥글다고 생각지 않았다. 그래서 북반구의 사람들은 지구의 남쪽이나 서쪽으로는 뜨거운 햇빛 때문에 끝까지 내려가지 못한다고 믿었다. 해가 서쪽으로 넘어가 그 밑으로 빠졌기 때문에, 거기엔 뜨거운 태양이 있을 것으로 믿었던 것이다. 우스운 얘기 같지만 있을 수 있는 일이다.

오늘을 사는 대부분의 사람들은 인공위성이 찍어 보내오는 지구 사진을 통해 둥근 지구의 모습을 알고 있다. 그렇지만 지구 위에서 살아가는 우리는 지구가 둥근 것을 보지 못한다. 그런데 둥글다. 높은 산에 올라가 360° 방향으로 둘러보아도 지구가 둥근 듯한 모습은 어디에서도 찾아볼 수 없다. 그러나 180° 이상의 둘레가 다 보이는 바닷가 해안에서 바다의 좌우 방향을 주시해 보면 그 해답을 얻을 수 있다. 지구가 둥글다는 것을….

그렇다면 둥근 지구의 둘레는 얼마나 될까? 배가 불룩한 지구의 적도 둘레는 40,075km(1°당 111.319km)이고, 극 둘레는 39,940km(1°당 110.944km)이다. 이 길이는 서울과 부산 간 거리의 100배에 해당한다. 그러므로 지구의 둘레를 기억할 때 약 4만 km라고 하면 무리가 없다. 1525년경 프랑스의 의사 장 페르넬

Jean Fernel은 적도를 기점으로 위도 1°의 길이를 110.567km로 처음 계산해 냈다. 500년 전에 계산한 값이지만 지금과 큰 차이가 없다. 실로 엄청난 계산 능력이다.

 지구 둘레 계산

측량을 하거나 지도를 그릴 때 가장 중요한 것이 지구 둘레이다. 예수와 비슷한 시기에 생존한 지리학자 스트라본(Strabon, BC 64?~AD 23?, 『지리학』 17권을 책으로 정리)은 아시아, 북아프리카, 유럽을 직접 여행하고 지도로 옮겼는데, 그는 이때 지구 둘레를 28,000km라고 하였다. 리비아 태생의 알렉산드리아 도서관의 사서이자 수학자인 에라토스테네스(Eratosthenes, BC 276~BC 194)는 1년 중 낮이 가장 긴 하지의 정오에 우물 속 깊은 곳까지 햇빛이 미치는 것을 확인하고 지구 둘레를 계산해 냈다. 이때 알렉산드리아에서 시에네(아스완)까지 낙타로 50일이 걸리며, 낙타의 하루 평균 이동 거리가 100스타디아(스타디아 : 그리스의 경주장 크기를 토대로 한 측정 단위)임을 알아내고 두 도시의 거리를 5,000스타디아로 계산해 냈다. 이를 근거로 계산하면 다음과 같다

$(360° \div 7.2°) \times 5,000 = 250,000$스타디아 $\times 0.185 = 46,250$km(『지도 읽기와 이해』 48쪽 참조)

지구 속에는 대형 전동기가 있다
– 자전과 공전

천년의 끝(2000년)과 시작(2001년)인 밀레니엄이 지나갈 때도 "지구가 망할 것"이라는 유언비어가 돌았다. 하지만 지구는 아직 돌아간다. 대형 전동기가 달린 것처럼 지구는 한시도 쉬지 않고 돌면서 달려간다. 이것은 공상 과학 소설에 나오는 이야기가 아닌 현실이다. 컬럼비아 대학교의 지구 관측소에 근무하는 지진학자 샤오둥 쑹Xiaodong Song과 폴 리처드Paul G. Richards에 의하면 지구 중심의 고체 철심이 대형 전동기가 지구를 돌리는 것처럼 작동한다고 한다. 그들은 남극 근처의 사우스샌드위치 제도 부근에서 1967년부터 1995년 사이에 발생한 38개의 지진파를 측정한 결과 이같이 말했다. 그들은 1960년대에 측정한 지진파보다 1990년에 측정한 것이 0.3초 빠르게 도달함을 발견하였다. 이것은 지구의 핵심이 이동한다는 것을 증명한다. 즉, 지구의 자기장●과 핵심 사이에 상호 작용하는 전류가 가장 깊은 부분의 핵심을 전동기처럼 회전하도록 한다는 것이다.

磁氣場, magnetic field, 자기력이 작용하는 공간. 자극 주위나 전류가 지나는 도선 주위에 생긴다.

그렇지만 우리는 지구가 돌면서 달려 나가고 있는 것을 전혀 느끼지 못한다. 지구가 움직이는 모습을 눈으로 직접 볼 수 없기 때문이다. 먼 산에 걸려 있는 해를 보면서 '해가 떠오른다' 또는 '해가 진다'라는 표현을 한다. 그러나 사실은 해가 움직이는 것이 아니라 지구가 돌고 있는 것이다. 동력 상태인 지구는 이 순간에도 가공할 속도로 어디론가 달려가고 있다. 1억 4960만 km 떨어진 태양의 주위를 시간당 약 107,320km(30km/s, 근일점: 30.3, 원일점 29.3)의 속도로

지구의 자전과 공전_그림에서 컵이 돌아가는 것은 지구의 자전에 해당하고, 컵을 실은 원반 전체가 돌아가는 것은 지구의 공전에 해당한다.

달리고 있다. 여름철에 부는 태풍의 1,000배 속도로 태양의 주위를 달리고 있다. 또 지구는 한 시간에 경도 15°씩 자전하고 있다. 즉, 지구는 시간당 1,670km를 팽이처럼 회전하는 비행 물체와 같다. 다시 말해 지구는 66해 톤의 무거운 몸을 이끌고 초속 464m의 빠른 속도로 돌면서 초속 30km씩 나아가고 있다.

지구는 하루에 한 번씩 지축을 중심으로 자전하고 있다. 이에 따라 밤과 낮이 생기고, 천구의 일주 운동이 생긴다. 또 덕분에 지구 상 물체에 원심력이 생기고, 그에 따라 지구 상 각 점의 중력 방향과 크기가 위도에 따라 변하게 된다. 지구가 한 번 자전하는 데 걸리는 시간•은 기준에 따라 약간 차이가 나는데, 태양을 기준으로 하는 1태양일•은 24시간이고, 항성을 기준으로 하는 1항성일•은 23시간 56분 4초이다. 이와 같이 차이가 나는 이유는 지구의 공전 때문이다. 또 지구 상에서 발사되는 로켓이나 인공위성의 시視운동에서 알 수 있듯이, 북반구에서 직선 방향으로 적도를 향하여 발사된 물체는 지표에 대하여 오른쪽으로 편향되어 날아간다. 이것은 지구 자전으로 인하여 적도의 표적 자체가 동쪽으로 움직이는 코리올리 효과• 때문이다.

또 지구는 태양을 중심으로 돌고 있는데 이것을 지구의 공전이라고 한다. 그 결과 계절의 변화, 일조 시간의 변화, 태양의 남중 고도•의 변화 등과 같은 현상이 생긴다. 태양은 천구의 일주 운동으로 그 고도가 변화하여, 일출과 일몰 때 고도가 0이고 남중할 때 최대가 되며, 이것은

時間, time. 1태양일을 24시간, 1시간을 60분, 1분을 60초로 나누는 자전시. 1600년경부터 널리 사용되었다.

太陽日, solar day. 태양이 자오선을 통과하고 나서 다시 그 자오선으로 돌아오는 주기, 즉 태양이 연속해서 동일 자오선에 남중하는 데 걸리는 시간.

恒星日, sidereal day. 어떤 항성이 연속해서 지구의 동일 경도(자오선)를 통과하는 데 걸리는 시간.

Coriolis effect. 북반구의 어떤 지점에서 멀리 던져진 물체는 본래의 직선 방향보다 오른쪽(시계 방향)으로 치우쳐서 떨어지게 되는 현상. 바람이나 해류의 운동 방향이 지구 자전에 의한 원심력 때문에 휘어지는 성질로 1835년 코리올리에 의해 알려졌다.

南中高度, meridian altitude. 천체(주로 태양과 달)가 자오선을 통과할 때 그 자오선의 고도

黃道, ecliptic. 1년 동안 별자리 사이를 움직이는 태양의 겉보기 경로

恒星月, sidereal month. 별자리에 대한 달의 공전 주기로, 약 27.32이다.

朔望月, synodic month. 달이 삭으로부터 다음 삭에 도달하기까지 또는 망으로부터 다음 망에 도달하기까지의 평균 길이 (29.530588일). 달과 태양이 같은 방향에 있을 때를 삭(朔)이라 하며, 달과 태양이 지구를 사이에 두고 서로 반대 방향에 있을 때를 망(望)이라 한다.

恒星年, sidereal year. 지구가 항성을 기준으로 태양의 둘레를 1공전하는 시간. 즉 태양이 천구를 일주하는 데 걸리는 시간.

回歸年. 태양이 황도를 따라서 천구를 일주하는 주기. '태양년'을 말한다.

지표에서부터 40km 지점에는 약 500℃, 200km에는 약 1,200℃, 400km에는 약 1,500℃, 700km 지점에는 약 1,900℃로 예측되며, 지구 중심 온도는 약 6,500℃로 추정된다.

하루 중 기온 변화의 원인이 된다. 한편 태양은 적도에 대하여 기울어진 황도•를 따라 1년을 주기로 이동하기 때문에 태양의 적위 δ는 +23.5°(하지)에서 −23.5°(동지) 사이를 날마다 조금씩 변화한다. 또 지구의 공전은 1항성일과 1태양일의 차이, 1항성월•과 1삭망월•의 차이, 계절에 따라 별자리가 바뀌는 현상 등의 원인이 된다. 태양이 천구상 한 점에서 출발하여 다시 그 지점에 돌아오는 데 걸리는 시간을 1항성년•이라 하며 365.2564일이다. 태양이 춘분점을 출발하여 다시 춘분점으로 돌아오는 데 걸리는 시간을 회귀년•이라 하며 365.2422일이다.

오늘도 대형 전동기는 지구를 돌리면서 달려가게 하고 있다. 돌아가던 지구가 갑자기 정지한다면, 지구는 깊이도 알 수 없는 우주 어딘가로 떨어지게 될 것이고, 지구가 지금 이 상태에서 멈춰 선다면 지구의 한쪽 면에만 햇빛이 비치기 때문에 지구의 온도•가 급강하고, 월식·일식도 구경하지 못하게 된다. 바다에는 썰물·밀물이 일어나지 않고 파도도 없으며, 구름이 전혀 움직이지 않고 바람도 불지 않게 된다. 햇빛이 비치지 않는 쪽에는 산소가 부족해지고, 너무 추워서 따뜻한 곳으로 이동하려는 사람이 많아지기 때문에 햇빛이 비치는 지역은 비좁아질 것이다. 이런 것들은 가설이지만 지구의 자전과 공전이 얼마나 중요한가를 대변해 주는 현상이다.

1972년 영국의 우주인 제임스 러브록James Lovelock은 지구는 생명체와 무생명체인 대기, 해양, 대지가 하나로 엉켜 적합한 생존 조건을 만들어 내는 살아 있는 유기체라는 '가이아'(그리스 고대 신화에 나오는 지구의 여신) 학설을 제창하였다. 그의 가설이 아니더라도 지구는 그 자체가 살아 있는 생명체나 다름없다고 판단된다. 왜냐하면 지구 핵심의 전동기가 지구를 돌리고 있기 때문이다.

태양과 멀어지면 여름이다

신기하게도 지구는 겨울철에 태양에 가까이 접근하고 여름철에 태양으로부터 더 멀어진다.(남반구는 반대) 태양과 지구 사이의 떨어진 거리는 매년 계절에 따라 조금씩 차이 나는데 가장 멀 때와 가까웠을 때 약 5백만 km 정도 차이난다. 이 차이는 지구와 태양 사이의 떨어진 거리(1AU)에 비하면 3% 정도로 매우 작기 때문에 실제로 지구 기후에 영향을 줄 정도는 아니다. 그러므로 계절(춥고 더움)은 거리와 무관함을 알 수 있다. 그렇다면 계절 변화가 일어나는 진짜 이유는 무엇일까? 바로 지구의 자전축이 23.5° 기울어져 있기 때문이다. 즉, 1년 동안 태양의 고도가 달라지기 때문이다. 태양의 고도는 겨울보다 여름이 더 높다. 따라서 겨울보다 여름에 태양 에너지를 더 많이 받기 때문에 여름이 더 더운 것이다. 그러므로 여름철 더운 것과 겨울철 추운 것은 태양과 지구의 떨어진 거리에 정비례하지 않는다. 태양의 고도는 낮 12시가 가장 높아서 12시경에 가장 많은 에너지를 받는다. 하지만, 지표면이 달구어지는 데에 시간이 걸리므로, 낮 2시경에 온도가 가장 높다. 지표면이 달구어지는 데에 약 2시간이 걸린다는 말이다. 태양의 고도가 가장 높을 때 6월(하지)인 것에 비해 평균 온도가 가장 높을 때는 8월인 것과 같다. 또한 태양의 고도가 가장 낮을 때는 12월(동지)인 것에 비하여 평균 온도가 가장 낮을 때는 1월이다. 즉 지표면이 식는 데에 시간이 걸리기 때문이다.

화석에서 잠자고 있는 공룡
- 공룡 이야기

파충류인 공룡은 이상스럽게 생긴 피부에 어딘가 우스꽝스러운 모습으로 오늘날의 도마뱀과 비슷하다. 공룡이란 단어는 영국의 과학자 리처드 오언Richard Owen, 1804~1892이 1841년에 처음 제안하였는데, 그리스어로 '공포'란 뜻의 데이노스deinos와 '도마뱀'이란 뜻의 사우르스sauros의 합성어가 바로 공룡dinosaur이다.

그렇다면 공룡이 출현한 연대는 언제쯤일까? 인류가 지구 상에 나타나기 훨씬 이전의 지구 환경을 화석에 의해 추정하는 것처럼, 공룡이 생존했었다는 근거도 화석에 의할 수밖에 없다. 공룡 화석은 지구 상의 전 대륙에서 발견되고 있는데 한국, 중국, 일본뿐만 아니라 공룡의 흔적이 없을 듯한 남극 대륙, 알프스, 오스트레일리아 대륙 등에서도 발견되고 있다. 이러한 공룡은 중생대•인 트라이아스Triassic기 후반에 나타나 쥐라기와 백악기에 걸쳐 지구를 지배하다가 6500만 년 전에 갑자기 멸종되었다고 한다. 공룡의 멸종 학설은 가설에 불과하지만, 과학자들은 다음과 같이 정리하고 있다.

中生代, Mesozoic era. 고생대와 신생대 사이의 시대. 약 2억 2500만 년 전부터 약 6500만 년 전까지의 1억 6000만 년간에 해당하며, 중생대는 다시 트라이아스기·쥐라기·백악기로 나뉜다.

1. 독성이 있는 식물이 번성하여 이것을 먹은 공룡들이 멸종되었다는 설.
2. 포유류가 나타나서 공룡의 알을 모조리 먹어 치워 공룡들이 멸종되었다는 설.

3. 100만 년에 한 번씩 나타나는 거대한 우주의 구름이 태양계를 통과할 때 지구의 기온이 급강하여 공룡들이 멸종되었다는 설(우주 구름론).
4. 지구 자체의 화산 활동에 의해 공룡들이 멸종되었다는 설(화산 활동론).
5. 소행성이 지구와 충돌하여 지구 환경이 급격히 변해 공룡들이 멸종되었다는 설(운석 충돌론).

이들 중 운석•충돌론이 가장 설득력 있는 가설로 받아들여지고 있다. 지름 약 8km에 달하는 소행성이 지구와 충돌하여 폭발과 대화재로 울창한 삼림을 태웠으며, 그 결과 대기 중의 산소 부족과 일산화탄소의 증대로 독가스가 전 지구에 만연하게 되었다. 이때 생긴 먼지 · 파편 · 검댕 · 수증기 등이 공중으로 날아가 대기권을 감싸게 되어, 태양 에너지가 약화되고 지구의 온도가 영하 30℃로 급랭되어 공룡을 비롯한 지구 상의 동식물들이 거의 대부분 멸종되었다고 한다. 이러한 운석 충돌에 의한 시나리오는 가상적인 얘기이지만 과학적으로 뒷받침될 만한 단서가 발견되고 있다.

1980년대 초 루이스 앨버레즈Luis Walter Alvarez, 1911~1988는 그의 아들과 함께 멕시코의 유카탄 반도 일대에 떨어진 소행성이 공룡의 멸종과 관련이 있다고 주장하였다. 물론 소행성에 의한 멸종설에 모든 과학자가 다 동의하는 것은 아니다. 소행성의 충돌 가능성은 받아들이지만 그것이 공룡의 멸종과 직결된다고 보지는 않는다. 왜냐하면 공룡과 비슷한 시기에 살았던 여타 생물들은 살아남았기 때문이다.

공룡은 지금도 살아 있다. 왜냐하면 지금으로부터 2만 3천 년 전에 빙하 속에 잠든 매머드가 있기 때문이다. 시베리아 북부의 타이미르 반도에서 47톤짜리? 매머드•가 거의 원형 상태로 발견된 일이 있다. 만일 이 매머드의 정자가 남아 있다면 아프리카 코끼리에게 교배를 거듭시켜 매머드에 가까운 종을 만든다는 계획(쥐라기 프로젝트)을 세운 적이 있다. 복제양

隕石, meteorite. 지구 바깥에서 날아온 광물. 크기는 미립자부터 60톤(남아프리카의 호바 철 운석)에 달하는 것까지 발견되었다.

mammoth. 홍적세(1만~250만 년 전) 퇴적층에서 화석으로 발견되는 코끼리류

'돌리'도 탄생되었기 때문에 공룡의 복제가 낯설지만은 않다. "공룡은 성공적으로 진화하여 현재 우리와 공존하는 동물로 봐야 한다."라는 마크 노럴Mark Norell의 말처럼 공룡은 멸종된 것이 아니라고 이해해도 된다. 왜냐하면 공룡 발자국, 공룡 알, 공룡 둥지를 면밀히 조사하면 공룡의 생태와 산란 및 습성까지도 판별이 가능하며, 그들의 군집 생활 여부 및 사회성과 모성 연구를 하면 공룡을 되살릴 수 있다는 한 가닥의 희망이 있기 때문이다. 현재 세계적으로 멸종 생물의 DNA•를 채취하여 되살린다는 계획도 있다. 그렇다면 공룡의 부활을 기다려 볼 만도 하지 않을까?

DNA. 디옥시리보핵산 (deoxyribonucleic acid)의 약자. 살아 있는 모든 세포에서 볼 수 있고 유전 형질을 전달하는 복잡한 유기 화학적 분자 구조

 공룡의 흔적

공룡의 화석은 지구 상의 여러 곳에서 나타나는데, 그중 가장 오래된 것은 아프리카의 마다가스카르 섬에서 발견된 것으로 약 2억 3천만 년 전의 화석이다. 또 공룡학자인 존 호너(John Honer)와 탐험대원들은 1981년 미국 몬태나 주의 북부 지역에서 1만 마리 이상의 오리주둥이공룡 뼈가 밀집되어 있는 것을 발굴하였다고 한다. 이는 거대한 공룡 떼가 이 지역에 서식하다가 부근에서 분출된 화산재와 화산가스에 의해 일시에 떼죽음을 당한 것으로 추측된다. 지구 상에서 가장 황량한 사하라 사막에서도 1m가 넘는 공룡의 대퇴골 화석이 발견되었으며, 몽골의 광활한 고비 사막에서도 1920년대에 공룡의 알과 골격이 발견되었다. 최근에는 고고학자인 마이클 노바체크와 마크 노럴이 고비 사막에서 완벽에 가까운 둥지에 12개의 알을 품고 있는 공룡 암컷 화석을 발견했다고 한다. 또 서로 손을 뻗어 맞잡으려는 듯한 포즈로 앞발을 내밀고 있는 한 쌍의 공룡 화석도 이곳에서 발견되었다고 한다.

태초에 대륙은 한 덩어리였다
– 대륙 이동설

　딱딱하던 지구가 갈라져서 서로 부딪치고 출렁출렁 요동을 친다면, 단 하루도 지구에서 사람이 살아갈 수 없다. 그런데 예전에 실제로 이런 일이 벌어졌다고 한다. 한 덩어리였던 지구가 여러 조각으로 나누어졌다는 것인데, 이런 얘기를 처음 꺼낸 사람들은 주위 사람들로부터 미쳤다고 비난도 많이 받았다. 에이브러햄 오르텔리우스Abraham Ortelius, 1596, 프란시스 베이컨Francis Bacon, 1620, 벤저민 프랭크린Benjamin Franklin, 스나이더 펠레그리니Snider-Pellegrini, 프랑크 벌리스 테일러Frank Bursley Taylor 등도 베게너 이전에 대륙 이동설을 제기하였지만 큰 주목을 받지 못하였다. 그 후 오스트리아의 지질학자 에두아르트 쥐스Ejuard Suess, 1831~1914와 독일의 기상학자 알프레드 베게너Alfred Lothar Wegener, 1880~1930에 의해 대륙 이동설과 해저 확장설이 정립되면서 초대륙의 실존이 서서히 입증되기 시작하였다. 그렇지만 대부분의 과학자들은 믿으려 하지 않았다. 1950년경 고지자기학 분야의 연구가 진행되면서 대륙 이동설을 과학적으로 뒷받침할 수 있는 계기가 마련되었다.

　베게너는 세계 지도를 보면서 대서양을 사이에 둔 아프리카와 남아메리카가 원래 하나가 아니었을까 하는 궁금증을 갖게 되었다. 그리고 아프리카에서 발견된 것과 유사한 화석이 브라질에서도 발견되었다는 말을 듣자, 그는 두 대륙이 옛날에 붙어 있었을 것이라고 믿기 시작했다. 베게너는 20세기 초에 발표한 『대륙과 대양의 기원The Origin of Continent and Ocean』이라는 그의 저서에서 대륙

대륙 이동설(大陸移動說, continental drift theory)_인류가 태어나기 전인 아주 먼 옛날 지구는 하나의 대륙으로 붙어 있었는데, 이것이 점차 분리되어 지금의 대륙과 같은 형태가 되었다는 학설. 대륙 표이설(大陸表移說)이라고도 한다.

로라시아
LAURASIA

곤드와나
GONDWANA

2억 년 전(중생대)

이동설을 확고히 주장하였다. 그러나 주변의 다른 과학자들은 장구한 지구 역사에 비해 볼 때 불합리하다는 반론을 제기하였다. 그러므로 베게너가 제시한 이 학설은 동료 과학자들에게조차 동조를 구하지 못하고 무시되었으며, 베게너 자신도 반대자들을 설득할 수 있는 정확한 근거를 제시하지 못하였다. 반대론자들은 베게너가 기상학자이지 지질학자가 아니라고 그를 격하하고 비웃으며, 공상 소설 같다고 받아들이지 않았다. 그 후에도 여러 학자에 의해 반론이 제기되는 등 논란이 끊이지 않았으나, '국제 지구물리의 해1957~1958'를 맞아 이 학설을 인정하려는 움직임이 싹텄다. 이때부터 활발한 연구가 뒷받침되어 오늘날에는 판구조론•으로 발전하여 지구 과학 전반을 지배하는 학설로 자리 잡았다. 아마도 베게너는 지금쯤 하늘나라에서 웃고 있을 것이다.

板構造論, plate tectonics. 지각이 지구 표면을 덮고 있는데, 이들이 지구 내부에서 작용하는 힘에 의하여 연간 수 cm씩 움직이고, 이에 따라 화산 작용·지진 현상·마그마의 형성·습곡 산맥 형성 등 각종 지각 변동을 일으킨다는 이론

大陸氷河, continental glacier, 대륙의 넓은 지역에 걸쳐 있는 빙하, 빙상(氷床)·대륙 빙상·빙상 빙하라고도 한다.

지금으로부터 약 2억 년 전인 중생대 초기에는 초대륙(판게아: 모든 땅)과 초해양(판탈라사: 모든 바다)으로 존재했었다고 한다. 초대륙은 남반구에 모여 있던 곤드와나 대륙Gondwana continent, Gondwana land으로서 현재의 남아메리카, 아프리카, 마다가스카르 섬, 인도, 오스트레일리아 그리고 남극이 한 덩어리로 이루어진 대륙을 말하는데, 각 대륙에서 발견되는 대륙 빙하•의 흔적으로 그것을 확인할 수 있다. 곤드와나 북쪽에는 또 다른 하나의 대륙 집단이 있었는데 이것을 로라시아 대륙Laurasia land이라고 한다. 현재의 유럽, 북아메리카, 그린란드, 아시아 대륙이 여기에 속한다. 북미의 애팔래치아 산맥과 그린란드, 영국, 노르웨이, 아프리

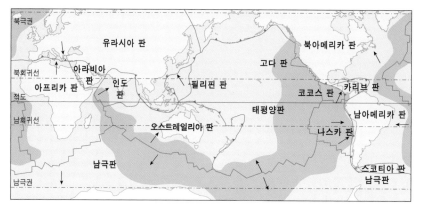

지구의 판_판의 두께는 평균 48km 정도 되며 크기는 지름이 수천 km에 이르는데, 가장 규모가 큰 태평양 판은 서태평양 해안부터 대서양 한복판까지 1만 km 정도 뻗어 있다. 그 외에 아프리카 판, 유라시아 판, 인도 판, 북아메리카 판, 남아메리카 판으로 크게 나눌 수 있으며, 소규모의 카리브 판, 나스카 판, 스코티아 판, 필리핀 판, 아라비아 판 등으로 이루어져 있다.

카 북부의 아틀라스 산맥 등이 같은 지질 구조로 발견된 것과 각 지역의 유사한 화석이나 동식물의 분포, 해안선의 일치, 빙하의 분포 등으로 볼 때 로라시아 대륙이 이동되어 오늘날의 아시아 대륙과 유럽 대륙이 형성된 것으로 추정하고 있다. 또 초대륙을 구성한 두 대륙의 동쪽에는 초해양과 구분되는 작은 바다인 테티스Tethys 해가 있었는데, 이것도 대륙이 충돌할 때 생긴 것으로 오늘날의 지중해이다.

　지구의 표면(지각)은 크고 작은 조각으로 나누어져 있는데, 이 조각들을 지각판 또는 줄여서 판(板, plate)이라고 한다. 지구의 껍데기에 속하는 이 판들은 서로 밀고 당기는 힘에 의해 지금도 미세하나마 움직이고 있다. 이 판들이 언제 다시 요동칠지는 알 수 없다. 엄청나게 커다란 판들이 둥둥 떠다닌다고 상상해보자. 유럽의 알프스나 북미의 애팔래치아 같은 고봉은 대륙의 판이 충돌할 때 해저에서 밀려 올라온 것이고, 히말라야도 남극 부근에 있던 인도 대륙이 올라와서 밀어 올린 것이다. 남미의 안데스 산맥, 러시아의 우랄 산맥 등도 판들이

海嶺 oceanic ridge. 심해저에 있는 길고 좁게 발달한 융기대, 즉 해저 산맥

海溝, trench. 대륙판과 해양판이 충돌하여 무거운 해양판이 보다 가벼운 대륙판 아래로 침강해 들어가는 경계부

충돌하여 엉겨 붙은 것이다.

그렇다면 대륙의 미래 모습은 어떠할까? 지구의 판들은 주로 해저의 산맥(해령)이나 해저의 깊은 골짜기(해구)에 의해 나누어지는데 해령•이나 해구•는 매년 2~8cm씩 이동하고 있다고 한다. 1cm는 아주 작아 보이는 움직임이지만 5천만 년 후면 500km가 이동된다. 이러한 이동이 앞으로 5천만 년 동안 더 진행된다고 가정하면 인도네시아의 섬들은 남유럽의 산맥과 같이 복잡한 지형으로 변할 것이고, 북아메리카는 태평양 쪽으로 이동되며 아프리카와 유라시아가 충돌할 것이기 때문에 지중해는 사라질 것이라고 예측한다. 또 태평양의 섬들은 침식되어 사라지고 새로운 섬들이 나타나고, 오스트레일리아는 아시아와 충돌할 것으로 전망하고 있다. 또 1억 5천만 년 후에 중국, 동남아, 오스트레일리아, 남극이 하나의 초대륙이 된다고 한다. 그렇게 된다면 지상의 낙원이라는 뉴질랜드까지 우리나라에서 비행기로 1~2시간의 거리가 될지도 모른다. 오늘날의 대륙 모습이 언제 다시 이동되어 다른 모습의 초대륙이 될지, 아니면 태평양의 섬처럼 산산조각이 날지 아무도 모르는 것이다. 왜냐하면 지구는 살아 움직이기 때문이다.

지구는 3대양 7대주 6반구로 나누어진다
- 지구의 반구

지구의 큰 바다는 몇 개일까? 예전에는 '5대양 6대주'라고 배웠다. 태평양·대서양·인도양·북극해·남극해를 5대양, 아시아·아프리카·유럽·남아메리카·북아메리카·오세아니아를 6대주라고 일컬었다.

그러나 북극해는 다른 대양에 비해 규모가 작을 뿐 아니라 대서양의 일부로 간주되고, 남극해는 태평양, 인도양, 대서양과 연결된 바다로 바다의 경계를 명확하게 구분할 수가 없다. 그래서 현재는 북극해와 남극해를 제외한 태평양, 대서양, 인도양을 3대양이라고 한다. 대륙의 경우에는 비록 일반 거주민이 없지만 다른 대륙에 비해 규모 면에서 손색이 없는 남극을 대륙에 포함시켜 7대주라고 한다.

대양이나 대륙이라는 말에 비해 반구라는 말은 좀 생소한 편이다. '반구hemi-sphere'는 지구의 반쪽을 의미하는데, 어느 쪽으로 나누느냐에 따라 붙이는 이름도 달라진다. 동반구와 서반구, 남반구와 북반구, 수반구와 육반구 등 6가지로 나눌 수 있다.

동반구는 영국의 그리니치 천문대•를 통과하는 0°의 기준 경선, 즉 본초자오선•을 기준으로 동쪽 180°의 경선까지로, 구대륙인 아시아·아프리카·유럽·오스트레일리아 등이 포함되는 지역이다. 유라시아 대륙을 비롯하여 아프리카, 우리나라, 필리핀 제도, 인도네시아, 오세아니아 전부와 남극 대륙의 반 이상, 서부 태평양, 인도양, 지중해, 북

Greenwich observatory. 1675년 영국의 찰스 2세가 천문 항해술을 연구하기 위해 런던 교외(그리니치)에 설립한 천문대

子午線. meridian. 천구상에서 지평의 남북 극점과 천정을 연결하는 대원. 어떤 지점을 지나는 경선을 그 지방의 자오선이라고 하고, 영국 런던의 그리니치 천문대를 지나는 경선을 본초자오선이라 한다.

극해의 반, 대서양의 일부가 포함된다. 서반구에 비하여 육지의 면적이 훨씬 넓으며, 대륙과 육지는 적도 북쪽에 많이 분포한다. 문명의 발생도 오래되었으며, 주권 국가의 수와 인구도 서반구에 비하여 압도적으로 많다. 서반구는 지구의 서쪽 반으로, 영국의 그리니치 천문대의 왼쪽 180° 부분을 일컫는다. 신대륙인 남북 아메리카와 태평양의 반쪽이 포함된다.

북반구는 적도 이북 지역으로 우리나라가 속한 지역이다. 남반구에 비하여 육지가 현저하게 넓으며 전 육지의 67.4%를 차지한다. 온대와 냉대가 널리 분포하며 미국 · 러시아 · 영국 · 프랑스 · 독일 등 유럽이 포함되고 인구도 많이 집중되어 있다.

적도 이남 지역인 남반구는 북반구에 비해서 육지가 현저하게 적다. 남아메리카 대륙 · 오스트레일리아 대륙 · 남극 대륙 · 아프리카 대륙의 남부 및 마다가스카르 섬 · 보르네오 섬 · 뉴기니 섬 등이 분포한다. 이들 대륙과 섬은 인구밀도가 극히 낮지만 인종은 많은 편이다. 문명의 발달도 잉카 문명 외에는 거의 없으며, 이것도 백인과의 접촉에 의해 많이 파괴되었다. 특히 남반구라고할 때 남극 대륙을 대표하는 용어로 혼동하기도 하는데 두 용어는 완전히 다르다. 북반구와 남반구는 계절이 정반대로, 북반구가 여름이면 남반구는 겨울이되고 북반구가 춘분이면 남반구는 추분이 된다.

육반구는 지구를 수륙 분포에 의하여 양분하였을 경우를 말하는데 육지의 면적이 최대가 되도록 구분한 반구로, 육반구의 중심은 영국 해협에 있다. 육반구에서 육지와 해양의 면적 비는 47:53으로 대부분의 육지가 여기에 포함된다.

수반구는 해양의 면적이 최대가 되도록 구분한 반구이다. 육반구에 대응되는 말로 해반구라고도 한다. 중심은 뉴질랜드 남동쪽의 남위 48°, 서경 179° 30′ 부근이다. 육지는 오스트레일리아 · 남극 대륙 · 뉴기니 · 인도네시아의 대부분 · 필리핀 · 남아메리카 남부 및 태평양의 섬들에 불과하다. 수반구의 해양

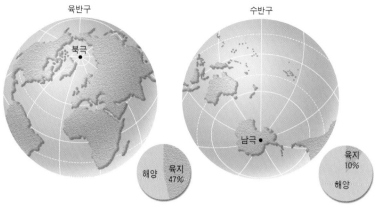

육반구와 수반구

넓이는 지구 해양 총넓이의 64%를 차지하며, 육지와 해양의 넓이의 비는 1:9
정도 된다.

 북극(Arctic)

북극은 북극점을 중심으로 한 약 1400만 km²의 북극해와 그린란드, 스피츠베르겐
(스발바르) 제도 등의 섬들과 시베리아, 알래스카, 캐나다 북부, 아이슬란드 북부,
스칸디나비아 반도의 북부 등이 속한 북극권(66°30′) 지방을 일컫는다. 북극은 지
구 자전축의 꼭짓점인 북극점을 일컫는데 북극권 이북을 북극이라고 하기도 한다.
이 위도를 북극권의 경계로하는 이유는 하지에는 낮이 24시간, 동지에는 밤이 24
시간 계속되는 한계선이기 때문이다. 북극권의 위치는 고정되어 있지 않고, 지구
자전축 기울기의 변화에 따라 40,000년 주기로 2°가량 변하는데, 1년에 약 15m
가량의 속도로 북쪽으로 움직이며 2011년 현재에는 북위 66°33′44″(66.5622°)을
지난다. 20세기 중반 이래 북극은 대권 항로, 석유 등의 지하자원, 삼림 자원, 기후
학, 기상학의 연구 기지, 무선 통신의 중계 기지 등으로 국제적 관심이 높아졌다.

점토판에 숨어있던 무 대륙
– 침몰한 대륙

BC 7만 년경에 남태평양에 존재했다고 하는 무Mu 대륙은 서쪽으로는 일본의 요나구니(與那國, 타이완 동쪽) 섬에서부터 동쪽으로는 칠레의 이스터 섬, 북쪽에는 하와이 제도, 남쪽으로는 뉴질랜드 해안과 인접해 있었다고 한다. 1926년 가을, 전 세계 고고학계가 발칵 뒤집히는 사건이 일어났다. 영국의 예비역 대령인 제임스 처치워드James Churchward, 1851~1936가 『잃어버린 무 대륙The Lost Continent of Mu』를 발표한 것이다. 고고학자들조차 듣도 보도 못한 무 대륙의 실재를 주장한 처치워드는 1868년부터 인도에 머물면서 원주민들 사이에 전설로 전해져 내려오는 무 대륙에 대해들을 수 있었다. 처치워드는 좀 더 확실한 증거를 찾기 위해 50년 동안 세계 각지를 돌아다니며 방대한 자료를 수집하여 뉴욕에 칩거하면서 정리하기 시작했다. 그의 나이는 이미 70세를 넘어서고 있었다. 마침내 『잃어버린 무 대륙』이란 책이 완성되어 고고학계에 발표되었다. 이 책이 세상에 나오자마자 고고학자나 지질학자들은 터무니없는 주장이라고 몰아붙였다.

얼핏 들으면 누군가가 꾸민 신화 같은 이야기로 생각되지만 머릿속에서 상상하여 꾸며 낸 이야기 같지는 않다. 왜냐하면 인도의 힌두교 사원에서 입수한 두 개의 점토판(나칼, Naacal) 때문인데, 이 점토판에는 난생 처음 보는 이상한 도형과 기호 같은 것이 빽빽이 새겨져 있었다. 이것을 해석한 고승이 무에서 보내진 것이라고 증언했기 때문이다. 뿐만 아니라 1만여 년이라는 세월에 부식된 다른 점토판(상형 문자)도 발견했는데, 그 점토판에도 무 대륙의 건국에 관해 상세하게 기록되어 있었다고 한다.

『잃어버린 무 대륙』의 내용을 살펴보면 무 대륙에는 10개가 넘는 민족, 약 6400만 명의 인구가 군데군데 살고 있었으며, 인류 역사상 최초의 문명을 이룩했다고 한다. 또한 광활한 무 대륙에는 오직 하나의 정부, 하나의 왕실이 있었다고 한다. 무 대륙의 사람들은 머리색, 피부색, 눈의 색은 제각기 달랐지만 각 민족 간에 차별은 없었다고 한다. 이들은 화산 폭발과 지진으로 무 대륙이 가라앉은 BC 11~12세기경에 대부분 죽었지만, 그 후손의 일부가 중국, 러시아, 몽골 등으로 뿔뿔이 흩어져서 오늘날까지 살아가고 있다고 했다. 매우 우수하고 고도의 문명을 이룩한 무 대륙에 인류가 나타난 시기는 지금으로부터 약 5만 년 전이라고 한다. 그들은 우수한 학문과 문화를 가졌고, 특히 건축술과 항해술이 고도로 발달했다고 한다. 뿐만 아니라 지구촌 곳곳에 자신들의 식민지를 건설했다고 한다. 그리고 거대한 석조 궁전과 신전 등 호화로운 대저택들이 건설되었고, 태양을 숭배하고 세계를 지배했던 무 제국은 날로 번영했다. 하지만 무 대륙 사람들은 발밑으로 다가오는 불행을 알아차리지 못했다.

어느 날, 갑자기 땅이 흔들리면서 이상한 소리가 들려 왔다. 소리는 점점 커지고, 땅이 심하게 요동치기 시작했다. 사람들이 혼비백산하여 신전에 몰려들어 태양신에게 기도하였지만 대지는 갈라지고 거대한 불기둥들이 하늘로 치솟았다. 첫 번째 대지진으로 무 대륙 남쪽 대부분이 바다 속으로 가라앉았다. 일차 대지진의 공포를 잊고 폐허 위에 신전을 재건할 무렵, 다시 땅이 요동을 치고 바다가 울부짖기 시작했다. 건물이 무너지고 땅은 나뭇잎처럼 흔들렸다. 그리고는 굉음이 들리고 대륙 전체가 침몰되었다. 태평양의 절반을 차지하고 있던 거대한 무 대륙이 바다 속으로 가라앉은 것이다. 최대의 문명을 건설했던 무 대륙은 이렇게 사라졌다.

만약 거대한 무 대륙이 태평양 바다 속으로 가라앉은 것이 사실이라면, 고대

무 대륙_대륙 전체가 2개의 좁은 해협으로 갈라져 3개의 작은 대륙으로 나누어져 있었고, 7개 도시를 중심으로 격자 모양의 도로로 연결되어 있었다고 한다.

인들이 주장하는 태양신의 노여움 때문이 아니라 태평양을 관통하고 있는 특수한 지질층에 기인하다고 주장한다. 환태평양 화산대는 거미줄처럼 얽혀 있는데 폭발하기 쉬운 성질을 지니고 있는 가스실(챔버, Chamber) 때문이라고 한다. 이 챔버에 구멍이 뚫려 가스가 지상으로 빠져 나오면, 큰 공동空洞이 생겨 천장이 무너지면서 함몰한다는 것이다. 그리고 지금 남아 있는 태평양에 산재한 섬들은 무 대륙의 잔재라고 한다. 더구나 1987년 잠수부에 의해 발견된 요나구니 섬의 해저 유적도 자연 현상이라고는 설명할 수 없는 인공 구조물?이 상당수 현존한다고 한다.

전설의 대륙 아틀란티스
– 사라진 대륙

"… 격렬한 지진과 해일이 있었다. 끔찍한 낮과 밤이 왔는데 … 아틀란티스Atlantis는 … 바다 아래로 사라졌다 … 섬이 가라앉을 때 휘몰아친 진흙 너울• 때문에 … 그 때는 아무도 바다를 항해할 수 없었으며 … 그 이후로는 이 섬을 찾을 수도 없었다…"

swell, 바람에 의해 일어나는 파도가 아닌 물결

그리스의 철학자 플라톤Platon, BC 429~BC 347이 남긴 두 편의 대화록(티마이오스, 크리티아스)에 나오는 사라진 대륙 아틀란티스의 이야기이다. 플라톤은 헤라클레스의 기둥(지금의 지브롤터 해협 동쪽 끝에 솟아 있는 두 개의 바위) 서쪽에 위치한 거대한 땅(섬)이 아테네인들에게 정복된 후 어느 날 사라졌다고 기술하고 있다. 이 말이 꾸며낸 말이라면 플라톤은 그야말로 거짓말쟁이이다. 완전한 이상 국가로 알려진 이 땅이 정말 대서양 속으로 가라앉았을까?

아틀란티스는 인류가 최초로 문명을 일으킨 곳으로 많은 인구를 거느렸다고 한다. 아틀란티스의 인구가 퍼져 멕시코 만, 미시시피 강, 아마존 강, 지중해, 유럽, 아프리카의 서안, 발트 해, 흑해, 카스피 해 등 주변 국가에 문명을 일으켰으며, 이것이 바로 대홍수 이전의 세계로 '에덴 동산•', '엘리시온•의 들판', '알키누스의 나라', '메솜팔로스', '올림푸스', '아스가르드•' 등과 같이 전설상의 낙원일 것이라고 짐작되고 있다. 고대 그리스인, 페니키아인, 인도인 등이 숭배하던 신들은

Garden of Eden, 기독교에서 말하는 낙원으로 티그리스와 유프라테스 강 하구에 있는 옛 바빌로니아 평원일 것으로 추정

Elysion, 그리스 신화에서, 신들에게서 영원한 생명을 부여받은 영웅들이 생이 끝난 다음의 시간을 보내는 낙원

Asgard, 북유럽 신화에 나오는 신(아스 신족)들의 거주지 또는 나라

아틀란티스의 왕이나 영웅들의 이름이었으며, 이집트나 페루의 태양 숭배 신화는 아틀란티스에서 기원한다고 한다. 또한 아틀란티스 인에 의해 건설된 가장 오래된 식민지가 이집트일 것이라고 추정하고 있다. 유럽의 청동기 시대의 기물 제작법은 아틀란티스에서 전수되었으며 알파벳이나 페니키아 문자, 마야 문자까지도 아틀란티스에서 유래되었다고 한다. 그러한 아틀란티스가 지각 변동으로 파멸되고, 극히 일부 사람들만 배나 뗏목을 타고 다른 대륙으로 건너간 것으로 추정하며, 이것이 대홍수 또는 대범람의 전설로 남아 현재 전해지고 있다는 것이다.

만약 아틀란티스 대륙이 사라졌다는 것이 사실에 입각한 기록이라면, 그 사건은 플라톤이 살았던 시기보다 훨씬 더 오래 전에 일어났어야 한다. 플라톤은 이 이야기를 소크라테스한테 들었고, 소크라테스는 아테네의 입법가이자 그리스 7현인의 한 사람인 솔론(Solon, BC 630~BC 560년경)에게서 들었으며, 솔론은 다시 이집트의 도인(지금의 승려)으로부터 아틀란티스에 관한 이야기를 들었다고 한다. 그러니 이 과정에서 이야기에 얼마나 많은 살이 붙었겠는가? 설사, 전해 오는 이런 이야기들이 사실이더라도 플라톤이 살았던 시기보다 약 9,000년(900년이라는 설이 있다) 전에 일어났어야 한다. 오늘날 아틀란티스 전설의 옹호자들은 아틀란티스가 예전에 실존했다는 그들의 주장을 뒷받침하기 위하여 다음과 같은 증거들을 제시하고 있다.

첫째, 이집트와 중남부 아메리카에 산재해 있는 피라미드들의 형태가 비슷한 것은 고도로 발달된 아틀란티스 문명이 대서양 오른쪽의 이집트와 왼쪽의 중남부 아메리카로 옮겨 간 것이라고 한다. 그러나 일부 고고학자들은 그것은 다른 문화권에서 독립적으로 발달된 것이라고 반박하고 있다.

둘째, 대서양에 있는 아조레스·버뮤다·바하마 제도 등을 비롯한 대서양의 섬들이 아틀란티스 대륙이 가라앉고 남은 땅이라고 주장하는데, 실제로도 이 지역의 바다 수심이 태평양이나 인도양보다 훨씬 낮은 것으로 알려져 있다. 이

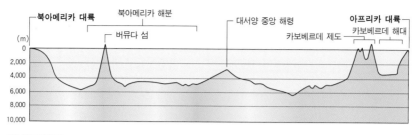

대서양 단면도

에 대해 전설을 인정하지 않으려는 학자들은, 지질학적으로 대륙 지각은 주로 화강암질(암석)로 구성되어 있으나 이곳을 시추해 본 결과 기존의 해양 지각과 같은 성분이라고 반박하고 있다.

아틀란티스 대륙이 실제로 존재했다면 과연 그 위치는 어디쯤일까? 수많은 사람들이 아틀란티스 대륙의 존재와 위치에 대해 다양하게 주장했으며, 아틀란티스에 관한 책도 세계적으로 5,000권이 넘게 나와 있다. 아틀란티스 대륙은 대서양에 있었다는 주장이 가장 많지만, 지중해에 위치했다는 주장도 만만치 않다. 어떤 이는 태평양 한가운데 있었다는 주장도 했지만 별로 신뢰성이 없어 보인다. 플라톤은 아틀란티스가 대서양 한복판에 있었다고 주장했다. 그 때문에 많은 탐험가들이 대서양을 진지하게 탐사했었고, 아메리카 대륙이 발견되자 이곳이 아틀란티스라고 해석하는 사람도 많았다. 1871년 독일의 슐리만Heinrich Schliemann, 1822~1890이 트로이 유적을 발견하고, 1901년 영국의 에번스Arthur John Evans, 1851~1941가 크레타 섬에서 미노아 문명을 발견하자 아틀란티스에 대해 더욱 관심이 고조되었다.

오늘날 고고학계에서는 아틀란티스 대륙을 가공의 대륙으로 간주하거나, 아니면 청동기 시대의 크레타 섬에서 번성한 미노아 문명의 영화를 우화적으로 표현한 것으로 간주하는 견해가 일반적이다. 아틀란티스와 비슷한 지명은 의외로 많은 편이다. 아프리카 북서부에 동서로 뻗어 있는 아틀라스 산맥, 미국의 애틀랜틱시티, 그리고 대서양(Atlantic 또는 Atlantic Ocean)과 아틀란티스Atlantis
라는 영어 알파벳이 동일한 것도 우연의 일치일까? 아무튼 신의 벌을 받아 침
몰했다는 낙토 아틀란티스의 얘기는 지구가 멸망할 때까지 얘깃거리로 남을
것이다.

대륙의 이름에도 유래가 있다
- 대륙의 이름

　　남극 대륙을 제외한 지구 상의 6개 대륙에는 국제법상 인정된 약 242개(UN 가입국 191개국) 국가에 62억 명이 흩어져 살고 있다. 이 6개의 대륙 중 아프리카, 아시아, 유럽의 이름은 전래되어 오는 토속 언어에서 자연 발생적으로 생긴 것이고, 남북 아메리카 대륙의 이름은 콜럼버스 이후에 붙여졌고, 오세아니아는 제임스 쿡이 항해한 이후에 붙여졌다.

　　아시아란 이름은 서남아시아의 고대 국가인 아시리아의 언어인 아수Assu에서 유래되었으며, 그 뜻은 '동쪽의 나라'이다. 아시아 대륙은 지구 상에서 가장 큰 대륙(4490만 km²)으로서 한반도 넓이의 약 200배나 된다. 아시아는 다시 북부 아시아, 중앙아시아, 남부 아시아, 동남아시아, 동아시아, 서남아시아로 나눌 수 있는데 우리나라는 동아시아에 속해 있다. 아시아의 서쪽 끝에 있는 터키는 수도인 이스탄불을 비롯한 영토의 일부가 자국 내의 보스포루스 해협과 마르마라 해를 사이에 두고 유럽 대륙으로 나누어진다. 그래서 역사적 · 문화적으로도 아시아와 유럽의 문화가 다양하게 혼재되어 있다.

　　유럽이란 이름은 BC 2000년경에 번성했던 페니키아의 언어로 '태양이 지는 나라'라는 뜻을 가진 에렙Ereb에서 유래되었다고 한다. 유럽에 속해 있는 러시아는 우랄 산맥과 카스피 해를 경계로 유럽과 아시아 대륙으로 나뉜다. 우랄 산맥 동쪽 지역과 카자흐스탄, 우즈베키스탄, 투르크메니스탄, 타지키스탄, 키르기스스탄 등은 아시아에 속하며, 우랄 산맥 서쪽과 몰도바, 우크라이나, 아제르바이잔, 아르메니아, 그루지야, 벨라루스 등은 유럽 대륙에 속한다.

아프리카란 이름은 아프리카 북부 지역에 살던 아포스Afos족 언어에서 유래된 것으로, 원래는 북부 지역을 통칭하던 이름이었는데 지금은 대륙 전체를 가리키는 명칭으로 변한 것이라고 한다. 포에니 전쟁• 무렵 로마인들이 지중해 대안에 있었던 카르타고Carthago의 시민을 '아프리'라고 불렀으며, 카르타고를 정복한 후에는 이 지방을 '아프리카' 주라고 명명했다고 한다. 그 후 아랍인들이 이 지방에 진출한 뒤부터 아프리카라는 지명은 보다 넓은 지역(지금의 북서 아프리카)을 가리킬 때 사용되었으며, 언제부터인가 아프리카 전 지역을 부르는 이름이 되었다고 한다. 한편 고대 그리스인들이 '리비아'라고 부르던 지중해 남안의 원주민들이 쓰던 말에서 유래되었다는 설도 있다.

Poeni War, 로마와 페니키아의 식민시(植民市)인 카르타고와의 전쟁. 포에니라는 말은 라틴 어로 페니키아 인을 가리킨다. 지중해의 패권을 둘러싸고 BC 3세기 중엽에서 BC 2세기 중엽에 이르기까지 전후 3차에 걸쳐 있었던 고대의 세계 전쟁이다.

아메리카는 유럽인들이 들어가기 전부터 이미 몽골로이드계의 인디언들이 그곳에 살고 있었으므로 그들 나름의 이름이 있었을 것이다. 그러나 유럽인들은 자기들이 처음 발견한 땅이라고 하면서 발견자의 이름을 붙여서 전 세계에 퍼뜨렸다. 사실 유럽인으로 아메리카에 맨 처음 도착한 이는 콜럼버스였지만, 나중에 도착한 아메리고 베스푸치Amerigo Vespucci, 1454~1512의 이름을 따서 '아메리게' 또는 '아메리카'라고 불렀다.

아메리고 베스푸치는 이탈리아 피렌체의 명문가 출신으로 천문학에 특별한 흥미를 가지고 있던 상인이자 탐험가요 항해가였다. 그는 신대륙 탐험 초기에 참가했으며 콜럼버스가 2차, 3차 항해에 사용될 배를 건조할 때 동참하면서 콜럼버스와도 인간적인 친분이 있었다고 한다. 그는 1499년 두 척의 배로 남아메리카를 탐험하였는데, 이 소식이 독일인 친구에게 전해져 전 유럽에 소개되었다. 그리고 이때 베스푸치가 도달한 대륙이 동방(인도)이 아니라 신대륙이라는 사실이 전해졌다. 이렇게 해서 1506년 콜럼버스가 죽기 전에 이미 '신대륙의 발견자'라는 영광스러운 관은 다른 사람에게 넘어가고 말았다. 아메리카라는 이름이 사용된 것은 1507년 발트제뮐러●가 만든 세계 지도에 표기하면서부터이다.

Martin Waldseemuller, 1470~1518. 독일의 성직자로 지리학에 관심이 많았던 인물. 그가 그린 심장 모양의 세계 지도(1507)에 아메리카란 명칭이 처음으로 나타난다.

아메리카 대륙은 크게 북아메리카와 남아메리카로 분류하지만, 중앙아메리카를 따로 구분하기도 한다. 중앙아메리카는 지형적으로는 북아메리카에 속하지만 문화·역사적으로는 남아메리카와 가깝다. 북아메리카에 속한 그린란드는 소유국이 유럽의 덴마크인 관계로 때로는 유럽으로 분류될 때도 있다.

오세아니아 대륙의 이름은 '넓은 바다'라는 뜻인 오션ocean에서 유래되었다. 오세아니아는 넓은 의미로는 오스트레일리아·뉴질랜드·멜라네시아·미크로네시아·폴리네시아를 포함하는 대부분의 태평양 지역의 섬을 뜻한다. 이들 지역에는 파푸아인·멜라네시아인·미크로네시아인·폴리네시아인 등이 섞여 살고 있는데, 남태평양의 여러 섬을 총칭하는 의미이지만 좁게는 오스트레일리아 대륙을 지칭하는 말로 쓰이기도 한다.

서구에 짓밟힌 검은 대륙
- 아프리카

　인류의 고향인 아프리카 대륙의 흑인계들은 한결같이 빈곤과 기아에 신음하고 있으며 지금도 하루에 수백 명이 굶주림으로 목숨을 잃는 상황에 처해 있다. 기아의 대륙, 불결한 주거 환경으로 질병(특히, 에이즈)이 만연한 대륙, 맹수가 득실거리는 밀림의 대륙, 민족의 갈등이 심한 대륙, 전쟁과 내란의 대륙, 풀한 포기 자라지 않는 황량한 사막의 대륙, 숨이 막힐 듯한 더위의 대륙, 강우의 부족으로 곡식 재배가 불가능한 대륙, 게다가 기상 이변으로 인한 대홍수, 천성적으로 게으른 민족성 등 아프리카를 특징짓는 말들은 수도 없이 많다. 이러한 아프리카의 불운은 아직도 청산되지 못한 채 서구 열강의 식민 지배를 받고 있다.

　아프리카(3036만 km²)에 들어간 최초의 유럽인은 1364년경의 프랑스인이었다는 설이 있다. 하지만 1350년에 발간된 유럽 지도에 '기니'라는 지명이 나타나는 것으로 보아, 그 이전에도 유럽인이 아프리카에 간 것으로 추정되고 있다. 당시의 유럽 강국들은 지구의 땅을 차지하기 위하여 혈안이 되어 있었던 바 지리적으로 가까운 아프리카로 총기를 앞세우고 나아갔다. 사료에 의하면 최초의 항해자는 포르투갈의 항해사 질 에아네스Gil Eanes로, 1434년에 북위 26°의 바하도르 곶까지 남하하였다고 한다.

　한편 네덜란드는 아프리카인과 무역에는 힘을 기울이지 않고, 아프리카 대륙을 아시아로 향하는 중간 보급 기지로 활용하였다. 영국은 남북 아메리카와 아시아에서 많은 식민지를 확보했기 때문에 부족한 노동력을 공급받기 위하여 아프리카에 발을 들여놓았다. 포르투갈은 노예 무역도 중요하게 생각하였지만 기독교 포교에 더 관심을 가졌다. 각 나라마다 다양한 이유로 아프리카에 왔지만, 영국과 프랑스가 가장 많은 거점을 확보하였다. 이들 두 나라는 아프리카 전역을 식민지로 삼아 흑인들을 노예로 데려가고, 상아 · 금 · 소금 · 대추야자 등을 가져 가서 떼돈을 벌기도 하였다.

반면에 동부 아프리카는 인도양을 건너온 아랍인과 중국 상인들에 의해 일찍부터 활발한 교역이 이루어지고 있었다. 기독교 선교사들이 아프리카에 본격적으로 진출하기 훨씬 전부터 아프리카에는 이슬람교가 뿌리내리고 있었던 주된 이유도 여기에 있다. 그러나 늦게 들어온 유럽인들이 아랍인들이나 중국인들보다 더 횡포가 심했다고 전해진다. 유럽인들은 노예로 잡아가기 위하여 원주민 부족과 마을을 습격하는 과정에서 아프리카의 전통 문화를 파괴하였으며 중요한 문화 유산까지 불태웠다.

아프리카인들은 이에 맞서 많은 민족 운동(독립 운동)을 벌였다. 1881년 제1차 보어 전쟁•을 시작으로 각종 사건, 운동, 봉기, 통치 반대 시위를 일으켰으며, 그 결과 지금은 서사하라를 제외한 모든 국가가 독립하였다. 서구 열강에게 점령되지 않은 에티오피아의 경우는 프랑스에서 무기를 제공받아 이탈리아의 침입을 저지하였고, 미국이 자국에 데려갔던 흑인 노예들을 이주시키기 위하여 1847년에 세운 라이베리아는 식민 지배를 받지 않은 유일한 국가이다.

> Boer War. 네덜란드인의 후손인 보어인이 세운 트란스발 공화국(남아공)과 영국 사이에 벌어진 전쟁(1899~1902). 남아 전쟁, 남아프리카 전쟁이라고도 한다.

현재 검은 대륙 아프리카에는 48개의 나라가 있고 섬나라인 마다가스카르와 5개의 작은 섬나라(세이셸, 모로코, 모리셔스, 상투메 프린시페, 카보베르데)를 포함하면 도합 54개의 국가가 있다. 이들 나라는 대개 독립한 지 30~40년이 넘지 않았다. 리비아(1951년 독립)를 비롯한 17개 국가는 영국의 지배를 받다가 독립하였으며, 콩고(1960년 독립)를 비롯한 17개 국가는 프랑스의 지배를 받았었다. 나머지 나라들도 유럽의 포르투갈, 에스파냐, 이탈리아, 벨기에, 독일 등의 점령하에 있었다. 대륙의 1/3씩을 영국과 프랑스가 나누어 차지하였고, 나머지 1/3은 유럽의 다른 강대국들이 지배했던 아프리카는 유럽인들에 의해 100% 점령당한 땅이었다.

아프리카는 지금도 헐벗고 굶주리고 있다. 안타까운 것은 식민지 시절보다 독립 이후에 무질서와 내란, 쿠데타, 인종 갈등, 기아, 질병 등으로 더욱 시달리고 있다. 그야말로 '블랙 아프리카'로 21세기를 맞이하였다. 독립은 명분뿐이고 식민 지배로 살아가고 있는 것과 마찬가지다. 왜냐하면 가난과 질병에 시달리는 그들은 당초 지배 받았던 유럽의 나라들로부터 경제적으로 도움을 받고 있기 때문이다. 앞으로 어떻게 독자적으로 살아갈 수 있을지, 하루에도 수없이 많은 사람들이 죽어 가는 이 시점에 과연 그들의 종족이 계속 보존될 수 있을지도 의문스럽다. 그러나 루웬조리 산맥에서 흘러내리는 아프리카의 젖줄인 나일 강이 있는 한 언젠가는 기적이 일어날 것이다. 인류의 고향이니까….

하얀 사막이 있는 제7의 대륙
- 남극 대륙

척박한 얼음 땅에 첫발을 디딘 사람들이 기록상으로는 유럽인들이지만, 어쩌면 뉴질랜드까지 내려온 폴리네시아인들이 남극을 먼저 밟았을지도 모른다. 영국의 제임스 쿡James Cook, 1728~1779이 1772~1775년에 최초로 남극권을 탐험한 후로 1820년 미국의 포경선이 남극 대륙으로부터 떨어진 어느 섬을 발견했고, 1821년 러시아의 벨링스하우젠Von Bellingshausen 제독이 대륙에 첫발을 디뎠다고 한다. 남극 대륙의 면적은 남한의 140배인 약 1400만 km²이고, 지구상 육지 표면적의 9.3%에 해당하는 거대한 대륙이다. 남극을 대륙이라 부르기도 하지만, 얼음으로 덮여 있고 사람이 살고 있지 않는 거대한 무주물이기 때문에 대륙이라 표현하기에 어색한 점도 없지 않다.

옛날부터 사람들은 북극에 대응하는 남쪽에도 무언가 존재할 것이라고 생각해 왔다. 그래서인지는 몰라도 16~17세기에 그려진 세계 지도에 당시 사람들이 한 번도 가 보지 않은 남극과 관련된 그림과 용어들이 등장하고 있다. 당시만 해도 막연하게 무언가 있겠지 하는 정도이지, 남극의 위치나 규모에 대해서는 전혀 알지 못하였으며 얼음으로 덮여 있는 것도 몰랐다.

20세기에 들어서며 극지방의 조사 연구 활동과 영유권 주장을 위해, 세계의 열강들이 남극을 점거하기 시작했다. 지금은 극점에 있는 미국의 아문센-스콧 기지를 비롯하여 20개국의 40개 상주 기지가 있고, 하계 캠프를 포함하면 약 80개의 연구소가 운영되고 있다. 남극 조약이 효력을 발생한 이후 남위 60° 이상의 고위도에서는 평화적 목적 이외의 영토 주장을 할 수 없게 하였으며, 지금은 전 지구인들이 공유할 수 있는 마지막 땅으로 남겨 두었다. 그러나 칠레는 지금도 남극을 자기네 영토로 간주하고 1년에 한 차례씩 대통령과 장관들이 가서 각의를 개최한다. 또 출산을 앞둔 임산부를 보내어 남극 원주민을 만들기도 하고, 남극에서 유일하게 초등학교를 운영하고 있기도 하다.

남극은 지구 상에 남아 있는 마지막 원시 대륙으로서 거의 대부분이 얼음과 눈으로 덮여 있는 황량한 땅이다. 그래서 남극을 '하얀 사막' 또는 '제7의 대륙'이라고 부른다. 남극 대륙은 연구를 위해 설치된 몇몇 과학 기지를 제외하고는 여전히 인간의 손길이 닿지 않은 처녀지로 남아 있다. 과학자들은 남극에서 나무 화석과 2억 년 된 공룡 화석도 발견하였는데, 이것은 한때 남극에 생물이 번성했다는 사실을 입증하고 있다. 또 이런 사실은 판구조론을 뒷받침하는데, 그 까닭은 아프리카에서 발견된 화석과 동일하기 때문이다. 그러므로 두 대륙이 한때는 태평양의 남서부에 위치한 곤드와나 대륙의 일부로 연결되어 있었다는 이론과 일치한다.

오늘날 남극 대륙은 막대한 부존 자원 때문에 어느 때보다도 중요하게 부각되고 있다. 지금도 초기 7개 탐험 국가들(영국, 프랑스, 뉴질랜드, 오스트레일리아, 노르웨이, 칠레, 아르헨티나)은 7개의 파이 모양으로 나누어 영유권(15% 제외)을 주장하고 있다. 남극을 보호하기 위하여 제정된 남극 조약•은 본래 국제과학연맹이사회International Counsil of Scientific Union, ICSU가 결정한 국제 지구 물리 관측년International Geophysical Year, IGY 기간1957~1958에 남극 과학 활동을 성공적으로 수행하기 위하여 제정되었다. 1959년 12월 1일 미국의 아이젠하워 대통령의 제안으로 워싱턴에서 이 활동에 참여했던 영국, 프랑스, 아르헨티나, 칠레, 노르웨이, 오스트레일리아, 뉴질랜드, 미국, 러시아(당시 소련), 벨기에, 남아프리카 공화국, 일본 등 남극에 기지를 세운 12개 나라에 의해 남극 조약이 제정되어 1961년 6월 23일부

전문을 비롯하여 모두 14개 조문으로 구성된 남극 조약은 남극 대륙의 평화적 이용과 남극 탐사 자유의 보장을 주목적으로 명시하고 있다. 특히 군사 행동을 억제하고 영유권에 관한 문제 해결을 유예해 남극 대륙이 국제 불화의 무대가 되는 것을 막고 있다.

터 발효되었다.

남극 조약이 발효된 이래 12개 원초 서명국을 포함해 모두 45개국이 가입돼 있다. 그러나 조약 운영의 실질적 권한은 원초 서명국과 과학 기지 설치 또는 과학 탐사대 파견과 같은 실질적으로 남극 과학 활동을 수행하고 있는 조약 서명국에게만 부여된다. 이들 국가들은 남극 조약 협의 당사국Antarctic Treaty Consultative Party, ATCP으로 지칭되며, 이들 국가만이 2년마다 개최되는 정례 회의에 참가하여 투표권을 행사할 수 있다.

남극권 일대의 바다를 남극해 또는 남빙양이라고 한다. 남빙양은 태평양, 인도양, 대서양과 연결된 바다로서 바다의 경계나 구획을 정확히 표현하기는 어려우며 3대양과 남빙양을 나타낸 지도를 해반구 또는 수반구라고 부른다. 남극은 대륙 전체가 얼음으로 덮여 있고 전체적으로는 넓고 평평한 모습으로 알려져 있지만 의외로 높은 얼음산이 많은 편이다. 그리고 남극 대륙은 조금씩 움직인다. 과거 10년간 매년 1월 1일이 되면 남극의 극점에 있는 아문센–스콧 미국 기지의 과학자들은 GPS(위성 항법 장치)를 이용해 남극의 정확한 위치를 알리는 표지판을 설치하고 있다. 1년이 지나면 표지판의 위치가 보통 10cm가량 이동하는데, 이는 대륙 전체가 움직이고 있기 때문이다. 만약 1911년 아문센이 남긴 표지판이 지금 남아 있다면, 현재의 지점에서 약 1천 m 떨어진 곳의 10m쯤 아래의 눈 속에 파묻혀 있을 것이다.

사람들은 남극과 북극을 비슷하게 생각하지만 북극은 바다가 꽁꽁 얼어붙어서 육지처럼 보일 뿐이고, 남극은 얼음으로 덮인 대륙이다. 남극 대륙은 지구상에서 가장 추운 곳으로 단단히 준비하지 않으면 얼어 죽기 십상이다. 남극이 북극보다 추운 이유는 북극이 바다인 데 비하여 남극은 대륙이기 때문이다. 남극의 연평균 기온은 영하 49.3℃이며 동·남부 고원 지대에서는 영하 70℃까지 내려간 일이 있었다고 한다. 지금까지 관측된 자료 중 최고치는 러시아의 보스토크 기지에서 1983년 7월 21일의 영하 89.2℃가 관측되었다고 한다.

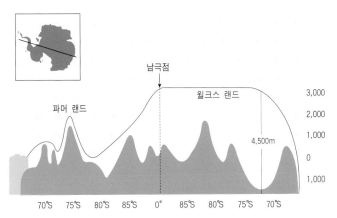

남극점

월크스 랜드

파머 랜드

3,000
2,000
1,000
0
1,000

4,500m

70°S 75°S 80°S 85°S 0° 85°S 80°S 75°S 70°S

남극 빙하의 종단도_대륙의 상당 부분은 해수면 아래에 있다. 즉, 수중 암초 위에 약 2~3km의 두께로 얼은 만년 빙산(Ice Cap)으로 형성되어 있으며, 이것은 전 세계 얼음의 90% 정도에 해당한다.

    남극 대륙은 사람이 제대로 걸어 다닐 수 없을 정도로 바람이 강하기로도 유명하다. 1912년 오스트레일리아의 남극 탐험가이자 지질학자인 더글라스 모슨Douglas Mawson, 1882~1958 일행은 땅 위를 걸어 다니지 못하고 기어 다닐 정도로 강한 바람을 만났다고 전했다. 또 남극은 지난 200만 년 동안 비가 오지 않은 드라이 밸리Dry Valleys로 알려져 있다. 한마디로 사하라 사막보다도 더 건조하다고 한다. 그래서 사람들은 남극을 두고 '하얀 사막'이라고 부르기도 한다.

    또 남극해 주변에는 바닷물 위에 떠 있는 큰 빙산과 바다의 조류를 따라 이리저리 흘러 다니는 얼음 조각인 유빙이 있기 때문에 항상 위험이 존재하고 있다. 남극에는 11월 중순부터 여름이 시작되어 낮 시간은 18~20시간이 되며, 이때부터는 이끼류가 돋아나며 남극 새들이 돌아와 짝짓기를 하고 푸른색 빙하가 깨지기도 한다.

대륙을 끊어 뱃길을 열었다
- 운하

비행기가 발명되지 않았던 때에는 바닷길이 유일한 교통수단이었다. 특히 용량이 큰 화물을 운반할 때는 바닷길 이외에는 뾰족한 수단이 없었다. 초기에는 희망봉이나 마젤란 해협으로 둘러 다녔지만, 화물의 운송이나 전쟁에는 '시간이 금' 이나 마찬가지이기 때문에 대륙의 잘록한 부분을 찾기 시작했다. 바로 대륙을 관통하는 뱃길을 뚫기 위해서였는데, 이러한 뱃길을 국제 운하 또는 국제 수로라고 한다. 공해와 공해를 연결하는 이러한 국제 운하로는 수에즈 운하 Suez Canal, 192km, 파나마 운하Panama Canal, 82km, 킬 운하•Kiel Canal, 98km 등이 있다. 보통 운하는 강과 강을 연결하는 내륙 운하(예를 들어 중국의 대운하)로 한 나라의 영역 내에 있지만, 국제 운하는 조약에 의해 모든 외국 선박에게 개방되어 있다. 그러므로 군함을 포함하여 세계 어떤 나라의 선박도 자유로이 통행할 수 있다. 이러한 운하는 전쟁 동안에도 자유로운 통행이 보장되며, 어떤 경우에도 폐쇄되지 않는다. 또한 운하의 양쪽 출입항으로부터 4.8km 이내의 구역에서는 어떠한 적대 행위도 금지되어 있으며, 시설물은 일체 불가침 구역으로 되어 있다.

수에즈 운하는 아프리카 대륙과 아시아 대륙의 경계를 이루는 곳으로 지중해와 홍해가 양쪽으로 맞닿아 있는 지협이다. 이곳에 물길을 열어 지중해와 홍해를 연결하려는 시도는 아주 오래 전부터 있어 왔다. 최초의 운하는 BC 2100년에 네코 2세•에 의해 계획되었는데, 지중해 연안에서 시작하였으나

북해–발트 해 운하. 북해 연안의 브룬스뷔텔코크에서 발트 해 연안의 홀테나우까지 98km에 걸쳐 동쪽으로 뻗어 있는 독일 북부의 수로(운하). 베르사유 조약(1919. 6. 28)에 의해 국제 수로가 되었다.

Necho II. 이집트 제26 왕조의 제2대 왕(BC 610 ~BC 595 재위)으로 프삼티크 1세의 아들

수많은 희생자를 내고 중단되었다. 그 후 BC 500년경 다리우스 1세가 홍해와 대염 호수를 거쳐 부바스티스의 나일 강을 연결하는 데 성공했다. 이 수로는 7세기경 아랍의 상인들이 이집트의 농산물을 실어 나르는 데 중요한 교통로로 이용되어 오다가 이슬람교 내분으로 폐기되었다. 1798년 나폴레옹이 그 유적을 발견하고 홍해와 지중해를 연결하여 통상로를 개척하려고 하였지만, 공사를 시작한 지 얼마 되지 않아 수석 기사의 계산 착오로 공사가 중단되고 말았다.

그 후 1859년에 이집트는 카이로 주재 프랑스 영사였던 페르디낭 드 레셉스Ferdinand de Lesseps, 1805~1894에게 새로운 운하 건설의 책임을 맡겼다. 레셉스는 토목 기사로서 정식 교육을 받지 않았지만 젊었을 때부터 운하 건설에 대한 집념을 불태워 왔다. 그의 지휘하에 드디어 운하가 완성되었다.

이렇게 해서 1869년에 프랑스에 의해 인도양에서 지중해와 대서양으로 가는 최단 항로가 탄생되었다. 수에즈 운하는 인도에서 영국으로 가는 뱃길을 무려 6,400km나 단축시켰으며, 1888년 콘스탄티노플 조약에 의해 국제화되었다. 운하의 서쪽에는 나일 강 저지대 삼각주가 있고, 동쪽에는 지대가 높고 지형이 험난한 불모지인 시나이 반도가 자리 잡고 있다. 운하는 개통 당시 수심이 8m였고,

수에즈 운하_운하의 길이는 지중해의 포트사이드(부르사이드)로부터 남쪽 수에즈 만까지 163km이며, 부하이라트알만질라(멘잘라 호)·부하이라트앗팀사(팀세 호)·알부하이라알무라(비터 호) 등의 물을 이용하고 있다.

폭은 바닥에서 약 22m, 수면에서 57m였다. 그러나 확장 공사를 계속하여 1967년에는 수로 폭이 가장 좁은 곳이 54m, 수심은 운하 전체가 일정하게 12m 정도 되었다. 수에즈 운하의 건설은 과거에 거의 사람이 살지 않았던 이 지역 일대에 활기를 불어넣어 촌락들이 생겨나는 결과를 가져왔다. 운하는 1967년 6월 아랍과 이스라엘 간의 전쟁 중에 일시 폐쇄되었으나 1975년 다시 개통되었으며, 1975~1980년의 운하 확장 공사로 지금은 흘수• 16m의 선박까지도 운항할 수 있다.

　주목해야 할 또 하나의 운하는 파나마 운하이다. 이 운하는 중앙아메리카의 파나마 지협을 통해 대서양과 태평양을 이어주는 호수-갑문식 운하이다. 이 운하는 남아메리카 마젤란 해협을 돌아 다녀야 하는 불편을 없애기 위하여 남북 아메리카 대륙을 잇는 잘록한 부분을 파서 만들었다. 수에즈 운하와 함께 세계에서 가장 전략적인 국제 수로이다. 미국의 동쪽과 서쪽 해안 사이를 항해하는 배들은 남미 칠레의 혼 곶으로 돌아가는 대신 파나마 운하를 이용함으로써 약 14,000km의 항해 거리를 단축시킬 수 있게 되었다.

　파나마 운하도 수에즈 운하의 굴착을 감독했던 프랑스의 외교관 페르디낭드 레셉스가 공사를 시작했으나 불충분한 계획, 질병, 사기죄 기소 등으로 10년간의 작업 기간과 14억 프랑의 거액 그리고 2만 명의 희생자를 내고 1889년 결국 중단되고 말았다. 당시 미국은 프랑스와는 달리 니카라과를 통과하는 노선의 운하를 계획하였는데, 니카라과의 수프리에르 화산 폭발로 그 계획이 취소되고 말았다. 그래서 미국은 프랑스가 중도에 포기한 파나마 쪽의 운하를 재건설하기로 하였다. 1903년 미국은 파나마와 헤이-뷔노바리아 조약•을 체결하고 운하 건설권과 운하 관리권을 독점하고 운하 소유권까지 거머쥐게 되었다.

　1904년에 미국의 감독하에 다시 시작한 공사는 급진척되어 1914년에 운하가 개통되었다. 교통과 군사 전략 면에서 중요한 이 운하의 지배권을 놓고 미국과 파나마가 수많은 충돌을 빚은 끝에 미국이 주도적으로 운영해 오다가 1979년부터 파나마 공화국이 운하를 관리하고 있다. 파나마 운하는 작은 선박을 제외하고는 어떤 선박도 자체 동력으로 운하의 갑문을 통과할 수 없다. 배들은 3.2km/h의 속도로 갑문 벽 위의 치형齒形 궤도에서 운행되는 6개의 예인 기관차로 움직인다. 갑문들은 이중으로 되어 있어 배들이 동시에 서로 반대편으로 통과할 수 있다. 기다리는 시간까지 합쳐 배가 운하를 통과하는 데 약 24~30시간이 소요된다.

지구를 탐험한 영웅들

70개의 알렉산드리아를 세운 30대 청년
- 알렉산드로스

북부 그리스에는 필리포스 2세 왕이 수도로 정했던 마케도니아Macedonia가 있었다. BC 356년에 마케도니아에서 태어난 알렉산드로스(Alexandros the Great, BC 356~BC 323; 알렉산더 대왕)는 말년의 11년을 제외하고는 어린 시절을 그곳에서 보냈다. BC 326년, 46세의 필리포스는 그의 연인으로 추정되는 호위병에 의해 피살되고 20세였던 그의 아들 알렉산드로스가 왕위를 계승한다. 직업 군인으로 성장한 알렉산드로스는 왕위를 계승하고 그리스 지역의 각 국가들을 평정한 후 그 연합체인 코린트 동맹Corinth League의 맹주가 되었다. 부왕인 필리포스는 에게 해 건너편에 있는 페르시아를 공략하는 것이 평생의 목표였다. 알렉산드로스는 아버지가 이루지 못한 꿈을 이어받아 정복 원정을 시작하게 된다. 오늘날의 터키에서 파키스탄까지 걸쳐 있던 페르시아 제국으로부터 그리스의 도시들을 되찾으려던 야망을 성취하기 위한 것이었다. 또한 알렉산드로스의 스승 아리스토텔레스가 끼친 영향도 알렉산드로스의 원정에 한몫을 했다고 한다. 당시 페르시아는 가장 땅이 넓고 힘이 센 나라로 거의 100년 동안 그리스를 침공한 일이 있었다.

20세BC 334인 알렉산드로스는 6천여 명의 기병과 4만 3천 명의 보병을 이끌고 헬레스폰토스(Hellespont, 오늘날의 다르다넬스, Dardanelles) 해협을 건너 소아시아 원정에 나서게 된다. 알렉산드로스는 해협을 건너 20일 만에 트로이Troy에 다다랐다. 그곳의 그라니쿠스Cranicus 강가에서 벌어진 전투에서 승리하여 빼

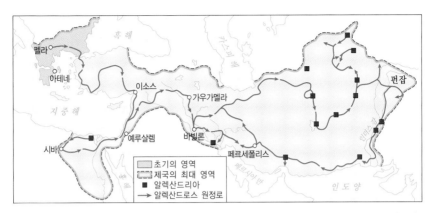

알렉산드로스의 원정_알렉산드로스는 점령지 도시를 알렉산드리아로 고쳐 불렀는데 최대 70개소의 알렉산드리아를 세웠다고 한다.

앗겼던 그리스의 도시들은 되찾게 된다. 또한 BC 333년에는 소아시아 동남쪽의 이소스Issus에서 페르시아 정예군과 맞붙어 크게 승리하였고, 그 후 바빌론을 거쳐 마침내 페르시아의 수도 페르세폴리스Pcrsepolis에 도달하였다. 한편 패배한 페르시아군이 내륙으로 퇴각하는 동안 알렉산드로스 원정군은 계속 진군하여 에페소스, 마그네시아, 프리에네도 등을 해방시킨다. 뿐만 아니라 페르시아에 점령당해 있던 이집트도 해방시키고 국민들로부터 대대적인 환영을 받는다. 그 후 알렉산드로스는 점령지마다 알렉산드리아를 세우는데 오늘날까지 번성하고 있는 이집트의 알렉산드리아도 그때 건설한 것이다. 이 도시는 훗날 유클리드Euclid, 에라토스테네스Eratosthenes, 프톨레마이오스Ptolemaeus 등 많은 학자들을 배출한 곳으로 유명하다.

여러 전투에서 승리한 알렉산드로스는 BC 327년 봄, 7만 5천 명의 군사를 거느리고 힌두쿠시 산맥을 넘어 인도 정복 길에 올랐다. 그는 인도가 지구의 동쪽 끝이라고 생각하였지만 그 너머에 더 큰 땅이 있다는 것을 알고 많이 놀랐다고 한다. 계속되는 굶주림과 찌는 듯한 더위와 장마, 그리고 전염병(열병) 등으로 알렉산드로스의 병사들이 하나둘씩 죽어가자 알렉산드로스는 어쩔 수 없이 수도인 페르세폴리스로 발길을 돌리고 말았다BC 324. 알렉산드로스의 도전 열기는 1년 뒤 지구의 서쪽 끝이라고 믿었던 아라비아를 탐험하려고 계획을 세우게 된다. 하지만 알렉산드로스 자신에게도 운명의 시간이 다가오고 있었다. 다시 원정을 준비하던 그는 BC 323년 6월 33살의 젊은 나이로 바빌론에서 생애를 마치고 만다. 알렉산드로스의 죽음과 함께 새 시대가 도래하였다. 그리스의 언어와 문화를 동방의 곳곳에 전파한 헬레니즘 시대BC 323~BC 31가 그가 죽은 해부터 로마에 의해 멸망당한 BC 31년까지 지속되었다.

알렉산드로스는 지중해를 중심으로 펼쳐진 그리스 문화를 벗어나 11년 동안 유럽, 아프리카, 아시아 대륙에 걸쳐 대제국을 건설하였다. 알렉산드로스의 동방 원정은 세계 역사상 육로를 통한 최초의 탐험(정복)이라고 할 수 있다. 그가 곳곳에 세운 알렉산드리아들을 이어준 도로망과 화폐들을 통해 문화, 교통, 상업 분야에서 놀라운 교류와 큰 발전을 이루었다. 전 세계를 한나라로 생각한 알렉산드로스는 전 세계를 통일하려고 한 것이다. 즉, 모든 나라를 하나로 묶는 제국을 세우려고 한 것이다. 만약 알렉산드로스가 일찍 죽지 않고 30~40년 정도 더 생존 했다면 세계의 역사가 어떻게 되었을지 궁금하다.

동서양을 이어 준 기원전 고속도로
– 실크로드

비단길Silk Road이라고 일컫는 실크로드는 고대 중국과 서역 각국 간에 비단을 비롯한 여러 가지 무역을 하면서 정치 · 경제 · 문화를 이어 준 교통로의 총칭이다. 총길이 6,400km에 달하는 실크로드라는 이름은 독일인 지리학자 리히트호펜Richthofen, 1833~1905이 처음 사용했다. 중국 중원中原 지방에서 시작하여 허시후이랑河西回廊을 가로질러 타클라마칸 사막Taklamakan Desert의 남북 가장자리를 따라 파미르Pamir 고원, 중앙아시아 초원, 이란 고원을 지나 지중해 동안과 북안에 이르는 길이다. 옛날 로마인들은 동쪽 어딘가에 황금 섬(중국)이 있다고 믿었고, 중국 또한 서역에 대해 항상 궁금해 했다. 그러나 정작 동양과 서양은 BC 100년까지도 서로 간에 교류가 없었다. 이러한 교류를 가로막고 있었던 가장 큰 이유는 타클라마칸 사막과 파미르 고원과 같은 자연 장애물과 이슬람인들의 방해 때문이다.

실크로드가 처음 열린 것은 전한(前漢: BC 206~AD 25) 때이다. 한 무제武帝는 대월지大月氏, 오손烏孫과 같은 나라와 연합하여 중국 북방 변경 지대를 위협하고 있던 흉노를 제압하고 서아시아로 통하는 교통로를 확보하길 원했다. BC 139년 장건張騫은 100여 명의 수행원을 데리고 장안을 떠났지만 얼마 가지 못해 흉노에게 붙잡히고 만다. 그는 그곳에서 약 10년 동안 허송세월을 보낸다. 그러던 어느 날 통역인 깐후甘父와 탈출하여 파미르 고원 너머에 있는 페르가나Fergana국을 거쳐 당초 목적지인 대월지국大月支國에 도착하였다. 하지만 많은

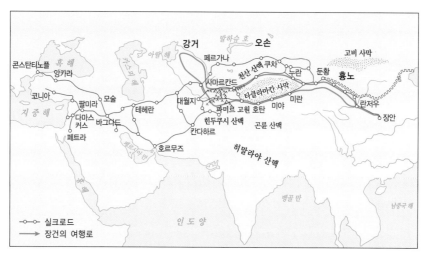

실크로드_중국과 서역 간의 교통로인 실크로드는 육로뿐만 아니라 바다의 실크로드도 있었다. 나중에는 여러 갈래의 실크로드가 개발되어 동서양 간의 물류 교역뿐만 아니라 문화의 교류도 활발하였다.

세월이 흘러 대월지국은 동맹을 원치 않았다. 그래서 대월지국에 머무는 1년 동안 여러 가지 자료를 수집한 후 본국으로 돌아가기로 마음먹었다. 장건이 서역으로 갈 때는 타클라마칸 사막 북쪽 길을 이용했지만 돌아 올 때는 그 남쪽 길을 택했다. 도중에 티베트족에게 붙잡혀 1년 동안 고생하기도 했지만 BC 126년에 돌아왔다. 대월지국과 동맹을 맺는 데는 실패했지만, 그의 경험과 자료가 워낙 중요하기 때문에 한 무제는 치하 했다고 한다.

  한 무제는 장건의 귀국 보고를 아주 흥미롭게 생각하였다. 서역에는 명마가 있고, 금은전을 사용하는 나라가 있고, 중국(한)의 특산품인 칠기와 비단을 사고 싶어 하는 나라도 있었기 때문이다. 더욱 중요한 것은 대월지, 강거, 오손 등 군사력이 강한 유목 민족들을 흡수해서 한나라를 세계의 강국으로 끌어 올리고 싶어 했다. 당시 중국과 서역 사이에 낀 간쑤성甘肅省은 흉노가 다스리고 있었는데 장건은 그들을 피해 쓰촨성四川省, 윈난성雲南省을 거쳐 인도로 가는 길을 개척하고자 했다. 그래서 부하들을 여러 차례 보냈지만 모두가 실패하고 말았다. 그 후 장건은 흉노족을 몰아내고 그 자리에 오손을 이주시키려고 직접 부하 300명을 이끌고 오손wuson으로 갔으나 뜻을 이루지 못하였다. 한나라로 돌아 온 장건은 이듬해인 BC 114년에 죽고 말았다.

한 무제는 BC 104년부터 101년까지 페르가나국에 군사를 보내어 왕의 목을 치고, 남북실크로드의 중요한 길목에 자리한 누란樓蘭도 정복하였다. 마침내 BC 60년에는 흉노마저 굴복시킴으로서 서역을 완전히 손에 넣게 되었다. 이때부터 중국의 비단은 본격적으로 로마까지 팔려 나갔다. 실크로드를 통해 중국에 기린, 사자와 같은 진귀한 동물과 호마(胡馬: 말), 호두, 후추, 호마(胡麻: 깨) 등이 전해졌고, 유리 만드는 기술도 전해졌다. 중국에서는 비단, 칠기, 도자기 같은 물품과 양잠, 화약 기술, 제지 기술 등이 서역으로 건너갔는데, 특히 종이 만드는 기술이 서역으로 건너가서 중세 유럽의 암흑기를 밝혀 인쇄술 발달과 지식 보급에 원동력이 되었다. 이후 둔황敦煌을 비롯한 4군데에 요새를 세워 장사 길을 보호했는데, 이때부터 서역으로 통하는 실크로드가 훤히 뚫렸으며 1년에 5~10번씩 장사꾼들이 오갔다.

장건이 서역을 처음 개척한 이래 중국의 역대 왕조는 중앙아시아 및 서아시아 여러 나라와 빈번히 교류하였다. 그러므로 실크로드는 상업적인 면뿐만 아니라 동서 문화의 교류라는 면에서 역사적으로 큰 의의를 지니고 있다. 한편 많은 스님들이 경전을 구하러 실크로드를 따라 인도로 들어갔고, 인도의 승려들도 경전을 가지고 중국에 많이 들어왔다. 그러므로 중국 불교가 발전하게 된 데에는 인도와 중국을 연결시켜준 실크로드의 역할을 무시할 수 없다. 실크로드가 가장 활발했던 시기는 당대(唐代: 618~907)였는데, 현재는 파키스탄과 중국의 신장웨이우얼 자치구新疆維吳爾自治區를 잇는 포장도로에 일부 남아 있다고 한다.

내가 본 것들의 절반도 이야기하지 못 하였다
- 마르코 폴로

    1245년 전까지 유럽인 가운데 공식적으로 중국이나 인도에 가본 사람은 없었다. 중국의 비단이나 향료 등도 유럽인들이 아시아에 가서 가져 온 것이 아니라 실크로드를 통해 들어온 물건들이 아랍 상인들에 의해 전 유럽으로 공급된 것이다. 당시 지중해를 주름잡던 이탈리아의 도시국가 상인들도 직접 중국이나 인도에 가서 물건을 구해 오고 싶었지만 서아시아를 차지하고 있는 터키를 비롯한 이슬람교도들이 길을 막아 갈수가 없었다. 이것을 중세 후기의 '철의 장막Iron Curtain'이라고 한다. 아시아의 귀한 상품들이 유럽인의 손에 들어가려면 뭍길(실크로드)이나 물길(아라비아 해-인도양)을 지나야 하지만, 두 길을 이슬람교도들이 가로막고 엄청난 통관 세금과 횡포를 부렸기 때문에 동서양 간에 물류가 막혀 있었던 것이다. 이 답답한 철의 장막은 13세기 들어 몽고군이 서아시아를 지배하면서 잠시 동안1250~1350 열렸다. 하지만 티무르Timur 제국과 오스만Ottoman 제국이 서아시아를 차지하면서 다시 장막이 가려지고 말았다. 장막이 걷힌 100년 동안 로마 교황의 명을 받은 존과 베네딕트 수도사가 1245~1247년까지 몽고에 다녀왔고, 프랑스 왕 루이 9세의 명을 받은 앤드류 수도사가 1248년에, 윌리엄 수도사가 1253년에 각각 몽고를 다녀왔다고 한다.
    전도를 주목적으로 한 수도사들의 동방 방문은 큰 이슈가 되지 못한 반면, 베네치아의 상인 폴로 일가는 세계 역사의 흐름을 바꿔놓았다. 마르코 폴로 Marco Polo, 1254~1324의 아버지 니콜로Niccolo 폴로와 숙부 마페오Maffeo 폴로는 1260년 콘스탄티노플을 출발하여 원나라(몽고)에 갔다가 1269년 베네치아로 귀

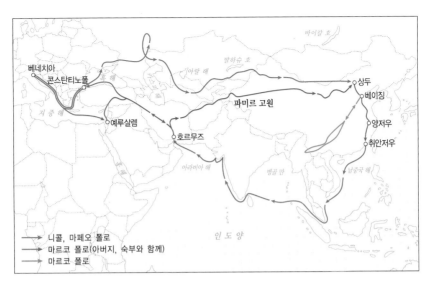

폴로 일가의 여행로_기원전부터 알려진 실크로드가 폴로 일행이 여행하던 13세기에는 더 많은 갈래로 나누어졌다. 수세기를 지나오면서 일시적으로 동서양 간의 교류가 끊긴 적도 있었지만 육로와 수로를 이용해 마르코 일행은 중국을 다녀왔다.

국하였다. 이때 그들은 몽고의 쿠빌라이Khubilai Khan 황제의 부탁을 받고 돌아왔다. 그 내용은 '베네치아로 돌아가서 귀국의 왕에게 과학과 천문, 음악 등에 능한 학자 100명을 데려 왔으면 좋겠다'는 것이었다. 폴로 형제는 그레고리우스 10세 왕에게 쿠빌라이의 뜻을 전달했으나 왕은 수도사 두 명만 딸려 주었다. 하는 수 없이 폴로 형제는 아들 마르코 폴로를 포함해 5명이 출발하였다. 지중해 동쪽에 이르자 겁에 질린 수도사 두 명은 돌아가고 말았다. 결국 가족 세 사람만 남게 되었는데, 그들은 위험한 뱃길보다는 실크로드를 넘어 가기로 하였다. 이 길은 험준한 로프 사막, 이리떼의 습격, 폭풍우와 눈사태, 모래바람, 도둑떼, 악령의 소리 등 죽을 고비를 수도 없이 넘긴 고행이었다. 일행은 3년 반 만에 쿠빌라이의 여름 궁전이 있는 카이펑開封에 도착하였는데, 이때 마르코의 나이는 21살1275이었다.

황제는 어린 마르코를 항상 곁에 두고 서양 이야기 듣는 것을 즐겨 했다. 주로 신기한 풍습이나 문화에 대해 듣고 싶어 했다. 마르코는 그때부터 17년간 황제를 모셨는데, 마르코 자신에게는 꿈같은 시절이었다. 점차 중국 문물에 익숙해지자 황제의 명으로 양저우揚州 지방을 3년간 다스리기도 했고, 버마와 인도를 다녀오기도 하였다. 하지만 나이가 점점 들어 고향이 그리워지기 시작하였으나 황제는 마르코를 놓아줄 생각을 하지 않았다. 마침내 기회가 생겼다. 1292년 몽고의 한 공주가 페르시아 지역으로 시집가게 되었는데, 그곳에서 공주를 모시러 온 사신들이 험준한 실크로드 보다는 바다 길을 원했던 것이다. 마침 마르코 일행이 바닷길을 잘 아는 사람으로 알려져 황제를 졸랐지만 거절당하고 만다. 하지만 끈질긴 설득과 부탁으로 황제의 마음을 돌려 허락을 받았다. 남중국해-말라카 해협-인도양-아라비아 해를 거쳐 호르무즈 항에 닿으니 수행원 600명 중에 고작 18명만 남았다. 마르코 폴로는 공주와 헤어지고 고향으로 가는 도중에 몽고 황제가 죽었다는 전갈을 받았다. 그는 1295년 겨울, 24년 만에 그리운 고향에 도착하였다.

고향에 온 마르코는 제노바와 베네치아의 전쟁에 특별 사령관으로 참여하였다가 패하였는데, 이때 베네치아 해군 7천 명이 포로로 잡혔고, 그 중에 마르코도 끼어 있었다. 마르코는 감옥에서 당시 꽤 이름이 알려진 피사 출신의 루스티켈로Rustichello라는 작가를 만났다. 루스티켈로는 마르코가 간간이 들려주는 중국 이야기를 책으로 쓸 것을 제안하였다. 당시에는 기억에 남을 만한 이야기를 엮어 출판하는 것이 돈과 직결되는 시절이 아니었다. 그래서 선뜻 허락하지 않았지만 루스티켈로의 끈질긴 설득으로 책을 내기로 결정하였다. 루스티켈로는 프랑스어로 받아 적었는데, 책머리에 "황제나 왕, 공작, 후작, 백작, 기사, 도시민, 그 밖의 이 세상의 여러 인종과 여러 곳의 특이한 풍습을 알고자 하는 사람들은 모두 이 책을 읽어라" 라고 적었다고 한다. 뒷날 『동방견문록The Travels of Marco Polo』으로 불린 이 책은 유럽 말로 번역되어 빠르게 퍼져 나갔다. 또한 15세기 말 콜럼버스를 비롯한 초기 탐험가들도 이 책을 읽고 바다로 멀리 나아가면 지구 밖으로 떨어지지 않는다는 것을 알게 되었을지 모른다. 마르코는 1324년 세상을 떠날 때 "나는 아직도 내가 본 것들의 절반도 이야기 하지 못하였다…"라고 하면서 눈을 감았다.

포르투갈이 뚫은 초기의 바닷길
– 동방으로 가는 바닷길

신항로의 개척을 다른 말로 '지리상의 대발견'이라고 표현한다. 이것은 새로운 땅을 발견했기 때문이다. 발견의 동기는 동방으로 향하는 바닷길을 뚫어 향료를 구입하고 기독교를 전파하는 것이었다. 당시 유럽에서는 육류를 저장하고 맛을 내는 데 동양의 향료가 필수적이었다. 그중 가장 일반적인 것이 후추로, 주로 인도(그때는 동방으로 통칭)와 동인도 제도에서 생산되었다. 뿐만 아니라 동방에서 들어오는 향료들인 후추, 계피, 생강, 정향● 등은 막대한 이익이 보장되었기 때문에 너나없이 바다로 나아갔다.

하지만 당시에는 바닷길이 잘 알려지지 않았다. 육로는 아랍 상인들이나 이탈리아 상인들을 거치지 않고는 직접 무역을 할 수 없었다. 이들은 동방에서 넘어오는 이러한 물건들을 지중해의 항구로 운반해 주고 무거운 관세와 이익을 챙겼다. 그래서 바다로 나아가면 아랍 상인들과 이탈리아 상인들의 횡포도 피할 수 있고, 한꺼번에 많은 양을 가져올 수 있기 때문에 뱃길을 찾게 되었다. 뿐만 아니라 항상 이슬람의 침입에 시달리던 두 나라(포르투갈과 에스파냐)는 이슬람에 대한 적개심으로 동방에 기독교를 전파해야 한다는 열망도 가지고 있었다.

두 나라 중 먼저 바다로 나아간 것은 포르투갈의 탐험가들이었다. 포르투갈은 주앙 1세하에 중앙 집권적인 통일 국가로 성장했으며 그 때부터 해외 진출을 본격화하였다. 탐험을 주도한 엔리케prince Henry, 1394~1460는 주앙 1세의 넷

> ● 丁香, clove, 몰루카 제도가 원산인 상록 소교목, 높이는 4~7m 정도 되고, 잎은 향기가 있다. 꽃이 피기 전의 꽃봉오리를 수집하여 말리는데, 이것을 정향 또는 정자(丁子)라고 한다.

초기의 **탐험**_1485년부터 유럽인들이 아프리카 서해안을 탐험하였지만, 1488년 포르투갈의 바르톨로뮤 디아스와 1498년 바스코 다가마에 의해서야 본격적인 탐험이 시작되었다.

째 아들로 몸이 쇠약하고 뱃멀미를 하는 탓에 직접 배를 타지 않았다. 그러나 이탈리아를 비롯한 각지에서 항해사, 조선 기술자를 모집하여 선박을 개량하고 대서양 및 아프리카 서해안에 시험 항해를 시키는 동시에 고대의 지리서, 지도, 항해 관계 서적을 수집하였다. 포르투갈 남부의 사그레스Sagres에 항해 연구소 겸 해양 학교를 설립하여 바다로 나아가려는 사람들을 교육시키고, 수집한 자료를 바탕으로 대륙의 해안선 지도를 고쳤으며, 항해용 배를 만들었다. 이러한 것들이 포르투갈의 국력으로 작용하여 해양 왕국으로 발전하는 계기가 되었다.

바르톨로뮤 디아스Bartholomeu Dias, 1450?~1500는 선조 때부터 항해가로 이름을 날린 가문 출신이다. 1487년 8월 아프리카를 일주하라는 주앙 2세의 명을 받고, 50톤짜리 배 두 척으로 아프리카 서해안을 따라 남쪽으로 내려갔다. 도중에 풍랑을 만나 계획한 항로를 지나쳤지만, 돌아오는 길에 아프리카 최남단의 희망봉을 발견하고 '폭풍의 곶'이라 이름 지었다. 나중에 주앙 2세가 '폭풍의 곶'은 이름이 불길하다는 이유로 '희망봉'으로 바꾸었다고 한다. 디아스의 희망봉 발견은 뒷날 인도 항로 발견의 중요한 전환점이 되었다. 16개월에 걸친 항해를 마치고 이듬해 12월 리스본으로 귀항한 디아스는 그 뒤 아프리카를 상대로 무역에 종사하면서, 1497년 바스코 다가마와 함께 인도 항로 발견에 참여하기도 하였다. 1500년 디아스는 카브랄Pedro Alvars Cabral의 인도 항해에 따라 나섰다가 도중에 폭풍우를 만나 실종되었다.

바스코 다가마Vasco da Gama, 1469~1524도 '인도 항로의 발견자'로 알려져 있다. 그는 국왕의 명을 받고 1497년 7월 세 척의 배에 168명을 태우고 리스본을 출발하여, 11월 말에 희망봉을 돌아 이듬해 초에 아프리카 동해안 메린디에 도착했다. 여기에서 아라비아의 뱃길 안내인 아프맛드비 마지드를 고용하여 아라비아 해를 횡단하고 1498년 5월 20일에 목적지 캘리컷(지금의 코지코드)에 도달했다.

이후 포르투갈의 탐험 선단은 인도에 자주 모습을 나타냈는데, 이때부터 포르투갈인과 이슬람계 상인의 상권을 둘러싼 갈등이 시작되었다. 당시 이 지역 상권을 독점하고 있던 이슬람계 상인들은 자신들의 생활 터전을 위협하는 포르투갈의 진출에 민감하게 반응하였다. 그러나 포르투갈의 인도 총독들은 인도 근해에 출몰하는 이슬람계의 해군을 격파하고1509 땅을 점령하는 등 그곳을 동방 무역의 전진 기지로 삼으려고 하였다. 그들은 계속해서 말라카를 점령하고 1517년에는 중국에 진출하여 마카오를 점령하였고, 1543년에는 일본과도 통상을 시작했다. 이렇게 해서 포르투갈은 16세기 전기에 동방 무역을 독점하여 거대한 부를 얻었으며, 수도 리스본은 한때 세계 상업의 중심지가 되었다.

대서양을 건너 인도(?)에 도착하다
- 신대륙의 발견

 이탈리아인 콜럼버스Christopher Columbus, 1451?~1506는 당시 활발한 해상 활동이 전개되던 도시 국가인 제노바 부근에서 태어나서 어릴 적부터 항해에 대한 꿈을 가지고 있었다. 1478년 포르투갈로 건너간 콜럼버스는 삼각돛을 단 범선을 타고 지중해의 여러 항구를 돌아다니는 뱃사람으로 출발하여 장사와 항해술, 먼 바다에 대한 정보를 익히고 라틴어와 에스파냐어를 틈틈이 배웠다. 뿐만 아니라 해도 제작과 판매를 하면서 서쪽 항로 개척에 대한 열정도 키웠다. 또한 피렌체의 지리학자 토스카넬리의 이야기를 듣고 15세기의 신학설인 지구 구체설에 감명을 받아, 더욱더 서쪽으로 나아가기로 마음을 굳혔다.

 1484년 콜럼버스는 당시 활발한 해양 진출을 도모하던 포르투갈 국왕 주앙 2세에게 탐험으로 발견된 토지에 대한 여러 특권을 요구하였으나 거부당했다. 영국, 프랑스 왕에게도 거절당한 끝에 마침내 1492년에 에스파냐의 이사벨라 여왕Isabella I, 1451~1504의 동의와 재정적인 지원을 얻을 수 있었다. 그해 에스파냐 왕국(아라곤과 카스티야 왕국이 통합되어 성립)은 그라나다를 함락시키고 국내 통일을 완성하였지만 포르투갈은 이미 희망봉1488에 다녀왔을 때였다. 해외 진출이 늦었다고 생각한 에스파냐로서는 콜럼버스가 서쪽으로 항해하여 동방으로 가겠다고 제안한 계획에 모든 것을 걸 수밖에 없었다. 그리하여 1492년 콜럼버스는 에스파냐의 지원을 받아 인도를 향해 항해를 시작하였다.

 당시 콜럼버스의 신세계 탐험을 가능하게 했던 요인을 정리하면 다음과 같다.

첫째, 당시에는 지구의 6/7을 육지로 생각하였기 때문에 좁은 바다로 항해하면 훨씬 빨리 인도에 도착할 것이라는 생각(천문학자이며 지리학자인 프톨레마이오스•의 세계 지도에는 인도양이 유럽과 가까운 내해로 표기됨).

둘째, 콜럼버스의 용기 그리고 돈벌이와 출세에 대한 욕심.

셋째, 그리스의 학자인 포시도니우스Posidonius의 작게 계산된 지구 둘레 값28,800km.

넷째, 1474년에 토스카넬리•Toscanelli로부터 받은 한 장의 편지(지도).

다섯째, 넓은 땅에서 부유하게 사는 동방으로 가면 금은보화를 가져올 수 있다는 마르코 폴로의 『동방견문록』•.

여섯째, 에스파냐 이사벨라 여왕의 동방(인도) 진출 의지.

이 외에도 그 시대가 품고 있던 미지의 땅에 대한 정치적 · 경제적 · 사회적인 궁금증이 그를 바다로 내몰았을 것이다. 또한 십자군 원정의 실패로 인도에서 들여오던 향신료를 이슬람 세력에 의해 들여오지 못하게 된 것도 원인일 수 있다.

1492년 8월, 콜럼버스는 산타마리아호, 핀타호, 니나호 등 3척의 배에 120명의 선원을 이끌고 팔로스 항을 출발하여 서쪽으로 향했다. 그의 선단은 온갖 고난을 극복하고 9월 12일 한 섬에 도착하였다. 원주민들이 '과니하니'라고 부르는 섬이었는데, 콜럼버스는 그 섬을 '산살바도르(San Salvador: 성스러운 구세주)'라 이름 지었다. 끝없는 항해로 절망에 빠진 선원들에게 구세주와 같은 섬이었기 때문이다. 그 후 산토도밍고와 쿠바를 차례로 발견하고, 산토도밍고에 '나비다드(navidad: 성탄절)'라는 성채를 구축했다. 이곳이 유럽인들이 아메리카에 세운 최초의 거점인 셈이다. 1493년 4월 그는 향료 대신 금속 제품, 앵무새, 담배 등 신기한 물건들과 원주민 몇 명을 데리고 바르셀로나 항으로 개선하여 대대적인 환영을 받았다.

Klaudios Ptolemaeos, 85?~165?. 그리스의 천문학자, 지리학자. 127~145년경 이집트의 알렉산드리아에서 천체를 관측하였으며, 『지리학』 8권을 비롯한 천문 지리 도서, 점성술 책 등 많은 저서를 남겼다.

Palol dal Pozzo Toscanelli, 1397~1482. 피렌체 출신의 천문학자, 지리학자, 의사. 1464년 피렌체 대성당에 해시계를 설치하여 태양의 자오선을 계측했다.

東方見聞錄 마르코 폴로가 1271년부터 1295년까지 동방을 여행한 체험담을 루스티첼로가 기록한 여행기

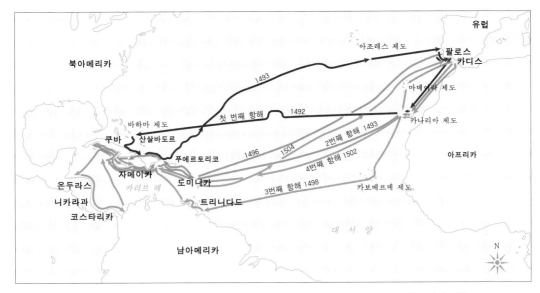

콜럼버스의 항해로_첫 번째 항해는 1492년 8월 3일 팔로스 항을 떠나 1493년 3월 15일에 귀항. 2번째는 항해는 1493년 9월 25일 카디스를 출항, 1494년 9월 하순에 이사벨라에 도착, 1496년 6월 11일 인디오 30명을 태우고 귀국. 3번째 항해는 1498년 5월 30일 산루카스 항을 떠나 산토도밍고에서 체포, 감금되어 1500년 10월 본국으로 송환. 마지막 항해는 1502년 5월 9일 카디스를 출발, 1504년 11월 7일 산루카르에 귀착.

하지만 콜럼버스가 처음 본 곳은 인도가 아니라 지금의 중남미인 카리브 해 연안(산살바도르)이었다. 그래서 그 일대를 서인도 제도라고 부르게 되었다. 콜럼버스는 그곳의 원주민들을 인도인으로 생각하였고, 그로 인해 그들은 자신들의 의지와는 관계없이 '인디언(인도인)'이 되었다. 인디언이란 용어는 그 뒤 아메리칸 인디언으로 고쳐 부르다가, 지금은 국제적으로 아메리카 원주민이라 부르고 있다.

콜럼버스는 최초로 아메리카에 도착한 사람으로 기록되고 있다. 그러나 콜럼버스가 도달한 인도(아메리카)에는 이미 수만? 명의 원주민들이 독자적인 문명을 형성하여 살아가고 있었으므로 그가 처음이라는 말은 잘못된 것이다. 현재 아메리카 원주민들은 이에 반발하여 9월 12일이 '콜럼버스의 날(아메리카 발견

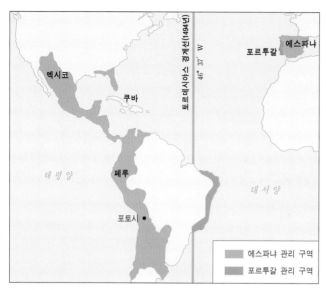

토르데시야스 조약(Treaty of Tordesillas)_에스파냐는 콜럼버스가 귀국한 즉시 로마 교황 알렉산더 6세에게 새로 발견한 지역이 모두 에스파냐의 영토임을 인정해 달라고 요청하였다. 스페인의 영향력하에 있던 교황은 베르데(Verde) 제도의 서쪽인 서경 43° 37´을 기준으로 남북으로 선을 그어 그 서쪽은 에스파냐가, 동쪽은 포르투갈이 차지한다고 선언했다(1493년). 포르투갈 왕은 이에 즉시 항의했고, 양국은 1년쯤 협의한 후 경계선을 조금 더 서쪽으로 옮겨 설정하였는데, 이 때 브라질이 포르투갈 관할로 들어오게 되었다. 당시에는 교황의 권한이 절대적이었기 때문에 다른 유럽 나라들은 이 조약을 받아들이지 않을 수 없었다.

일'이 아니라고 주장하고 있다. 콜럼버스의 아메리카 발견 500주년이 되던 1992년의 축하 행사 때는 원주민들과의 마찰도 있었다.

　한편 배를 타고 콜럼버스보다 먼저 아메리카 대륙에 건너간 사람들도 있었다. 전해 내려오는 이야기에 의하면 바이킹의 후예로 알려진 스노리 토르 핀손이 아메리카 대륙에서 태어난 최초?의 유럽인이라고 전한다. 스노리의 부모는 빈랜드(캐나다 뉴펀들랜드 주변으로 추정)를 식민지로 개척하여 정착하기 위하여 노력하였으나, 성공을 거두지 못하게 되자 고향인 아이슬란드로 돌아갔다고 한다. 그때 그들이 살았던 집터가 2002년에 발견되었다. 985년경에 노르웨이의 에리크Erike Raude 일행도 그린란드(북미의 일부로 간주)에 도착하여 몇 세기 동안 식민 국가를 건설하였다고 전해진다.

캘리포니아 해안에서 발견된 선박의 종류로 보아 동방의 배가 표류하여 닿았을 가능성도 배제할 수 없다. 남미에서도 고대 로마 주화가 발견되었고, 노르웨이 인류학자 헤이에르달Thor Heyerdahl은 이집트와 페니키아 사람들이 멕시코에 도착하여 피라미드를 세웠다고 주장한다. 또 12~13세기에 동방으로 원정 갔던 십자군의 일부가 표류하여 미지의 대륙(북미)에 도달한 일이 있었으며, 15세기 후반에는 덴마크의 데인족이 동방으로 가려다가 이곳까지 표착한 일도 있었다고 한다. 이렇게 '신대륙 발견자'는 콜럼버스 이전에도 상당수 있었음을 알 수 있다.

콜럼버스는 포교 및 무역 전진 기지 건설, 금광 발굴과 식민지 개척의 임무를 띠고 1,500여 명에 이르는 인원과 17척의 대선단을 이끌고 두 번째 항해를 시작하였다. 이어서 3차 항해, 4차 항해가 이어졌다. 그러나 강력한 후원자였던 이사벨라 여왕이 사망하자 콜럼버스도 점차 그 영향력을 잃어 갔으며, 1506년 5월 20일, 56세를 일기로 쓸쓸한 최후를 맞았다. 콜럼버스의 유해는 유언에 따라 그가 처음 도착해 건설한 산토도밍고 성당에 안치되었다가, 1899년 에스파냐 남부의 세빌리아로 이장되었다. 그가 사망함으로써 신대륙에는 '발견자의 시대'가 끝나고 '정복자의 시대'가 열렸다. 다시 말해 원주민들의 땅과 종족이 산산조각 나고 유린당하는 수탈의 역사가 시작된 것이다.

신대륙 저편에 넓은 바다가 있더라
- 세계 일주

마젤란Ferdinand Magellan, 1480~1521은 포르투갈 귀족 계급 출신의 항해가이자 탐험가로 어린 시절을 포르투갈의 리스본에서 보냈다. 자국의 함대에 근무할 때 인도네시아 몰루카 제도 등 동방을 탐험(장사)하며 많은 경험을 쌓은 결과, 1512년에는 함장의 위치에 올랐다. 그러나 포르투갈의 마누엘 국왕은 그를 '적과 뒷거래한 사람'으로 생각하고 받아들이지 않았다. 그는 더 이상 자국에 머물 필요가 없다고 생각하고, 1517년 조국을 떠나 에스파냐로 갔다.

에스파냐에 온 마젤란은 에스파냐의 국왕(카를로스)에게 서쪽 바다로 탐험할 것을 제안하였다. 1494년에 체결된 토르데시야스 조약으로 포르투갈은 향료가 생산되는 동방으로 바로 갈 수 있는 뱃길이 열렸지만 에스파냐에서는 그렇지 못한 상황이었다.

당시 서쪽으로 가는 뱃길은 자세히 알려지지 않았고, 서쪽에 태평양이란 큰 바다가 있는지도 정확히 알지 못한 상태였다. 하지만 마젤란이 경험이 많은 함장임을 알고 있던 에스파냐 국왕은 총독 자리와 항해에서 얻는 이익의 1/20을 주기로 약속하였다. 마젤란은 조국인 포르투갈이 지배하는 아프리카 희망봉을 피해서 서쪽으로 항해하여 동방에 갈 목표를 세웠다.

1519년 9월 5척의 배에 선원 270명을 태우고 산루카르 항을 출발하였는데 선단에는 에스파냐 외에 포르투갈, 이탈리아, 프랑스, 그리스, 영국 등 9개국에서 온 사람들이 뒤섞여 승선하였다. 에스파냐를 떠난 탐험대는 이듬해 3월

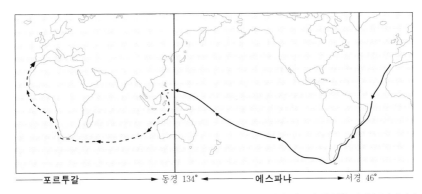

마젤란 항해도_마젤란은 토르데시야스 조약에 의해 출입이 금지된 자국의 영역을 피해 남아메리카를 돌아 세계 일주를 성취하였다. 당시에는 전 세계의 바다를 에스파냐와 포르투갈이 점령하고 있었기 때문에, 그 두 나라의 허락 없이는 어떤 나라도 함부로 바다로 항해할 수가 없었다.

남위 49°20′ 지점인 센줄리안 항구에 도착하여 부활절 밤을 보내고 있었다. 그때 에스파냐 출신의 간부들이 포르투갈 태생의 지휘관인 마젤란에게 반항하는 폭동을 일으켰지만, 마젤란은 반란을 평정하고 계속 항진하였다. 마젤란 선단이 남아메리카의 끝 부분인 파타고니아Patagonia 지방에 도착했을 때는 이미 추운 겨울이었다. 더 이상 항해를 할 수 없게 된 그들은 남위 50° 지점의 산타크루즈 강 어귀에서 휴식을 취하게 되었다.

그러나 마젤란은 모든 것이 순조롭지 못하다는 것을 깨달았다. 자신의 몸도 아프고 인근 해안가로 정찰 나갔던 산티아고호는 강풍과 파도를 만나 배가 부서지는 등 위기의 연속이었다. 뿐만 아니라 추위와 굶주림 그리고 절망으로 나날을 보내던 중 탐험 선단에서 제일 큰 배인 산안토니오호가 본국으로 도망치고 말았다. 그러나 마젤란은 이에 굴하지 않고 탐험대를 다시 정비하고 충분한 휴식을 취한 후 이듬해 10월 다시 항해를 시작하였다. 남아메리카 끝 부분에 들어서니 어지러울 정도로 만과 반도가 들쭉날쭉하여 어느 물길이 큰 바다로 연결되는지 알 수 없었다. 480km의 미로같이 생긴 좁고 긴 물길을 헤매는 힘겨운 나날이 38일 동안 계속되었다. 이곳이 바로 그의 이름을 붙인 마젤란 해협이다.

　미로를 힘겹게 빠져나온 후에는 2만 km를 항해하는 동안 한 번도 태풍을 만나지 않고 순조롭게 횡단할 수 있었다. 그래서 '잔잔한 바다'라는 뜻으로 'Mare Pacificum(태평양)'이라고 이름지었다. 마젤란의 탐험선에는 그의 심복인 이탈리아인 피가페타Antonio Pigafetta, 1491~1543가 동승했었는데, 그는 훗날 마젤란의 탐험 이야기를 『최초의 세계 일주』라는 책으로 출간하였다. 그는 이 책에서 외로움, 헐벗음, 굶주림, 괴혈병• 등에도 불구하고 항해가 성공할 수 있었던 것은 마젤란의 인내력과 지도력이 이루어 낸 기적이라고 말하였다.

壞血病, scurvy 비타민 시(C) 결핍으로 생기는 병

貿易風, trade wind, 북위 30°와 남위 30° 부근인 아열대 고압대에서 적도를 향해 서편으로 부는 매우 안정된 바람

　마젤란 해협을 빠져나온 선단은 남태평양에 산재한 섬을 하나도 만나지 못하였는데, 그것은 남아메리카 대륙의 해안을 따라 북진한 후 무역풍•을 따라 서쪽으로 배를 몰았기 때문이다. 어쩌면 마젤란이 남아메리카 대륙의 크기나 모양을 알아보기 위하여 대륙의 해안을 따라 북상하였을지도 모른다. 그렇지 않고 마젤란 해협을 빠져나와 바로 서쪽(남태평양)으로 항해하였다면 중간에 타히티 섬이나 사모아, 피지 제도 등 태평양 상에 있는 많은 섬들을 만났을 것이다.

　아무튼 그는 1521년 3월 6일에 마리아나 제도의 괌 섬에 상륙하여 100일 만에 신선한 음식을 맛볼 수 있었다. 괌 섬에서 3일간 머문 후 필리핀의 사마르 섬을 거쳐 리마사와 섬으로 가서 십자가를 세우고 그곳을 에스파냐 땅으로 선언하였다. 이것이 필리핀이 에스파냐의 식민 국가로 약 400년 동안 통치되는 계기가 되었다. 마젤란은 다음에 상륙한 세부 섬에서 우호 조약과 의형제를 맺는 등 세부 왕과 막역한 사이가 되었다. 세부 왕이 자기의 적인 마크탄mactan 왕을 쳐부숴 줄 것을 부탁하자 마젤란은 부하들의 만류에도 불구하고 남의 전쟁을 도와주다가, 1521년 4월 27일 바닷가에서 마크탄 군사들이 쏜 화살에 맞아 죽었다. 마젤란이 필리핀에서 죽었기 때문에 완벽하게 세계 일주를 했다고

할 수는 없다. 그러나 그가 포루투갈의 함대에 있을 때 아프리카 희망봉을 거쳐 필리핀의 아래쪽에 있는 인도네시아 몰루카 제도까지 온 적이 있기 때문에 전 지구를 한 바퀴 돈 첫 지구인으로 기록되고 있다.

　마젤란이 죽은 뒤 그의 부하인 엘카노는 남은 탐험대 대원들을 재정비하여 인도양과 아프리카의 케이프타운를 거치는 힘든 여정 끝에 1522년 9월 8일 3년 만에 에스파냐의 세비야 항으로 돌아왔다. 출발 당시에는 5척의 배에 270명이 타고 떠났지만 돌아올 때는 빅토리아호 한 척에 선원 17명과 동방인 4명이 전부였다. 결국 세계 일주를 완벽히 해낸 것은 17명의 마젤란 부하들이라고 할 수 있다. 그들은 처음으로 지구가 둥글다는 사실과 아메리카 대륙 서쪽에는 지구에서 제일 넓은 태평양이라는 큰 바다가 있다는 것도 알려 주었다. 지구를 한 바퀴 돌아 출발한 곳에 돌아오면 날짜가 하루 늦어진다는 사실도 이때 밝혀졌다.

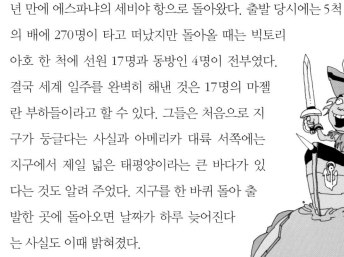

탐험이 아니고 약탈과 살인이었다
- 아즈텍과 잉카

16세기 들어 시작된 에스파냐의 남아메리카 탐험은 탐험이라기보다는 약탈 정책 또는 정복 정책이었다. 그들은 이교도異敎徒와 싸우는 성신聖神의 군대라면서 칼을 뽑아 들었지만 사실은 황금으로만 고칠 수 있는 병에 걸린 사람들이었다. 또한 기독교의 전파Gospel, 왕에 대한 영광Glory, 황금 약탈Gold 등 3G 정책을 표방하여 많은 인디언들을 죽였다. 1519년부터 쿠바, 산토도밍고, 푸에르토리코 등 서인도 제도 여러 섬을 짓밟고 1524년부터는 온두라스 쪽으로 내려갔다가 1535년에는 북아메리카로 나아갔다. 하지만 별 재미를 보지 못하고 다시 중앙아메리카 쪽으로 내려와 잉카Inca 제국을 멸망시켰다. 잉카 문명은 마야Maya 문명, 아스테카Azteca 문명과 더불어 인디언 문화의 꽃으로 이들에 의해 비극적으로 말살 당했다.

콜럼버스가 서인도 제도를 발견한 뒤 에스파냐는 1517년 쿠바 총독 벨라스케스Velazquez에게 멕시코를 통치하고 탐험하도록 지시하였다. 하지만 인디언들의 강력한 저항에 부딪쳐 뜻을 이루지 못하였다. 그러나 그 휘하에 있던 코르테스Cortes, 1485~1547가 1518년 병사를 이끌고 황금을 찾아 멕시코 원정에 나서게 된다. 그는 베라크루스Veracruz에 전진 기지를 확보하고 테노치티틀란(Tenochtitlan, 멕시코시티)로 진격해 갔다. 약 3달 동안 아즈텍군 5만 명과 싸우면서 진격하여 마침내 테노치티틀란(6만 5천 호, 20만 명 거주)에 도착하였다. 그들은 그곳에 오막살이집에서 벌거벗은 미개인들이 살고 있을 것으로 예상하였지만,

의외로 신전과 궁전을 높이 세운 세련된 사람들이 살고 있었다. 이미 해안에서 내륙으로 진입해 오는 과정에서 코르테스군의 위용을 알아차린 아즈텍 황제(몬테주마 2세)는 지레 겁을 먹고 저항 없이 성문을 열어 주었다. 잠시 후 황금 가마가 멎고, 두 사람이 서로 인사를 나누었는데 이것이 두 세계가 처음으로 만나는 순간이었다.

아즈텍 황제는 코르테스를 성대히 환영했지만, 코르테스는 정복자의 본심을 드러내기 시작하였다. 그는 궁전 안에 성당을 지을 것과 금은보화를 요구하였다. 하지만 두어 달이 지난 후 쿠바에 있던 벨라스케스 총독은 코르테스를 반역죄로 파면하고 군사를 보내 코르테스를 죽이려고 하였다. 이를 미리 간파한 코르테스는 70여 명의 정예 병사를 이끌고 총독이 보낸 군사를 역습하여 승리를 거두게 된다. 승리의 기쁨을 안고 테노치티틀란으로 돌아온 코르테스는 남아 있던 자기 병사들이 인디오들에게 포위당해 있음을 알았다. 코르테스의 병사들이 종교 축제를 하는 인디오 귀족들을 죽였기 때문이었다. 그곳에는 아즈텍 군사들이 약 20만 명이 기다리고 있었는데, 어찌할 방도가 없었다. 코르테스도 물러 설 수 있는 입장이 아니었다. 그래서 그는 기병대 20명을 거느리고 적진으로 정면 돌파하기로 했다. 코르테스가 적장을 죽이고 적장의 깃발을 찢자 살기 등등 하던 수만 대군은 믿을 수 없을 만큼 스스로 무너졌다. 그 후 왕이 사로잡히고 테노치티틀란은 역사 속으로 사라지고 말았다. 코르테스는 테노치티틀란의 이름을 멕시코로 바꾸고 에스파냐 국왕으로부터 총독 겸 총사령관으로 임명받았다. 정복자 코르테스는 1540년 에스파냐로 돌아갔지만 1547년 쓸쓸히 인생을 마쳤다.

아메리카 대륙에서 가장 강력했던 잉카 문명은 그들의 왕을 "태양의 아들(제국의 황제)"이라고 불렀다. 잉카 문명의 원류인 안데스 문명은 BC 11~12세기경 '푸나Puna'라고 불리는 페루의 고원 지대에서 싹트기 시작했는데, 오늘날의 페루를 중심으로 북쪽으로는 콜롬비아, 남쪽으로는 칠레에 이르는 남북 4

코르테스의 정복_코르테스는 베라크루스를 기점으로 서인도 제도 방향, 온두라스 방향, 그리고 미국의 서부 지역 등을 돌아다니다가 끝에는 아스테카 제국까지 멸망시켰다.

천 km에 걸친 큰 나라였다고 한다. 외지인인 유럽인들이 들어오기 전에는 비록 짧은 역사1438~1533지만 아메리카 대륙에서 번성했던 마야, 아즈텍과 더불어 가장 찬란한 문화를 꽃피운 민족이다. 잉카는 관개·도로·운하 등의 토목 기술이 발달하였고, 우수한 사회복지 제도 아래서 통치되었다고 한다. 당시 잉카인들은 해안 쪽과 안데스 산맥 내륙 쪽에 두 갈래의 큰 도로를 만들어 활용했으며, 돌을 자유자재로 이용할 줄 아는 최고의 석공들이었다고 한다.

최초로 태평양을 바라본 유럽인은 에스파냐의 발보아Vasco Nunez de Balboa, 1475~1519였다. 그는 1513년 9월에 다리엔Darien 정상에서 넓은 태평양을 바라보았는데 여기에는 뒷날 잉카 제국을 짓밟은 피사로Francisco Pizarro, 1475~1541도 함께 있었다. 그는 코르테스와 함께 에스파냐의 에스트레마두라Estremadura에서 태어났는데, 코르테스가 귀족 출신이고 학식이 높은 반면 피사로는 배운 것도 없고 잔인한 성격의 소유자였다. 한편 1521년 5월 코르테스가 멕시코를 정복하였다는 소식이 에스파냐 병사들이 주둔해있던 파나마에 알려지자 그곳의 병사들도 욕심을 내었다. 그 중 한 사람이 바로 피사로다. 그는 남쪽 저 멀리 황금으로 가득한 '비루'라는 땅이 있다는 소문에 흥분을 감추지 못하였다. 피사로는 이를 직접 확인하기 위하여 1524년과 1526년에 잉카를 다녀왔다. 이 때 잉카에서는 황제 와스카르Huascar, 1503~1532와 동생 아타왈파Atahualpa, 1502?~1533가 왕권 쟁취 문제로 싸우고 있었다. 그 뒤 에스파냐로 돌아온 피사로는 카를로스 국왕에게 잉카의 사정을 설명하고 잉카를 정복할 것을 제의했다. 국왕은 그를 총독으로 임명하고 손에 넣는 보물의 1/10을 주기로 약속했다.

1531년 세 번째로 잉카에 도착해보니 11대 황제는 이미 감옥에 갇히고 싸움에서 이긴 잉카 왕국의 마지막 황제가 된 아타왈파가 권좌에 올라있었다. 피사로의 흉계를 알지 못하는 황제는 5천 명의 호위병과 함께 피사로 일행을 맞았는데, 피사로와 동행한 신부가 성경책을 황제에게 주면서 그리스도와 에스파냐 왕에게 충성할 것을 요구했다. 피사로의 속내를 모르는 황제는 성경을 내동댕이 치고 말았다. 기다렸다는 듯이 광장은 순식간에 피바다가 되고 5천 명의 잉카 병사들은 무참히 죽어 갔다. 그 후 피사로는 황제를 가둔 후 금은보화를 주면 황제를 풀어 준다는 약속을 하게 된다. 황제는 전국에서 금은보화을 모아 전해 주었지만 허사였다. 그것은 황금을 쟁취하기 위한 수단이었다. 그 후 피사로는 잉카의 왕궁과 신전을 닥치는 대로 약탈하고 불 질렀다. 피사로는 해안가로 수도를 옮기는데 그곳이 오늘날의 페루 수도인 리마이다. 이로써 찬란했던 잉카 문화는 200명도 안 되는 에스파냐군에 의해 짓밟히고 무너지고 말았다. 황금에 더욱 눈이 어두워진 피사로는 그 후 자신의 부하에게 암살당하고 네 아들도 처형되거나 감옥에 갇히는 등 불운하게 인생을 마감했다.

황금을 찾아 강을 헤맨 유럽인들
- 아마존 탐험

남아메리카 북부에 분포하는 아마존Amazon 강은 안데스 산맥에서 시작하여 적도를 따라 동쪽으로 흘러 대서양으로 들어간다. 수량과 유역의 면적이 세계 최대이며 강 부근에는 브라질, 페루, 볼리비아, 콜롬비아, 베네수엘라, 기아나 등 여러 나라들이 접해 있다. 아마존 강을 처음 발견한 유럽인은 에스파냐의 핀손Finzon으로 그는 1500년에 아마존 강 어귀에 다다랐다고 한다. 1540년 잉카 제국을 무너뜨린 프란시스코 피사로는 잉카인들이 황금을 숨겨 놓았다는 파이치치Paichichi를 찾으려고 동생 곤잘로 피사로와 병사 200명을 아마존으로 보냈다. 당시 아마존에는 파이치치 말고도 엘도라도El Dorado, 마노아Manoa같은 황금 도시가 더 있었다고 알려졌다. 곤잘로 피사로 일행은 8개월이 걸려 험준한 안데스 산맥을 넘어서자 모두가 지쳤다. 그곳에서 곤잘로 피사로는 길을 알아보고 먹을 것을 구해 오라고 오레야나Francisco Orellana, 1490~1546와 병사 70명을 밀림으로 보냈다.

밀림을 헤매던 오레야나와 병사들은 얼마 가지 않아 강을 만났고 강을 따라 계속 하류로 내려갔다. 하지만 물살이 워낙 세서 다시 강을 거슬러 올라 갈 수가 없었다. 그들은 하염없이 내려가던 중 용맹한 여자 전사들을 만난다. 여자 전사 부족과 격전을 벌인 오레야나는 이곳을 그리스 신화에 나오는 전설적인 여자 무사족인 '아마조네스(아마존의 나라)'라고 생각했다. 오레야나는 뜻하지 않게 아마존 강 하구까지 내려갔는데, 그때까지 살아남은 병사들을 데리고 본국(에스파냐)으로 돌아갔다. 한편 오레야나와 헤어졌던 곳에서 기다리던 피사로는 8개월 만에 잉카로 되돌아갔다고 한다. 오레야나는 1541년에 안데스에서부터 아마존 강을 따라 대서양으로 나간 최초의 유럽인이 되었다.

오레야나로부터 아마존 이야기를 들은 에스파냐 왕은 두 번째 탐험을 지시했는데 이번에는 하구에서 상류로 올라가는 길을 선택하라고 했다. 하지만 탐험대는 강어귀의 거센 물살을 견디지 못하고 실패하고 만다. 1559년 세 번째 탐험대가 떠났다. 이번에는 오레야나가 처음에 내려 간 길을 따라 가기로 했지만 대원들끼리 죽고 죽이는 싸움이 일어나서 또 실패하고 만다. 세 번째 탐험이 실패 했을 즈음 영국, 프랑스, 네덜란드, 포르투갈 등의 해양 강국들이 아마존 강 어귀에 전진 기지를 세우게 된다. 1646년에 아마존 일대와 브라질 전체가 포르투갈에 넘어가고 만다.

영국 육군 대령 포세트Fawcett도 아마존 탐험에 관심이 많았다. 그는 브라질로 건너가서 오래되고 케케묵은 책에서 아마존 탐험에 대한 자료들을 찾아냈다. 그 책에는 포르투갈의 알바레스Alvarez가 1516년 산살바도르에서 폭풍에 휘말렸다가 기적같이 살아났고, 알바레스의 아들 무리베카가 금광을 발견하였으며, 알바레스의 손자인 디아스 때에 이르러서 금광을 발견한 소문이 포르투갈까지 퍼졌다는 기록이 있었다. 포르투갈 왕은 온갖 수단을 써서 금광의 위치를 알려고 노력하였으나 디아스는 끝내 금광 있는 곳을 대지 않고 죽었다고 한다. 이에 굴하지 않은 포르투갈 왕은 두 번에 걸쳐 3천 명을 보냈으나 돌아온 사람은 아무도 없었다고 한다. 포세트는 또 다른 책에서 아마존에 대한 기록을 찾았다. 1743년에 포르투갈의 프란시스코Francisco가 18명을 이끌고 금광을 찾으려고 5년 동안 헤맸지만 허탕을 치고 포르투갈로 돌아왔다는 것이다. 프란시스코는 그곳에서 큰 성을 발견했는데, 거기에는 아무도 살지 않았다고 한다. 프란시스코는 탐험 팀을 재정비하고 또 그 곳에 갔으나 돌아온 사람은 아무도 없었다고 한다.

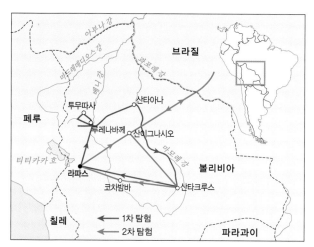

포세트 탐험_아마존 탐험을 간간히 전해들은 포세트는 아마존 탐험에 대한 기록을 조사하고 그것을 확인하기 위하여 직접 탐험하였지만 결국 그곳에서 생을 마감하였다.

　흥미로운 이 기록을 확인해보기 위하여 직접 탐험하기로 한 포세트는 첫 번째 도전에서 죽을 고비만 넘기고 구사일생으로 돌아왔다. 1925년 두 번째 탐험에 도전한 포세트는 대원 30명과 말 20마리를 끌고 출발하지만 또 문제가 부딪친다. 앞으로 나아가던 탐험 팀 중에 인디오들이 더 이상 가지 못한다고 우긴 것이다. 그들은 그곳을 탐험하면 저주를 받아 모두 죽는다고 했다. 하는 수 없이 반대하는 인디오들을 돌려보내고 포세트와 그의 탐험대는 계속 나아갔다. 그 후 포세트 탐험대를 본 사람은 아무도 없었다. 영국 정부와 브라질 정부에서 포세트를 찾으려고 수색했지만 흔적도 찾을 수 없었다고 한다.

인디오의 불행

콜럼버스는 그가 원했던 원하지 않았던, 많은 인디오들에게 불행한 역사를 안겨 준 장본인이었다. 왜냐하면 콜럼버스는 인디오들을 노예로 판 첫 번째 인물이며, 그의 신대륙 발견으로 인해 평화롭던 인디오들의 삶이 초토화 되었기 때문이다. 또한 에스파냐의 코르테스와 피사로를 비롯한 정복자들은 아스테카, 잉카, 마야의 문명과 인디오들을 짓밟았다. 독감에 걸린 선교사 때문에 마을의 전 인디오가 죽어간 일도 있었다. 전염병의 대항 능력이 없는 인디오들에게 결핵, 천연두, 홍역, 콜레라 등을 퍼뜨려 인디오들은 씨가 마를 정도로 죽어갔다. 독벌레가 들끓는 곳에 인디오를 묶어 두고 즐긴다든지, 파티를 하면서 사격 표적으로 인디오에게 총을 쏘고, 인디오의 몸에 석유를 뿌리고 불을 질러 죽어가는 모습을 보며 웃기도 했다고 한다. 그러므로 인디오들이 가장 무서워하는 것은 "사람 사냥꾼"인 것이다. 뿐만 아니라 아마존에서 고무를 생산하기 위하여 많은 인디오들이 동원되고 죽어갔다. 그 결과 지금은 인디오 부족들이 많이 사라져서 토박이는 얼마 남지 않았다고 한다.

서쪽으로 서쪽으로…
– 미국 서부 개척

아즈텍과 잉카를 정복한 에스파냐는 북쪽으로 올라가서 미국 서부 지방을 식민지로 삼았고, 캐나다 동부로부터 미시시피 강을 따라 내려온 프랑스는 미국 중부 지방을, 대서양에 접한 해안가에 발을 붙인 영국은 미국 동부 지방을 장악했다. 뒷날 영국은 프랑스가 점령한 루이지애나Louisiana 땅을 사들였고, 다시 서부로 진출해 간 끝에 에스파냐가 차지한 땅을 빼앗아 오늘날의 미합중국을 이룩했다. 이 과정에는 약탈, 살인, 전쟁 등 얼룩진 슬픈 역사가 숨어있다. 미국이 영국으로부터 독립1776. 7. 4하기 전에는 주로 동부 해안에 사람들이 몰려 살았지만, 1750년에 워커Walker라는 영국인 의사에 의해 산을 넘을 수 있는 고갯길이 알려졌다. 그는 이 산길을 캠벌랜드 산길Cumberland Gap이라고 이름 지었다. 이 길을 크게 넓힌 사람은 펜실베이니아 주에서 태어난 분Daniel Boone, 1734~1820이란 모험가였다. 분은 전쟁(프렌치–인디언 전쟁)에 참가한 후 떠돌이 생활을 하다가 산속으로 들어가 움막을 짓고 살았다. 그는 산길을 스케치하며 사냥을 하면서 생활하였다. 그는 인디언들에게 붙잡혀 죽을 고비도 많이 넘겼지만 산 생활을 계속했다고 한다. 마침내 1775년 사냥꾼과 나무꾼 30여 명을 모아 이름도 없는 산길(애팔래치아)을 처음 넘었다. 분은 이 산길을 들소들이 밟아 다져진 들판 길과 연결하고, 나무를 자르고 이정표를 세웠다. 480km의 이 황야의 길Wilderness Road은 나중에 오하이오 강변의 루이지애나까지 연결되었다.

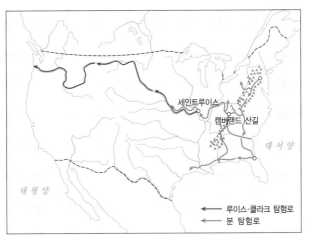

미국 서부 탐험_영국은 프랑스로부터 헐값에 사들인 중부의 루이지애나 땅과 스페인이 일시적으로 점령했던 서부 땅에 대해 자세히 알아보기 위해 대통령의 직접 전두지위하에 탐험 팀을 보냈다.

　　당시 루이지애나 지역은 프랑스(나폴레옹)가 차지하고 있었는데, 1801년 동부 지역을 정복하기 위한 탐색전으로 35,000명의 군대를 보내게 된다. 하지만 무더위와 토박이들의 게릴라 전술에 말려 24,000명이 목숨을 잃고 만다. 유럽 최강을 자랑하는 나폴레옹 군대가 아메리카에서 창피를 당한 것이다. 그 후 나폴레옹은 "아메리카"라는 말만 들어도 치를 떨었다고 한다. 아무튼 전쟁 비용도 충당할 겸 자국의 라살La Salle이 1682년에 점령한 루이지애나를 1500만 달러라는 이상한 가격으로 1803년에 미합중국에 넘기고 말았다. 이 가격은 공짜나 마찬가지였다. 미국 대통령 제퍼슨은 얼마 되지 않는 돈으로 미국 땅을 두 배로 넓힌 대통령이 되었다. 애팔래치아 동부의 좁은 땅에서 머물던 영국(미국)은 분의 공적으로 미시시피 강까지 가는 길을 개척하고 나폴레옹의 바보스런 거래로 루이지애나(지금의 루이지애나, 아칸소, 사우스다코타, 노스다코타, 아이오와, 네브래스카, 캔자스, 미네소타, 콜로라도, 와이오밍, 몬태나, 오클라호마, 미주리 등 13주) 전체를 손에 넣었다.

미국 정부는 그 후 서쪽에 있는 땅을 자세히 알아보기 위하여 1804년 5월에 육군 탐험대를 보내기로 하였다. 탐험 대장은 제퍼슨 대통령의 비서인 루이스 Mcriwether Lewis, 1774~1809 육군 대위, 부대장은 포병 중위이자 인디언을 잘 알고 있는 클라크William Clark, 1770~1838 였는데, 두 사람은 아주 친한 사이였다. 대통령은 그들에게 태평양까지 연결되는 길을 찾고 인디언들의 말과 풍속을 비롯한 그 지역의 자연 기상, 동식물, 지질 등 다방면의 자료를 수집하라고 지시하였다. 45명의 탐험 대원은 벌레와 모기에 시달리며 끝없는 들판으로 나아갔다. 플랫 강Platte River을 건너서 인디언 땅에 들어섰는데, 순하고 친절한 아리카라Arikara족, 무섭고 사나운 수Sioux족을 거쳐서 5개월 만에 중간 지점인 맨던Mandan족 마을에 도착했다. 지금까지 2,600km를 걸어 온 탐험대는 여기서 겨울을 나기로 했다.

그들은 맨던족 마을에서 행운을 얻었다. 거기 보다 더 서쪽에 있는 쇼쇼니 Shoshoni 부족의 젊은 여자인 사카가위아Sacagawea를 만난 것이었다. 이 여자는 맨던족에게 납치되어 왔다가 그곳에서 프랑스인과 살고 있었는데, 탐험대는 그녀에게 안내와 통역을 부탁했고 쾌히 승낙을 받았다. 봄이 되어1805 그 곳을 출발한 탐험대는 문명인이 처음 가는 길을 걸어가고 있었다. 사카가위아는 생각보다 똑똑한 여인이었다. 맨 앞에서 안내를 했는데 그녀 덕분에 간간이 만나는 인디언들과 친구가 되고 우호적인 만남도 이루어졌다. 중간에 배가 물에 빠지는 등 우여곡절이 있었지만 미주리 강의 대폭포도 보았고, 멀리서 로키 산맥도 보았다. 마침내 쇼쇼니족 마을에 도착하여 사카가위아를 추장인 오빠에게 인계하고 길 안내를 받아 출발하였다.

로키 산맥에 들어서자 날씨는 춥고 먹을 것도 귀하고 길은 험하고 굶주림과 동상에 시달렸다. 드디어 로키를 넘어 탁 트인 들판에 다다랐다. 다시 협곡을 지나 컬럼비아 강을 만나 일행은 통나무 카누를 타고 내려갔다. 드디어 위대한 날이 도래하였다. 탐험대는 대륙을 가로질러 태평양을 본 첫 번째 미국인 되었다. 장장 2년 4개월만인 1806년 9월에 개선하여 큰 환대를 받았다. 그 후 루이스와 클라크는 『원정기Journals of the Lewis and Clark』라는 탐험기를 출판하였지만 4년 뒤 루이스는 죽고, 클라크는 1838년에 죽었다. 두 사람은 죽기 전까지 그들의 탐험으로 서부의 미개지를 개척하고 인디언들에게 큰 은혜를 베풀었다고 생각하였다. 하지만 90살이 넘어서 죽은 사카가위아는 하루하루가 슬펐다고 한다. 왜냐하면 탐험을 안내했던 자기 때문에 인디언들이 고향에서 쫓겨나고 고통을 받았다고 생각했기 때문이다. 유럽인들이 볼 때는 신대륙의 탐험이지만 대대로 살아온 토박이들의 처지에서는 침략과 전쟁일 뿐이다. 조상으로부터 물려받은 땅을 빼앗기고, 지금도 천덕꾸러기로 살아가고 있는 인디언의 슬픔은 누가 보상할 것인가?

 갓 쓰고 대륙을 횡단한 조선인

1883년 9월 2일 샌프란시스코 항에 이색적인 차림을 한 사람들이 도착했다. 1882년 조미 수호통상조약의 체결로 1883년 주한공사 푸트(Lucius H. Foote)가 조선에 부임하고, 고종은 청나라를 견제하기 위하여 정사(正使)에 민영익, 부사(副使)에 홍영식 등으로 짜여진 외교사절(보빙사; 報聘使)를 미국에 보냈다. 이들은 머리에 '호박이 달린 띠'(망건)와 '검은 빛깔의 모자'(갓)를 쓰고 있었으며, '통이 넓은 바지와 품이 넉넉해 보이는 윗도리'(저고리), 그리고 '길이가 발등까지 닿을 정도로 길고 소매가 넓은 겉옷'(도포)을 입고 있었다. 또한 '앞쪽이 위로 뾰족이 올라간 양말'(버선)을 신고, '끈'(대님)으로 바지 끝을 매고 있었다. 이처럼 신기한 복장을 하고 샌프란시스코에 내린 것이다. 사절단은 대륙 횡단 열차를 타고 워싱턴을 거쳐 뉴욕, 보스턴까지 갔다. 뉴욕에서 미국의 21대 대통령 아서(Chester Alan Atthur)와 회동하고 국서를 전하였다. 그들은 보스턴에서 외국 박람회, 미국 박람회, 월코트 농장, 보스턴 근교의 산업 시설과 문화 시설을 구경하고 정부의 각 부처도 돌아보았다. 이후 대서양을 건너 유럽 각지를 여행한 다음 귀국하였는데, 수행원 중 한 사람인 유길준은 보스턴에 남아 유학하였다.

어마어마한 소금 호수를 찾아서···
– 매켄지의 도전

캐나다는 미국보다 13년 먼저인 1793년에 매켄지Alexander Mackenzie, 1764~1820라는 젊은이와 그의 친구 9명이 태평양으로 통하는 물길을 개척하였다. 국가나 어느 단체의 도움도 받지 않고 탐험에 성공한 매켄지는 스코틀랜드 스토너웨이Stornoway에서 태어났다. 1779년 미국으로 건너와 학업을 마치고 몬트리올 털가죽 무역 회사의 지점이 있는 애서배스카Athabasca 호수 서쪽 끝의 치페위안Chipewyan에서 근무하게 되었다. 당시만 해도 캐나다의 서쪽 절반은 아직 백인들이 발을 들여 놓지 않은 곳이었다. 애서배스카 호수에는 북쪽과 서남쪽으로 흐르는 두 강이 있었는데 서남쪽으로 흐르는 피스Peace 강은 어딘가에서 로키 산맥에 막힐 것으로 생각했고, 북쪽으로 흐르는 강은 어딘가에서 서쪽으로 꺾여 태평양 쪽으로 향하리라 생각했다. 그래서 1789년 6월 13사람이 카누 3척에 나누어 타고 북쪽으로 흐르는 강을 따라 노를 저었다. 그런데 아무리 가도 서쪽으로 꺾일 기미가 보이지 않고 날씨는 점점 더 추워졌다. 무려 102일 동안 4,800km을 나아갔지만, 그들 앞에는 태평양이 아니라 얼음덩어리가 떠다니는 북극해가 나타났다. 당초 목표한 태평양에 도달하지는 못하였지만 그들은 캐나다 북쪽을 가로질러 북극해에 닿은 첫 번째 백인이라는 절반의 성공을 하고 치페위안으로 돌아왔다. 그 강을 오늘날 매켄지 강이라고 한다.

두 번째 탐험은 영국에 가서 항해술을 좀 더 익히고 돌아온 1793년 봄에 친구 9명과 시작하였다. 이번에는 애서배스카 호수에서 서남쪽으로 흐르는 피스

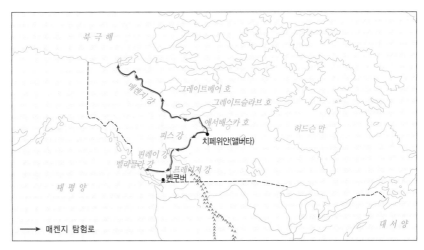

매켄지의 탐험_탐험가가 아닌 영국의 젊은 청년이 작은 배로 강을 따라 캐나다 최북단(북극해)에 다녀온 후, 다시 다른 강을 따라 서해안까지 다다랐다.

강을 따라 가 보기로 하였다. 한참을 가다가 좁은 강줄기를 통과할 때는 배를 띄울 수가 없어서 밧줄로 끌거나, 어깨에 메고 산을 넘는 힘겨운 일도 겪었다. 어려움을 극복하고 산을 넘어왔는데 이번에는 강이 둘로 갈라진 것이 아닌가? 그 지점에서 북서쪽으로 흐르는 핀레이Finlay 강은 넓고 잔잔했고, 남쪽으로 흐르는 강은 좁고 물결이 거셌다. 고민을 하던 매켄지는 인디언들이 소금 호수로 가는 강이라고 일러준 남쪽 강을 택하였다. 그 강이 오늘날 프레이저Fraser 강이다. 얼마 안 가 캐리어 인디언Carrier Indians들이 싸움을 걸어 왔지만 유화적인 협상과 선물 공세로 그들을 설득했는데, 그들은 눈 덮인 레인보우 산을 넘어 가라고 일러 주었다. 산을 넘으니 그곳에는 벨라쿨라Bella Coola 강이 흐르고 있었다. 1793년 7월 마침내 태평양에 다다랐다. 인디언들이 아주 큰 소금 호수라고 부르는 태평양에 도착한 것이다. 이 탐험이야말로 북아메리카 역사상 개인의 힘으로 이룬 가장 위대한 탐험이었다. 당시 매켄지의 나이는 29세 이었

다. 그들은 단 한사람의 낙오도 없이 갔던 길을 되돌아 치페위안으로 개선해
왔다.

동남아시아를 주름잡은 동인도 회사
- 네덜란드의 활약

　17세기 초에 영국, 네덜란드, 프랑스 등의 국가들이 동양을 상대로 무역과 식민지 점거를 위하여 설립한 회사가 동인도 회사이다. 각국의 동인도 회사들은 동양의 특산품(후추 · 커피 · 사탕 · 쪽 · 무명 등)에 대한 무역 독점권을 둘러싸고 치열한 경쟁을 벌였으며, 이것은 중상주의를 내세운 유럽 국가들 간의 상업 전쟁이었다.

　혜성같이 나타난 네덜란드는 인도양과 동인도 제도의 모든 섬과 항구에서 포르투갈을 몰아내고 동방에서 상권을 거머쥐었는데, 그 전진 기지는 바타비아(지금의 자카르타)였다. 1602년에 설립된 네덜란드 동인도 회사는 동인도의 여러 섬을 정복하여, 특산품을 직접 재배하거나 현지인으로부터 강제 매입하여 무역을 독점하였다. 또한 이 섬 저 섬으로 돌아다니면서 장사에 주력할 수 있도록 배의 승무원 수를 줄였다. 에스파냐와 포르투갈이 해양을 주름잡던 시대가 지나가고 이때부터 네덜란드가 해양을 제패하게 되었다.

　장사에 탁월했던 네덜란드인들은 1619년경 바타비아에 동인도 회사의 상관商館을 설치하여 자와, 말라바, 암본, 믈라카 등 동남아의 여러 섬으로 그 영역을 점차 넓혀 나갔다. 그리고 무역뿐만 아니라 남방 대륙(오스트레일리아 또는 남극)의 발견에도 많은 관심을 가졌다. 바타비아를 거점으로 한 동인도 회사는 네덜란드를 부유하게 만들었을 뿐만 아니라 남방 진출에 필요한 전진 기지 역할도 겸하였다. 이때 네덜란드 수도인 암스테르담은 지구 상에서 가장 활발하고

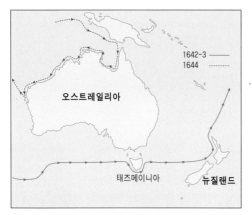

타스만의 탐험로_1642년 10월에 힘스케르그(Heemskerk)호와 제한(Zeehaen)호를 이끌고 모리셔스 제도를 출발한 타스만은 로링 포티스(Roaring Forties: 남북위 40°~50°의 해양 폭풍 지대)에 의해 동쪽으로 항해하다가 오스트레일리아 대륙 남쪽의 태즈메이니아 섬에 도착하였다.

부유한 도시가 되어 있었다.

네덜란드인들은 뛰어난 항해술과 수로학을 토대로 미지의 해안(땅)을 지도로 많이 그렸다. 특히 동인도 회사의 수로 담당자인 페트루스 플란시우스, 헤셀 헤르리츠존, 블라외 부자• 등은 항해가들이 넘겨주는 항해 자료를 이용하여 육지의 윤곽을 지도로 그리는 데 큰 공헌을 하였다.

아버지 빌렘 블라외(Willem Blane, 1571~1638)는 튀코 브라헤에게 지구의 제작 기술을 배우고, 유럽 각국과 세계 지도를 그렸다. 그는 갈릴레오, 케플러 등과 비슷한 시기에 활약하였다.

동인도 회사를 운영하면서 많은 정보를 얻은 네덜란드인들은 남방 대륙을 찾기 위하여 수차례 항해를 거듭했다. 1606년 토레스가 오스트레일리아 북부의 토레스 해협을 통과하였으며, 그 외에도 많은 항해가들이 요크 곶 등 토레스 해협 인근의 육지와 섬들을 둘러보곤 하였다. 또 일단의 네덜란드 선단이 아프리카의 해안을 따라 북쪽으로 향하지 않고 아프리카의 희망봉에서 편서풍을 이용하여 동쪽으로 향하다가 오스트레일리아 해안에 상륙한 일도 있었다. 이 밖에도 네덜란드의 여러 선단이 오스트레일리아 대륙을 발견한 기록이 자주 나온다. 그 후 1622년, 1623년에도 여러 차례 오스트레일리아 일대를 탐험한 기록을 근거로 오스트레일리아의 해안선 윤곽이 네덜란드인에 의해 알려지게 되었다.

동인도 회사에 소속된 아벨 타스만Abel Tasman, 1603~1659은 오스트레일리아와 뉴질랜드 일대를 완벽히 항해한 첫 번째 사람이다. 네덜란드 그로닝겐의 가난한 집에서 태어난 타스만은 첫 항해를 나갈 때만 해도 평범한 선원이었다. 그러나 동인도 회사의 거점인 바타비아를 왕래하면서 2년 만에 항해사로 승진하였고, 1634년에 무역선의 선장으로 승진하였으며, 이듬해에는 선단의 함장이 되었다. 그는 1639년 부유하고 예의 바르고 친절한 사람들이 산다는 넓은 땅(혹은 섬, 지금의 중국)을 찾아 첫 번째 항해에 나섰지만, 그곳에는 닿아 보지도 못하고 돌아왔다. 타스만의 든든한 후원자였던 동인도 회사의 반 디멘Anthony Van Diemen 총독은 그에게 다시 탐험을 지시하였는데, 이번에는 자국의 탐험가들에 의해 어느 정도 윤곽이 드러난 오스트레일리아의 아래쪽을 탐험하라는 명을 내렸다.

다시 탐험에 나선 1642년 12월 초, 동쪽으로 부는 바람을 따라 가다가 태즈메이니아 섬을 발견하여 이곳을 '총독의 땅Van Diemen's Land'이라고 명명하고 육지에 깃발을 꽂았다. 그 후 뉴질랜드 남섬의 서쪽 해안에 도착한 타스만은 호전적인 마오리 원주민의 공격을 받아 승무원 4명을 잃고, 지금의 쿡 해협(뉴질랜드 남북섬 사이)을 거쳐 뉴질랜드를 벗어나고 말았다.

미지의 땅을 탐험하는 것보다 항상 장사에 더 관심이 많았던 타스만은 뉴질랜드에 사는 사람들을 가난에 찌들고 나체로 바닷가를 헤매는 야만인들로 생각하고, 무역에 의한 물질적인 득이 없다고 판단하여 내륙의 탐험을 중단하였다. 이러한 타스만의 판단으로 후에 네덜란드는 오스트레일리아와 뉴질랜드를 먼저 발견하고도 영국에 빼앗기게 되었다.

타스만은 계속 북진하던 중 통가와 피지를 발견하였고, 1643년 6월에 바타비아로 돌아왔다. 그는 약 8,000km 이상 되는 여정을 통해 오스트레일리아는 남극(이때까지만 해도 남극이 확실히 알려지지 않았음)과 이어져 있지 않고 바다로 둘러싸여 있다는 사실을 최초로 밝혀냈다. 그러나 이때 뉴질랜드가 오스트레일리아의 일부인지 또는 독립된 섬인지는 확인하지 못하였다고 한다. 한편 타스만이 오스트레일리아 대륙을 완전히 돌았음에도 불구하고 남북 방향으로 해협이나 수로에 의해 갈라져 있을 것이라는 주장은 사라지지 않았다. 타스만은 1644년에 3척의 배와 함께 오스트레일리아와 뉴기니 사이의 해협 일대를 알아보기 위하여 다시 바타비아를 떠났다. 그러나 당시 어렴풋이 알려진 오스트레일리아 북부의 아넘랜드, 케이프요크, 카펜테리아 만 등을 항해하고 돌아왔다. 결국 새로운 땅은 발견하지 못하고 선배들에 의해 알려진 뱃길을 확인하고 돌아온 셈이었다. 새롭고 기름진 땅을 발견하고 돌아오길 기대했던 동인도 회사에서는 큰 실망을 하였지만, 총독인 반 디멘은 새로운 땅의 발견은 아무나 할 수 있는 것이 아니라며 그를 위로하였다고 한다.

타스만은 노후에 친척들과 바타비아에 묻혀 살면서 개인적으로는 늘 탐험이 성공적이지 못하였다고 생각하였다. 1637년에 잠시 암스테르담으로 돌아왔을 때 그의 부인이 세상을 떠났으며, 그는 1659년에 바타비아에서 죽었다고 전해진다.

타스만을 비롯한 네덜란드 탐험가들이 먼저 땅을 찾았지만 100년 후 영국의 제임스 쿡James Cook 선장이 아름다운 보석 상자(뉴질랜드와 오스트레일리아)를 점령하여 식민지화에 성공하였다. 그나마 다행스럽게도 오스트레일리아와 뉴질랜드 사이의 바다 이름이 타스만의 이름을 따서 '태즈먼 해', 오스트레일리아 남쪽의 섬이 '태즈메이니아'라고 불리고 있다.

제주에 온 하멜

네덜란드의 동인도 회사 소속이었던 하멜(Hendric Hamel)은 포겔 스트루이스(Vogel Struuija)호를 타고 1653년 1월 10일 네덜란드를 떠나 6월 1일 자와 섬의 바타비아에 도착하였다. 선원들은 그곳에서 며칠 동안 휴식을 취한 다음 동인도 회사의 총독 명령에 따라 새로 부임하는 타이완 총독 레세르(C. Lesser)를 임지로 데려다 주게 되었다. 무역선 스페르웨르(Sperwer)호로 타이완의 안핑에 들렀다가 일본의 나가사키로 가던 중 풍랑을 만나 일행 64명 중 28명은 익사하고 36명이 제주도 산방산 앞에 표착하였다. 제주에 억류된 하멜 일행은 제주 목사 이원진의 심문을 받고 이듬해 서울로 압송되어 훈련도감으로 넘겨졌다. 그들은 1628년(인조 6년)에 먼저 표류하여 조선에 머물고 있던 자국인 벨테브레(Weltevree, 박연)를 만나기도 하였다. 그 후 1657년 강진의 전라 병영, 1663년(현종 4) 여수의 전라 좌수영에 옮겨져 잡역에 종사하다가 1666년(현종 7) 7명의 동료와 함께 탈출하여, 일본을 거쳐 1668년 7월 암스테르담에 귀국하였다. 탈출 직전까지의 억류 생존자 수는 모두 16명이었지만 탈출에 가담하지 않았던 나머지 8명도 2년 후 조선 정부의 인도적인 배려로 석방되어 네덜란드로 돌아갔다. 당시 이 배의 서기였던 하멜이 한국에서 억류 생활을 하는 동안 보고 듣고 느낀 사실을 기록한 책이 『하멜 표류기(난선 제주도 난파기)』이다. 이 책에서 하멜은 한국의 지리 · 풍속 · 정치 · 역사 · 교육 · 교역 등을 자세히 기록하였다. 1980년 10월 12일 한국과 네덜란드 양국은 우호 증진을 위하여 각각 1만 달러를 출연하여 난파 상륙 지점으로 추정되는 남제주군 안덕면 산방산 해안 언덕에 높이 4m, 너비 6.6m의 하멜 기념비를 세웠다.

금성을 관측하고 미지의 땅을 찾아라
– 남방 탐험

네덜란드 사람들에 의하여 오스트레일리아가 확인된 다음에도 사람들은 보다 더 큰 무엇이 있을 것이라고 생각해 왔다. 왜냐하면 당시의 사람들은 지구가 회전 운동을 할 때 한쪽으로 쏠리지 않으려면 북반구의 거대한 대륙처럼 남반구에도 큰 대륙이 있어야 균형이 맞는다고 생각했기 때문이다. 뿐만 아니라 당시 발간된 지도나 지리 관련 도서에 남극 대륙을 뜻하는 글이나 그림이 어렴풋이 표시되어 있기도 했다.

1769년 6월 금성이 태양을 가로지른다는 계산이 발표된 후 영국 왕립지리학회•는 이를 관측하기 위하여 남태평양 타히티에 사람을 보내기로 하였다. 가서 금성을 관측하고, 간 김에 미지의 땅(남극)도 탐험하여 수수께끼를 풀어 주기를 바랐다. 게다가 프랜시스 드레이크Francis Drake, 1540?~1596 이후 세계를 제패하려는 영국인들의 속마음에는 태평양에 점점이 떠 있는 섬에 대한 정보가 들려오는 것도 큰 자극제가 되었다. 그래서 금성 관측과 미지의 땅 탐험에 적당한 인물을 물색하기에 이르렀으며 이때 제임스 쿡(James Cook, 1728~1779, 일명 캡틴 쿡)이 선발되었다.

제임스 쿡은 요크셔 지방의 가난한 농부의 아들로 태어나서 잡화상 점원을 거쳐, 8살 때부터 북해의 거친 바다를 오가는 석탄 운반선에서 일을 했다. 성실하고 수학 공부에 뛰어났던 그는 그 뒤 항해사가 되었다. 1755년 영국 해군에 들어가서 하사관으로 진급한 뒤, 캐나다의 세인트로렌스St. Lawrencw 만의 바

1830년 런던지리학회로 설립, 1859년에 현재의 이름으로 개명됨. 지리 잡지인 『지오그래피컬 저널(The Geographical Journal)』 등의 출판, 지도실 운영, 탐험·조사 연구 활동의 후원 등을 한다.

닷길을 잘 측량하여 프랑스군을 무찌르는 데 큰 공을 세웠다고 한다. 전쟁이 끝난 뒤에는 해양 측량사로 일했으며, 뉴펀들랜드에서 일식을 관측하기도 했다. 해군에서는 쿡의 이런 경력에 비추어 금성 관측과 미지의 땅을 찾는 일에 쿡보다 더 나은 적임자가 없다고 판단하고 그를 선임하게 되었다.

1768년 5월에 쿡은 대위로 진급하였고 그가 만든 368톤짜리 탐험선인 엔데버Endeavour호에 동물학자·식물학자·화가 등 94명의 선원을 태우고 그해 8월 26일 플리머스 항을 떠났다. 탐험대는 대서양을 거쳐 남아메리카의 마젤란 해협을 돌아 1769년 4월 10일에 타히티에 도착하였다. 약 2달 동안 금성 관측을 마치고, 그의 두 번째 임무인 미지의 땅을 찾아 뱃머리를 남쪽으로 돌렸다. 타히티에서 남쪽으로 향하던 중 소시에테Société 제도를 발견하고 뉴질랜드의 해안에 다다랐다. 이때 뉴질랜드가 남섬과 북섬으로 나누어진 것을 처음 확인하고, 두 섬 사이의 해협(후에 쿡 해협으로 명명함.)을 지나갔다. 그 후 그는 1770년 3월 말 네덜란드인들이 '뉴홀랜드'라고 이름 붙인 오스트레일리아로 건너가서 한 섬에 영국기를 꽂았다. 그러고는 오스트레일리아 동해안이 영국 땅임을 선포하고 이름을 뉴사우스웨일스New South Wales라고 붙였다. 그곳에서 한 달쯤 머물며 배를 수리한 후 인도양과 아프리카의 희망봉을 거쳐 1771년 7월 12일 2년 11개월 만에 영국으로 귀환하였다. 그는 조지 3세를 배알한 뒤 중령으로 진급하였다.

1년 뒤인 1772년 7월 13일, 이번에는 오직 미지의 대륙?을 찾기 위하여 탐험에 나서게 되었다. 462톤짜리 레졸루션호와 340톤짜리 어드벤처호에 지난번보다 훨씬 좋은 과학 장비(해리슨의 경도 측정용 크로노미터)에다 천문학자까지 동반하여 1차 탐험 때와는 정반대로 아프리카 희망봉을 경유하여 갔다. 1772년 12월 초에 남극권(남위 60°)에 도달하였으나 산처럼 큰 빙산과 매서운 바람에 떠밀려 이리저리 떠돌다가 재도전하겠다는 마음을 갖고 뱃머리를 뉴질랜드로 돌렸다. '그때까지 어느 누구도 가 본 적이 없는 험한 바다'라고 전한 쿡은 뉴질랜

오스트레일리아

태즈메이니아 섬

뉴질랜드

남태평양

남아메리카

쿡의 항해_쿡은 영국을 떠나 남아메리카 극단을 돌아 1769년 4월 10일 타히티에 도착. 다시 뱃머리를 남쪽으로 돌려 뉴질랜드에 다다랐고, 1770년 오스트레일리아에 도착하여 영국기를 꽂고 왕의 땅임을 선포하였다.

드에서 약 1년간 남극 탐험에 필요한 준비를 한 후 재출항하여, 1774년 1월 30일에는 지금의 아문센 해 부근(남위 71° 10′, 서경 106° 54′)까지 도달하였다.

　그때까지만 해도 남쪽은 보통 기온일 것으로 추측했지만 너무나도 추웠으며 거대한 땅(흙)도 보이지 않았다. 남극에서도 태양이 북반구에서처럼 넘어가고, 남극이 북극처럼 추운 곳이라는 사실도 이때 처음 확인되었다. 쿡은 다음 해 겨울 돌아오는 길에 남태평양 일대를 누비며 이스터 섬, 누벨칼레도니아(뉴칼레도니아) 섬, 통가, 사우스조지아 섬 등 여러 섬을 발견하였다. 탐험을 떠난 지 3년 만인 1775년 7월 30일 영국으로 돌아온 후 남태평양 일대를 돌아다니면서 발견한 섬들을 지도에 그렸다.

　1776년 2월 왕립 지리학회는 평민 출신인 그를 정회원으로 선출했고, 최고 영예인 코플리 메달Copley medal까지 주었다. 이것은 그토록 오랜 항해를 하고도 단 한 사람의 괴혈병 환자를 내지 않고 무사히 귀국한 것에 대한 보답이었다. 같은 해 7월 쿡은 영국에서 북극해를 거쳐 태평양으로 들어가는 뱃길을 찾기 위해 북서 항로를 찾으라는 해군 본부의 명령을 받았다. 물론 약 50년 전에 베링에 의해 유라시아 대륙과 북아메리카 대륙 사이는 바다로 갈라져 있다는 사실이 알려졌지만, 베링 해에서부터 영국까지 뱃길을 연결하기 위해서 쿡은 레졸루션호와 새로 만든 디스커버리호를 이끌고 세 번째 탐험을 시작하였다.

쿡의 탐험대는 영국에서 북극해로 바로 들어가서 베링 해를 통하여 태평양으로 가려고 하였지만, 아직까지 한 번도 시도해 보지 않은 위험하고 험한 뱃길을 고집할 수가 없었다. 그래서 이번에도 희망봉을 돌아 뉴질랜드까지 가서 보급을 받고 배를 수리한 후 태평양 북쪽으로 거슬러 올라가기로 했다. 뉴질랜드에서 북상하던 중 1777년 12월 24일 조그마한 섬을 발견하고 크리스마스 섬이라고 명명하였고, 1778년 1월 하와이(샌드위치 제도)를 발견하였다. 그 후 북미의 서해안을 거쳐 알래스카까지 올라가서 6월 말경 북태평양의 베링 해협을 통과하였다.

매서운 추위와 싸우며 얼어붙은 얼음을 깨면서 나아가 8월 18일에는 북위 80° 41′ 까지 올라갔다. 그러나 두꺼운 얼음으로 더 이상 나아갈 수 없게 되자, 1779년 1월 일단 하와이로 되돌아왔다. 재도전을 위한 휴식과 준비를 하던 쿡은 그곳에서 원주민이 훔쳐 간 선단의 보트를 찾기 위하여 나섰다가, 원주민이 던진 창에 맞아 1779년 2월 14일 사망하였다. 하와이 사람들은 쿡이 죽은 지 150년이 지난 1928년 하와이의 케알라케푸아Kealakepua 만 물속에 쿡의 위령판을 만들어, 8년 반 동안 30만 km의 바다를 누빈 그를 애도하였다.

제가 마지막 생존자입니다
– 오스트레일리아 내륙 탐험

1606년 희망봉을 돌아 인도로 가던 네덜란드 배가 오스트레일리아 북부 토러스 해협에 도착했고, 타스만도 1644년에 오스트레일리아 남부 태즈메이니아에 도착하였다. 당시의 탐험가들은 호주가 이렇게 큰 땅인 줄 몰랐고 아마도 중간에 바다로 갈라져 있을 것이라고 상상하였다. 영국의 제임스 쿡은 1770년에 오스트레일리아 동해안에 도착하여 영국 땅임을 선포하였고, 1801년 영국 해군 플린더스Matthew Flinders, 1774~1814는 3년에 걸쳐 배를 타고 이 대륙을 한 바퀴 돌았다. 그 뒤 내륙 탐험도 여러 차례 시도하였으나 계속 실패하였다. 1851년 오스트레일리아에서 금광이 발견되자 세계 곳곳에서 사람들이 몰려들기 시작하였고, 멜버른에 내륙탐험위원회도 생겼다. 이 위원회에서는 빅토리아 주 경찰관인 버크Robert O'Hara Burke, 1820~1861를 탐험 대장으로 뽑고, 부대장에 랜델즈George James Landells, 1825~1871, 의사 베커Ludwig Becker, 1808~1861 그리고 윌즈William John Wills, 1834~1861, 킹John King, 1838~1872 등 모두 19명의 남자로 구성된 내륙 탐험대를 조직하였다.

1860년 8월 20일은 멜버른에서 탐험대가 떠나는 날이다. 말 23마리, 낙타 25마리, 짐마차 3대, 소총 37자루 등을 준비하여 북으로 향하였다. 얼마 가지 않아 1840년에 세워진 스완힐Swan Hill에서 길 안내자 그레이Gray가 합류하였다. 날씨는 점점 거칠어지고, 문명인의 손길이 전혀 닿지 않은 땅으로 들어섰으며, 원주민들이 사는 곳에 당도하게 되었다. 거기서 일부 탐험 대원들끼리 불화가

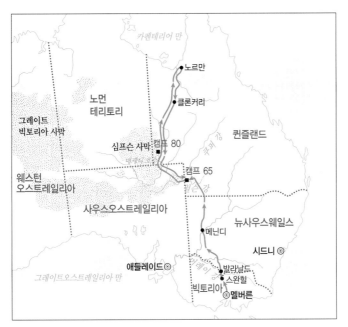

오스트레일리아 내륙 탐험_오스트레일리아 내륙 탐험은 여러 차례 실패를 거듭한 끝에 절반의 성공을 거두었다. 왜냐하면 탐험 팀이 완벽하게 출발지로 돌아오지 못했기 때문이다.

생겨서 부대장 랜델즈와 의사 베커를 돌려보내고 젊은 월즈를 부대장에 임명하였다. 탐험대는 끝도 없는 모래밭을 지나 메닌디Menindee에 도착했다. 여기서부터 탐험대를 둘로 쪼개었는데, 대장 버크는 여덟 사람을 이끌고 예정대로 탐험 길에 나섰고, 대원중 라이트Wright 일행을 메닌디에 남게 하여 멜버른에서 지원대가 오면 같이 오라고 했다. 늪지대와 사막을 지나서 버크 일행은 중간 보급 기지인 캠프 65에 도착하였다. 이곳에서도 메닌디로부터 지원대가 오면 함께 오라고 브라에William Brahe 외 4명을 또 남겨두었다. 그 후 버크는 월즈, 킹 등과 함께 북으로 계속 항진하였다.

한편 탐험대 본진이 멜버른을 떠난 지 3개월 지나서 후속 지원대가 라이트가 있는 메닌디에 도착했다. 그들은 메닌디에서 대기중이던 일행과 함께 다음 약속 장소인 캠프 65로 달려 나아갔다. 한편 버크 일행은 계속 북진하여 클론커리Cloncurry 북쪽까지 올라가 캠프 119 근처의 강물이 짜고 밀물과 썰물이 일어나고 있음을 발견하였다. 그러므로 가까이에 바다가 있다는 것이 확인 된 것이다. 1861년 2월 11일 그들은 태평양의 한 부분인 카펀테리아Carpentaria 만 부근까지 다가갔다. 하지만 그들은 직접 바다를 보지 못 한 것 같다. 왜냐하면 그들의 일기에 빽빽이 우거진 나무와 늪에 가로막혀 바닷물에 발을 담그지 못하고 돌아섰음을 알려 주었기 때문이다. 아무튼 그들은 6개월 동안 온갖 어려움을 뚫고 2,640km을 걸어서 목적지 부근에 도착한 사람들이다. 이제는 돌아가야 한다.

다시 그곳을 출발하여 쿤지Coongie 호수까지 내려왔는데 그레이가 숨을 거두었다. 한편 캠프 65에서 기다리고 있던 브라에는 북쪽의 버크 일행이나 남쪽의 라이트 일행을 기다리고 있었지만 아무도 만나지 못 하였다. 기다림에 지친 브라에는 약속한 3개월보다 1달이나 더 지나자 멜버른으로 돌아가기 위하여 짐을 싸기 시작하였다. 나중에 들은 얘기지만 메닌디의 라이트와 그 지원대가 캠프 65 남쪽 176km 지점에서 원주민들에게 가로막혀 오도 가도 못하고 있었던 것이다. 브라에는 음식을 땅에 묻고 버크에게 전하는 글을 적어두고 그곳을 떠나고 만다. 내용은 Dig 3FT NW(북서쪽 3피트 아래를 파라). 브라에가 떠난 지 약 10시간이 지난 후 탐험대의 공격조인 버크와 윌즈, 킹이 캠프 65에 당도 하였다. 카펀테리아 만을 떠난 지 126일째이고 멜버른을 떠난 지 8개월, 그들이 걸어온 길은 무려 3,840km나 되었다.

서로 어긋난 10시간은 버크 일행의 운명을 바꾸어 놓았다. 만약 캠프 65에서 기다리고 있던 브라에를 만났더라면 모두 함께 멜버른에 무사 귀환하였을지도 모른다. 불과 10시간 늦게 도착하는 바람에 그들을 만나지 못한 것이다. 버크 일행은 잠깐 휴식을 취한 후 바로 브라에 뒤를 쫓았으나 결국 만나지 못하고 길을 잃고 말았다. 그들은 죽음이 다가옴을 스스로 인지하고 있었다. 힘이 빠진 윌즈는 버크와 킹에게 나를 두고 그냥 가라고 부탁했다. 이것이 윌즈의 마지막이었다. 조금 더 걸어간 버크도 살아 돌아갈 수 없음을 알고 마지막 기록을 남겼다. "우리는 탐험을 끝냈다. 그렇지만 더 헤쳐 나갈 힘이 없다."라고. 버크는 그 자리에 남았고 혼자가 된 킹만이 비틀거리며 남쪽으로 조금 더 내려갔다. 얼마 뒤 멜버른의 탐험 위원회는 구조대를 만들어 탐험대를 찾기 시작하였는데, 어느 원주민 마을에서 뼈만 남아 죽어가고 있는 백인을 발견하였다. 그는 킹이었다. 모기 목소리로 "제가 마지막 생존자입니다"라고 말하는 ….

북부 아프리카에서 죽어간 사람들
- 사하라 탐험

아프리카의 북동쪽에는 나일 강Nile River, 6,690km, 북서쪽의 나이저 강Niger River, 4,180km, 감비아 강Gambia River, 1,120km, 세네갈 강Senegal River, 1,641km, 남쪽에서는 잠베지 강Zambezi River, 2,740km, 그리고 사하라 사막 등에서 탐험이 많이 이루어졌다. 당시 아프리카 탐험에 가장 열정적이고 적극적인 나라는 영국으로 1769년 청나일을 찾아 나선 브루스James Bruce, 1730~1794를 시발로, 나이저 강을 탐험한 파크Mungo Park, 1771~1806와 랜더Richard Lander, 1804~1834, 남중부 아프리카를 밝힌 리빙스턴Livingstone David, 1813~1873, 백나일을 찾아낸 스피크John Speke, 1827~1864와 스탠리Stanley, 1841~1904 등 모두가 영국인이다.

1763년 북아프리카 알제Alger의 총영사가 된 브루스는 나일 강을 탐험하기 위하여 2년 반 동안 에티오피아 말과 의학을 배우며 준비를 했다. 1768년 이집트 카이로에서 배를 띄워 상류로 아스완까지 올라갔으나, 강가에서 일어난 전쟁 때문에 거기서부터는 내륙으로 돌아 나아갔다. 1770년 에티오피아 타나Tana 호수를 거쳐 기이슈Geesh 마을에 들어서니 작은 샘에서 맑은 물이 샘솟는 것을 확인하였다. 이곳이 나일 강을 이루는 두 개의 갈래 중 하나인 청나일의 원류인 것이다. 즉, 나일 강의 반쪽을 발견한 것이다. 이곳은 150년 전 에스파냐 사람 파에즈Paez가 이미 찾아 낸 적이 있었지만 오늘날 브루스에게 그 공을 돌린다. 왜냐하면 샘의 위치를 정확히 측정하고 청나일과 백나일이 만나는 수단의 카르툼Khartoum까지 걸어서 간 첫 번째 사람이기 때문이다. 1774년에 런던에 돌아온 브루스는 『나일 강 수원을 찾아서Travels to Discover the Sourse of the Nile』라는 책을 썼다.

15세기부터 아랍 상인들은 황금과 노예를 얻으려고 지중해에서 사하라 사막을 건너 팀북투(Timbuktu 또는 통북투, Tombouctou)를 오갔다. 이 도시는 아프리카 북서부 최대의 황금 도시로 알려졌는데, 영국은 1618년에 톰슨Thompson을 감비아 강으로 보냈으나 토인들에 잡혀 죽고 말았다. 반면 프랑스는 더 북쪽인 세네갈 강 유역을 탐험하면서 영국과 경쟁을 벌이고 있었다. 1770년 브루스가 청나일의 수원을 찾았다는 사실이 전 유럽에 알려지자 아프리카 탐험 열기는 다시 불 붙었다. 1790년 영국의 호턴Horton도 감비아 강을 따라 나섰는데 역시 토인들에게 잡혀 죽고 말았다. 1825년 영국의 고든 레잉 소령은 최초로 팀북투에 도달하였고, 1828년 프랑스의 까이에Caillie도 대상에 합류하여 팀북투에 도착했지만 그곳은 이미 몰락한 도시였음을 확인하였다.

감비아 강으로 간 호턴의 소식이 없자 영국의 아프리카 탐험 협회는 의사로써 동인도 회사에서 근무한 경험이 있는 파크Park에게 나이저 강을 탐험해 주도록 지시하였다. 1795년 파크는 감비아 강 어귀에서 출발하였지만, 쉽지만 않았다. 만딩고(Mandingo, 말리)족의 땅인 카밀리아까지 가서 수개월 동안 열병을 앓다가 노예상의 도움으로 출발지로 돌아왔다. 귀국 후 그는 『아프리카 내지탐험Travels in the Interior Districts of Africa』이라는 책을 집필하여 많은 돈을 벌고 유명 인사가 되었다. 파크는 결혼도 하고 병원도 차려 지내다가 정부의 요청으로 1805년에 두 번째로 나이저 강 탐험에 나섰다. 탐험을 시작한지 얼마 되지 않아 티푸스와 말라리아로 40명의 대원중 31명이 죽었다. 그래서 탐험을 포기하고 돌아 가다가 토인들의 습격을 받고 전원 몰사 했다고 한다. 이 일은 7년이 지난 1812년에 세상에 알려졌다.

대서양 서쪽에서 북쪽으로 가려던 계획이 자꾸 막히자 영국은 지중해 쪽에서 사하라 사막을 건너 남쪽으로 내려가기로 하고 클래퍼턴Hugh Clapperton,

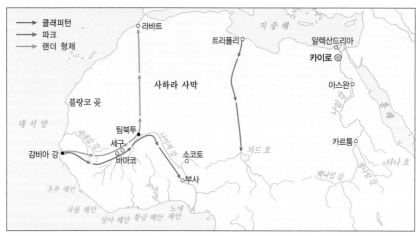

사하라 탐험_사하라 사막이라는 거대한 자연 장애물을 극복하기 위하여 사막 내륙, 팀북투, 나일 강, 세네갈 강, 나이저 강, 감비아 강 등에서 많은 탐험가들이 목숨을 잃었다.

1788~1827, 데넘Dixon Denham, 1786~1828, 우드니Walter Oudney, 1790~1824 등 세 사람을 보냈다. 1822년 트리폴리를 떠나 사하라 사막에 들어섰는데 1년 후 차드 Chad 호수를 발견했다. 거기서 두 팀으로 나누었는데, 서쪽으로 간 우드니는 얼마 안 되어 병으로 죽고, 동쪽으로 간 클래퍼턴과 데넘도 소득 없이 트리폴리로 돌아오고 말았다. 클래퍼턴은 다시 팀북투에 가려고 탐험대를 구성했는데, 이번에는 나이저 강을 거슬러 올라가기로 했다. 톰슨, 호턴, 파크 등 숱한 탐험가들이 죽어 간 곳을 클래퍼턴과 랜더 등 다섯 사람이 다시 떠났다. 하지만 이들 중 세 사람은 1825년에 말라리아로 죽고 클래퍼턴과 랜더만 남게 되었고, 1826년은 클래퍼턴도 죽고 말았다. 혼자 살아 온 랜더는 1830년 동생 존과 함께 나이저 강 탐험에 재도전하여 성공하였다. 그러므로 1805년에 시작한 나이저 강 탐험이 26년 만에 종지부를 찍은 것이다. 랜더는 영국으로 돌아가서 『나이저 강 탐험기Journal of an Expedition to Explore the Course and Termination of the Niger』를 출판한 뒤 다시 나이저 강 상류를 탐험하다가 토인들의 습격으로 생을 마감하였다.

토인을 사랑한 의인
- 리빙스턴

　노예 무역이나, 황금을 찾기 위하여 탐험이라는 명분을 내세워 아프리카에 진출한 유럽인들은 주로 북아프리카와 북서아프리카의 강을 따라 탐험했다. 하지만 스코틀랜드 선교사 리빙스턴Livingstone David, 1813~1873은 남아프리카에서 탐험을 시작했는데 그는 흑인들이 노예로 끌려가지 않도록 노력하고 농사법을 가르치고 의술을 베푼 진정한 의인이었다. 완고한 스코틀랜드 가정에서 자라난 리빙스턴은 21세 때 중국으로 보내질 선교사를 구한다는 광고를 보고 지원했지만, 1839년에 아편 전쟁으로 중국행이 물거품 되었다. 마침 아프리카남부에서 선교 활동을 하던 모펫Robert Moffat, 1795-1883 목사를 만났는데, 그는 중국 대신 아프리카 선교를 권하였다. 모펫 목사는 남아프리카 선교회South African Missions, SAM의 창시자이자 장차 리빙스턴의 장인이 될 사람이었다.

　모펫 목사의 권유로 남아프리카 케이프타운에 도착한1841 리빙스턴은 40일 동안 1,100km를 걸어서 모펫 목사가 활동하던 쿠루만Kuruman에 도착했다. 그는 이곳에서 7달을 머물면서 토막이 말과 풍습을 익혔다. 호기심으로 백인들이 가 본적이 없는 더 깊은 곳으로 들어갔다가 사자의 공격을 받은 일도 있었다. 1845년 리빙스턴은 자기를 아프리카로 끌어준 모펫 목사의 딸 메리Mary와 결혼했는데, 그녀는 아프리카에서 태어나서 토박이말도 잘 하고 지리도 밝기 때문에 리빙스턴에게는 든든한 동조자가 되었다. 두 사람은 더 북쪽인 콜로벵

Kolobeng이란 작은 마을에 보금자리를 꾸미고, 틈 날 때마다 주변을 돌아다니면서 지도를 그리고 토인들에게 농사짓는 법도 알려 주었다. 몇 년 후 리빙스턴은 주변의 반대에도 무릅쓰고 더 내륙인 칼라하리Kalahari 사막을 건너가 보려고 마음먹었다. 1849년 6월 가마솥 같은 더위, 휘몰아치는 바람, 부시맨의 공격 등을 이겨 내고 60일 걸려서 칼라하리 사막을 통과하고 은가미Ngami 호수에 도달하였다. 거기에는 푸른 들판에 무리지은 영양, 맑은 호수 물, 많은 과일 등 남쪽에 비하면 천국이나 다름없는 곳이었다.

집이 있는 콜로벵으로 돌아 온 리빙스턴은 이번에는 부인과 세 아이들을 데리고 은가미 호수 북쪽인 마콜롤로Makololo로 향했다. 하지만 동행한 가족들의 잦은 병 치례로 그들을 영국으로 보내기로 하였다. 콜로벵의 집을 비운 사이 토인들을 잡아 팔던 네덜란드계 보어Boer인들이 마을을 습격하였다. 리빙스턴으로서는 정말 다행이었다. 가족을 보낸 리빙스턴은 다른 길을 이용하여 마콜롤로에 도착하였다. 1853년 리빙스턴은 잠베지Zambezi, 3,500km 강을 탐험하려고 토인 몇 사람만 데리고 떠났는데, 7개월이 지나서 대서양의 루안다Luanda에 도착하였다. 잠베지 강이 대서양까지 연결되지 않는다는 것을 확인하고 그는 동쪽으로 방향을 돌렸다. 어느 날 멀리서 들려오는 굉음을 듣고 토인들에게 물었는데, 그들은 한결같이 "악마가 사는 곳"이라고 하며 그곳에 못 가게 말렸다. 하지만 그는 고집을 꺾지 않고 카누를 타고 그곳에 다다랐는데 어마어마한 폭포가 있었던 것이다. 그는 이 폭포를 영국 여왕 이름을 따서 빅토리아 폭포라고 이름 붙였다. 계속 나아가서 1856년 잠베지 강이 인도양으로 흘러드는 곳에 도착하였다. 16년 만에 남아프리카 동서를 가로지른 쾌거를 이룬 것이다. 그는 영국으로 돌아가서 국민적인 영웅 대접을 받고 『남아프리카 전도 여행Missionary Travels and Researches in South Africa』이라는 책을 발간하였다.

1858년 아프리카인 10명, 유럽인 6명(동생 찰스 포함)을 데리고 세 번째 아프리카 탐험에 나섰다. 하지만 탐험 대원 서로 간에 왠지 손발이 맞지 않았다. 뿐

리빙스턴의 탐험_선교의 목적으로 아프리카에 간 리빙스턴은 그곳에서 결혼하여 아이를 낳고, 네 차례의 탐험을 완수하였으며 인생의 대부분을 그곳에서 보냈다.

만 아니라 아내(메리)가 말라리아로 세상을 떠나고 말았다. 상심해 있을 시기에 영국 정부는 잠베지 강 일대를 더 이상 탐험할 가치가 없다고 생각하고 리빙스턴을 본국으로 불러들였다. 1864년 영국으로 돌아온 그는 『잠베지 강과 그 지류Zambesi and its Tributaries』라는 탐험기를 썼다.

한편 영국 왕립지리학회는 리빙스턴이 백나일 강의 수원을 밝혀 주기를 열망하고 있었다. 이미 1857년 버턴Richard Burton과 스피크John Hanning Speke를 보내 수원을 알아보도록 했으며, 1864년에는 베이커Baker가 앨버트Albert 호수를 발견하고 그것이 백나일 강의 수원이라고 주장한 일이 있었다. 혼란에 빠진 영국 왕립 지리학회는 아프리카를 가장 잘 아는 리빙스턴이 백나일 강의 수원을 명확히 밝혀 주기를 당부한 것이다. 그래서 다시 탐험에 나섰는데 1866년에 잔지바르Zanzibar에서 니아사Nyasa 호수를 발견하고, 탕가니카Tanganyika 호수, 므웨루Mweru 호수, 방궤울루Bangweulu 호수를 지나 빅토리아 호수에 다다랐으나, 식량이 떨어져서 탐험을 포기하고 말았다. 1870년 리빙스턴은 다시 탐험을 시작했다. 이번에는 말라리아로 거의 죽음을 눈앞에 두고 있었다. 한편 리빙스턴을 찾아 헤매던 뉴욕 헤럴드 신문사의 스탠리Stanley가 찾아왔다. 힘을 되찾은 리빙스턴은 다시 나일 강의 수원을 찾기 위하여 탐험을 시작했지만 그는 너무나 늙고 지쳐있었다. 28세에 아프리카에 온 이후 33년 동안 아프리카 중남부를 돌아다닌 리빙스턴은 1873년에 숨을 거두었다. 1874년 그의 유해는 웨스트민스터 사원에 묻히고 그의 마지막 탐험여행기인 『중앙아프리카에서의 리빙스턴의 최후 일지The Last Journals of David Livingstone in Central Africa』가 출판되었다.

 기자 탐험가

1866년 이후 영국에서는 리빙스턴의 소식이 끊겨 있었다. 마침 뉴욕 헤럴드 신문사의 통신원인 스탠리(Henry Morton Stanley, 1841~1904)에게 수에즈 운하 개통식(1869년 11월 17일)에 참석하고 리빙스턴을 찾아보라는 명령이 내려졌다. 1871년에 중부 아프리카에서 밀림 속 우지지(Ujiji) 마을에서 백발 노인을 보고 단번에 리빙스턴임을 알아보고 가슴 벅찬 상봉을 하였다. 이런 인연으로 아프리카 탐험에 더욱 몰두했는데, 1874년에 동료 세 사람과 함께 빅토리아 호수를 탐험하고 1877년에는 대서양 연안까지 나아갔다. 그 후 영국에 돌아갔다가 벨기에 국왕(레오폴드 2세)의 도움으로 1879년부터 5년간 콩고 개발에 앞장서게 된다. 또한 토인들에게 둘러싸여 있는 독일의 탐험가 에민 파샤(Mehmed Emin Pasha, 1840~1892)를 구출하고, 1889년에는 루웬조리(Rwenzori) 산맥을 발견하였다. 스탠리는 그 뒤 빅토리아 호수로 흘러드는 강이 카게라(Kagera) 강이고, 그 상류가 루비론자(Luvironza) 강임을 밝혔다. 결국 백나일 강은 루비론자 강-카게라 강-빅토리아 호수를 거쳐 수단의 수도 카르툼(Khartyoum)에서 에티오피아로부터 흘러나오는 청나일 강을 만나 대나일 강을 이름을 밝혔다.

러시아의 동쪽 끝에는 물길이 있다
- 베링 해협

태평양에서 북극해로 통하는 베링 해를 탐험한 사람은 러시아(덴마크 태생)의
비투스 베링Vitus Bering, 1681~1741이다. 그는 표트르 대제•의 명을 받고
시베리아의 동쪽 끝 부분이 바다로 갈라져 있는지 확인에 나서게 되었
다. 대제는 수만 년 전부터 내려오는 정보(육지로 연결되어 있다)를 확인하
고, 그곳에 땅이 있다면 그 땅을 차지하고자 베링에게 확인을 지시하였

Pyotr I, 1672~1725. 러시
아 로마노프 왕조 제4대
의 황제(재위 1682~1725)
로 알렉세이의 14번째 아
들

다. 33대의 마차에 짐을 싣고 수도인 상트페테르부르크(표트르의 도시라는 뜻)를
출발한 베링은 약 9,000km를 육로로 걸은 뒤, 다시 배를 타고 캄차카 반도의
서해안에 도착하였다. 그곳에서 다시 썰매를 타고 북쪽으로 900km 정도 올라
가서 베이스캠프1728를 설치했는데, 수도를 떠난 지 꼬박 3년이 지나서였다.
그러므로 베링은 북태평양 일대의 바다를 탐험하기도 전에 시베리아 횡단 등
의 육지 여정으로 엄청난 고난을 겪었던 것이다.

베링은 베이스캠프에서 약 3개월 동안 항해에 쓸 배(브리엘호, 18.3m)를 만들고
인원을 점검한 후 1728년 7월에 부하 43명을 데리고 첫 항해를 시작하였다. 해
안가를 따라 계속 북쪽으로 올라가 8월 15일경에 북쪽 끝 지점(북위 67°18')에
도달한 베링은 더 이상의 육지가 존재하지 않는다는 것과 해안선이 시베리아
서쪽(왼쪽)으로 꺾여진다는 사실을 확인하였다. 1730년 5년 만에 수도로 돌아
온 베링의 탐험 결과로 그동안 잘못 알려졌던 소문들이 수그러들게 되었다. 사
실은 유럽에서 북서 · 북동 항로를 이용하여 태평양 및 아시아로 진입할 수 있

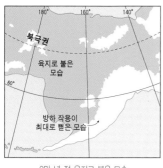

2만 년 전 육지로 붙은 모습　　　　1만 2천 년 전 두 대륙이 갈라짐　　　　오늘날의 베링 해

베링 해의 형성 과정

는 바닷길이 열려 있다는 것으로, 당시로서는 시간과 경비를 줄일 수 있는 획기적인 발견이었다.

　베링이 두 번째 탐험에 나선 때는 1733년이다. 베링 해협 일대와 그 건너편에 실제로 땅이 있는지 알아보고, 땅이 있으면 얼마나 멀리 떨어져 있고 어느 정도 큰지 좀 더 자세히 확인하기 위함이다. 캄차카 반도의 동해안에 있는 아바차 만에 탐험 기지를 세우고 그곳을 '페트로파블로프스크'라고 이름 지었다. 그곳에서 두 척의 배를 만들어 1741년 6월에 출발하였다. 센트페테르호는 베링이 지휘하고 센트파울호는 부대장인 치리코프Chirikov가 타고 떠났는데, 두 배는 출항한 지 얼마 되지 않아 안개와 돌풍으로 서로 떨어지고 말았다. 이때 베링이 탄 센트페테르호가 길을 잃어 바다를 떠돈 지 5개월 만에 베링 섬(나중에 베링 이름을 따서 붙임)에 도달하였다.

　살을 찢는 듯한 추위와 칼날 같은 북극 바람을 막기 위하여 선원들은 베링 섬에서 모래 구덩이를 파고 움집을 만들어 생활하였다. 괴혈병과 굶주림으로 선원 중 절반인 31명이 목숨을 잃었으며 베링도 죽고 말았다(1741년 12월 8일). 끈질기게 살아남은 사람들은 봄이 되자 부서진 뱃조각을 모아 다시 배를 한 척 건조하여 기지로 돌아왔는데, 센트파울호는 바다 건너의 얼음 땅을 확인하고 기지로 돌아와 있었다.

베링 탐험대에 의해 시베리아 끝에는 더 이상 땅이 없고 물길(바다)이 있으며 건너편에 얼음으로 덮여 있는 큰 땅(지금의 알래스카)이 또 하나 있다는 것이 밝혀졌다. 더욱 궁금해진 러시아는 그곳에 빌라노프를 보내어 그 땅을 통치하기 시작하였다.

120여 년이 지난 후 러시아는 황실 살림이 어려워지자 아무짝에도 쓸모없는 땅이라고 생각한 알래스카를 1867년에 720만 달러를 받고 미국인 윌리엄 William Herry Seward에게 넘기게 되었는데, 이것이 미국이 알래스카를 손에 넣게 된 계기가 되었다. 미국에 팔아넘길 당시만 해도 짐승의 털밖에 얻을 것이 없다고 생각했는데 그 후 엄청난 석유와 지하자원의 보고라는 사실이 알려졌다. 특히 냉전 시대에는 미국이 알래스카를 소련을 상대로 한 군사적 요충지로 사용하여, 소련인들의 가슴을 더욱더 쓰리게 만들었다.

북극 탐험에 종지부를 찍어라
– 북극점의 정복

유럽인들에 의해 지구의 대륙과 바닷길이 대부분 밝혀졌지만, 북극과 남극은 18세기 말까지 미지의 땅으로 남아 있었다. 그러다가 1800년대에 들어서면서 지리적으로 가까운 북극에 대한 관심이 보다 고조되었다. 흔히 북극 지방(또는 북극권)이라고 일컫는 이곳은 얼음이 얼어서 땅같이 보이는 바다와 동토를 일컫는다. 2500만~3000만 km²의 동토 중 1400만 km² 정도는 바다(북극해)로 이루어져 있고 나머지는 그린란드, 스피츠베르겐 제도 등의 섬과 알래스카, 캐나다 북부, 아이슬란드, 스칸디나비아 반도 북부 등으로 이루어져 있다.

북극 탐험에 가장 큰 족적을 남긴 인물은 난센Fridtjot Nansen, 1861~1930으로, 그는 1861년 노르웨이의 오슬로에서 태어났다. 젊었을 때 바이킹호를 타고 그린란드 동쪽 바다를 항해하면서 풍향, 해류, 생물 분포 등을 조사하는 일에 참여했는데, 이 시기에 북극해의 빙산과 해류, 백야 현상에 대해 많은 지식을 쌓았다. 1888년 8월 난센은 5명의 대원과 함께 그가 고안한 난센 썰매를 타고 그린란드를 탐험하였다. 52일 만에 그린란드의 동쪽에서 서쪽으로의 탐험을 끝내고 노르웨이로 돌아온 난센은 영웅이 되었다.

이에 용기를 얻은 난센은 북극점을 탐험하기 위하여 배를 건조하고 프람호(Fram, 420톤)라고 이름 지었다. 프람호는 길이가 짧고 옆 부분이 볼록하여 사방에서 얼음 덩어리가 조여 와도 배가 얼음 위로 떠오르게 설계되어 있었으며, 동력과 키를 배 안에 끌어들이고 보온을 위해 짐승의 가죽을 바닥에 깔았다.

난센의 북극 탐험로_난센은 1893년 오슬로를 출발하여 극점 부근까지 도달하였다가 3년 만에 되돌아오고 말았다.

1893년 6월 3년 계획으로 6년분의 식량과 8년분의 땔감을 싣고 13명의 대원을 태운 프람호가 오슬로를 출항하였다. 항해 도중 엄청난 조수와 해류에 밀려 선체가 얼음 밑으로 깔릴 위험도 겪었지만, 프람호는 매끄럽게 빠져나오곤 하였다.

　그러나 바다 전체가 얼어 버리자 더 이상 진행할 수가 없어, 난센은 요한슨과 함께 배를 떠나 개썰매로 얼음 위를 달렸다. 배를 떠난 지 24일 만에 북위 86°14′까지 도달하였지만, 그들이 올라가 있는 얼음이 극점의 반대 방향으로 흘러간다는 것을 파악하고 가까운 섬으로 피신하였다. 그곳에서 이듬해 6월까지 지내다가 영국의 탐험대를 만나 1896년 8월 13일 노르웨이로 되돌아왔다. 배를 떠날 때 남겨 둔 대원들도 무사히 귀국하였는데, 이때부터 북극 탐험의 길이 본격적으로 열리기 시작하였다고 할 수 있다.

　또 한 사람의 북극 영웅은 미국의 피어리Robert Edwin Peary, 1856~1920이다. 해군의 토목 기사로 일한 경험이 있는 그는 1886년과 1891년 두 차례에 걸쳐 그린란드의 북극권 2천 km 이상을 탐험했다. 1902년에는 북극해의 84°17′까지 나아갔으나, 동상 때문에 발가락 8개를 자르고 탐험을 포기하고 말았다. 1905

년 루스벨트호를 타고 다시 도전하였으나, 북극점을 300km 남겨 둔 북위 87°6′에서 식량과 연료 부족으로 다시 포기하고 돌아왔다. 두 번에 걸쳐 실패한 피어리는 늘 '북극점의 정복'이라는 무거운 짐에 짓눌려 살았다.

마침내 나이 50이 넘은 피어리에게 20년 북극 탐험의 종지부를 찍을 수 있는 기회가 생겼다. 1908년 7월 6일 루스벨트 대통령의 지시로 22명의 탐험대 대원과 함께 뉴욕을 떠나 7월 26일 북극권인 66°33′을 넘었다. 8월 1일에는 그린란드 북서쪽의 요크 곶에 닻을 내리고 에스키모 22명과 개 썰매를 동원하여 본격적인 탐험에 나섰다. 9월 5일에는 북위 82°30′에 위치한 세리단 곶 북쪽 끝에 있는 콜롬비아 곶에 전진 기지를 만들고 그곳에서 겨울을 났다.

거기서부터 북극점까지는 직선 거리 660km로 얼음 산과 골짜기, 살을 찢는 추위, 출렁이는 바닷물과 빙산 등 결코 쉬운 여정은 아니었지만, 전 여정 중에서 가장 중요한 도전이었다. 1909년 3월 1일 피어리는 대원들을 재정비하고 '극지법'이란 공격 방법을 고안하여 출발하였다. 전 대원을 6팀으로 나누어 1조가 길을 개척하여 캠프를 설치하고 나머지 다섯 조는 뒤를 따르며, 다음은 2조가 길을 열면 나머지 네 조가 바통을 잇는 식으로 마지막 공격조가 힘을 아꼈다가 북극점에 도달한다는 계획이었다. 3월 27일 피어리는 3년 전에 눈물을 머금고 되돌아섰던 87°06′에 도달하였다. 4월 1일에는 87°47′에 다다라서 마지막으로 버틀렛 선장이 이끄는 팀도 돌려보내고 자신의 개인 조수인 핸슨 Marthew Henson과 에스키모 네 사람으로 극점 공격 계획을 수립하였다. 공격조 여섯 사람을 태운 개 썰매는 남은 94km를 하루 20~25km씩 전진했으며, 4월 6일 오후에 북극점에 도달하였다. '조국이여! 마침내 북극점에 왔소이다. 300년 동안 사람들의 경쟁 표적이었던 북극!'이라고 일기를 적은 피어리는 15년 전 부인이 만들어 준 성조기를 극점에 세움으로써 북극 탐험에 종지부를 찍었다.

얼음 바다에 묻힌 사람들
– 북서 항로의 비극

　북서 항로가 개척되기 전에는 유럽에서 아시아로 가려면 아프리카의 희망봉이나 남미의 혼 곳을 돌아가야 했다. 당시에는 파나마 운하도 없던 때였다. 그래서 유럽 사람들은 북아메리카 북쪽의 북극해를 지나 태평양으로 이어지는 항로를 찾기 위하여 심혈을 기울였지만, 북서 항로는 수백 년간 인간의 발길을 거부해 왔다. 북서 항로가 뚫린 것은 1906년 노르웨이의 아문센에 의해서였다. 그는 작은 돛배(요아호)를 타고 1903년에 출발한 지 4년 만에 북서 항로를 가로질렀다. 그러나 북서 항로가 개척되기 전까지 이미 많은 탐험가들의 희생이 따랐다. 1497년 영국인 캐보트를 필두로 카르티에, 드레이크, 프로비스, 쿡이 도전했으나 실패하였고 길버트, 허드슨 같은 이는 목숨까지 잃었다.

　프랭클린도 그 중 한 사람이다. 1786년 영국의 링컨셔에서 태어난 존 프랭클린John Franklin, 1786~1847은 해군의 항해사로 일하면서 여러 해전에 참전하였다. 1818년에는 북서 항로의 개척을 위해 탐험에 따라 나섰다가 배가 얼음에 갇히는 바람에 죽을 고생을 하고 구사일생으로 살아 돌아온 적도 있었다. 1819년과 1825년에는 직접 탐험대를 이끌고 캐나다의 북쪽 지역을 탐험하고 돌아온 후 기사의 작위를 받았다. 그 후 무료한 나날을 보내고 있던 프랭클린에게 영국 해군은 '북서 항로를 개척하라' 는 명을 내렸다. 그때 프랭클린의 나이는 이미 58세를 넘어섰고, 탐험의 열정도 식어 있었다. 그러나 북서 항로의 개척이라는 막중한 임무를 포기할 수는 없었다.

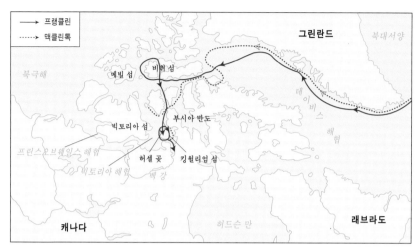

프랭클린의 여로_1845년 탐험 시작부터 실종될 때까지의 여로

프랭클린은 1845년 에레부스호와 테러호에 3년분의 식량을 싣고 그린란드 서쪽 바다인 데이비스 해협으로 향하였다. 그러나 떠난 지 2년쯤 지난 1847년 여름부터 프랭클린 탐험대의 소식이 끊어지고 말았다. 영국 정부는 2만 파운드의 현상금을 내걸고 수색을 하였으나 모두가 허사였다.

그 후에도 많은 사람들이 프랭클린 탐험대를 찾기 위하여 북극해 일대를 돌아다녔지만 프랭클린 탐험대를 찾지 못했다. 하지만 덕분에 북극해의 신비가 상당수 풀리기도 했다. 그러던 중 1853년 레이 박사가 이끄는 영국 탐험대가 캐나다 북쪽(비취섬)을 탐험하다가 에스키모들을 만났다. 그들은 '백인 40여 명이 눈 속을 헤매다가 추위와 굶주림으로 죽었다' 는 얘기와 더불어 수저, 텐트, 보트, 팔다리가 잘린 시체, 솥 안에 들어 있는 사람 고기? 따위를 보았다는 이야기도 들려주었다. 그 후에도 다른 팀에 의해 수색이 계속되었으나 아무런 진전이 없었으며, 나머지 90명의 행방조차 아는 사람이 없었다.

한편 프랭클린의 부인인 제인Jane은 끝끝내 희망을 버리지 않고 있었다. 그녀는 개인적으로 모금을 하여 별도의 수색 탐험대를 구성하여, 북극 탐험에 경험이 많은 맥클린톡Leopold McClintock, 1819~1907을 탐험대장에 임명했다. 프랭클린 탐험대가 떠난 지 12년이 지난 1857년 7월, 맥클린톡 탐험대는 폭스호라는 작은 기선을 타고 영국을 출발하였다.

맥클린톡 역시 수색 탐험 도중 빙산에 갇히는 등 여러 번의 어려움을 겪었으나 이를 극복하고 1859년 2월에 일단의 에스키모들을 만날 수 있었다. 그 에스키모들은 프랭클린 탐험대의 것으로 보이는 물건들을 지니고 있었을 뿐만 아니라 탐험대가 최후를 맞은 듯한 장소도 알려 주었다. 그 곳에서 빛바랜 해골, 여기저기 널린 천 조각, 구명보트의 잔해, 몇 권의 책, 회중시계, 총, 초콜릿, 썰매를 실은 배 등 수없이 많은 탐험대의 잔해를 확인할 수 있었다. 또 약간 떨어진 바닷가에서는 무덤과 같은 돌무더기, 밥 짓는 도구, 도끼, 나침반 등도 발견되었다. 맥클린톡은 프랭클린 탐험대 대원들이 모두 죽었다고 판단하고 유류품 중 일부를 거두어 가지고 귀국하였다.

그들이 가져온 유류품 중에서 물통이 하나 발견되었는데, 그 속에는 탐험대 대원 고어Gore 대위가 1847년 5월 28일에 쓴 글과 1848년 4월 25일에 크로지어Crozier 함장이 쓴 글이 들어 있었다. 거기에는 여러 가지 정황과 더불어 1847년 6월 11일 프랭클린 경이 죽었다는 기록이 있었다. 130명 전 대원이 목숨을 잃은 전대미문의 비극이었다. 인근에 에스키모 마을이 있었는데도 불구하고 탐험대 대원들이 왜 그들의 도움을 받지 않고 모두 죽어가야만 했는지는 여전히 의문이다.

신이여, 우리 가족을 돌보아 주소서!
– 남극점 탐험

　사람이 남극 대륙에 처음 상륙한 1895년부터 1922년까지를 남극 탐험의 '영웅 시대'라고 부른다. 모두 어려운 여건 속에서 생명을 걸고 남극을 탐험했기 때문인데, 당시만 해도 남극을 제대로 아는 사람도 없었고, 남극 인근의 해도도 제대로 그려진 것이 없었다. 무전기나 GPS(위성 항법 장치) 같은 현대적인 장비도 없었다. 오로지 남극을 탐험하겠다는 숭고한 의지와 위대한 사명감으로 남극을 탐험했던 것이다.

　가지고 있는 것이라고는 초보적인 망원경과 경위도 측정 장치 그리고 나무로 만든 고래잡이 배나 물개잡이 배가 전부였다. 1895년 이전에도 상황은 비슷했는데, 멀리서 남극 대륙을 바라보던가 또는 각국의 해군이 남극 바다 부근을 항해하는 것이 고작이었다. 설사 해안에 상륙했다 하더라도 안으로 깊이 들어갈 수는 없었다. 그만큼 남극 대륙은 인간의 발길을 거부해 왔다.

　영국을 탐험 왕국으로 만든 제임스 쿡은 비록 남극 대륙에 상륙하지는 못하였지만 남극의 모습이 빙하로 이루어진 산과 같다고 전 세계에 알린 최초의 인물이다. 그 때 보고한 얼음 덩어리가 남극 대륙의 일부분인지 아니면 바다에 떠 있는 큰 빙산의 일부인지 알 수는 없다. 그 후 벨링스하우젠Bellingshausen, 1778~1852이 이끄는 러시아 해군 탐험대가 1819년에 남극에 처음으로 다녀갔고, 영국인 필드도 1820년에 남극 일대를 탐험하고 돌아갔다.

　남극이 대륙이라는 것을 알아낸 사람은 미국의 찰스 윌크스Charles Willkes,

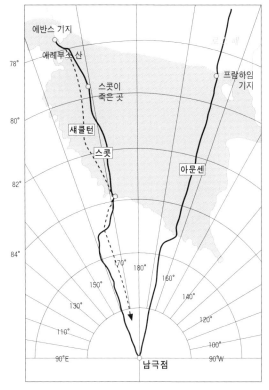

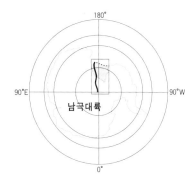

남극점의 탐험_1910년 6월 영국의
스콧과 노르웨이의 아문센이 거의
동시에 남극점으로 향했지만, 스콧
은 돌아오지 못했다.

1839~1840이고, 1840년에 남극 일대의 해안을 지도로 그린 사람은 영국의 제임
스 로스James Ross, 1840~1843이다. 1895년 노르웨이의 크리스 텐센 이후, 벨기
에의 해군 장교 아드리엔 드겔라쉬, 스웨덴의 지질학자인 오토 노르덴쉘드 등
수많은 사람들이 남극을 다녀갔다. 그 외에도 웨들1820~1824, 비스코1831~1832,
섀클턴1907~1909, 힐러리1955~1958 등 주로 영국인들이 남극과 그 주변 일대를
많이 탐험하였다. 특히 남극에 가장 큰 발자취를 남긴 탐험가들로는 영국의 스
콧Robert Falcon Scott, 1868~1912, 노르웨이의 아문센Roald Amundsen, 1872~1928, 미
국의 버드Richard Erelyn Byrd, 1888~1957를 꼽을 수 있다.

스콧은 1868년 영국의 데번포트에서 태어났다. 1880년에 해군에 들어가, 1901년부터 4년간 디스커버리호를 이끌고 남위 82°17′까지 1차 탐험을 하였다. 이때부터 남극점의 정복이 결코 불가능하지 않다는 생각을 하게 되었고, 1910년 6월 남극점의 정복을 위해 탐험대를 이끌고 다시 영국을 떠났다. 북극점의 정복을 미국에 빼앗긴 영국으로서는 양보할 수 없는 한판의 싸움이나 다름없었다. 왜냐하면 이제까지 남극은 제임스 쿡 선장을 비롯한 많은 영국인들이 개척해 왔기 때문이다.

그때 또 하나의 탐험대가 남극으로 향하고 있었는데, 그 탐험대의 주인공이 바로 노르웨이의 아문센이었다. 아문센은 1872년 노르웨이의 보르게에서 태어나 15세 때부터 북극 탐험을 꿈꿨다. 난센과 함께 북극해를 탐험한 일이 있으며, 1906년 47톤짜리 요아호로 처음 북서 항로를 개척하고 자북극을 발견하여 탐험가로서 이름을 떨쳤다. 그러나 아문센 역시 미국의 피어리에게 북극점의 정복을 빼앗긴 후, "피어리에게 북극점을 되돌려 달라고 할 수는 없지. 그러니 남극으로 갑시다!"라고 대원들을 달래며 남극 탐험 준비를 시작하였다. 아문센도 1897년에 벨기에 탐험대 대원으로 남극에 다녀왔으며, 남극점의 정복은 누구에게도 빼앗겨서는 안 될 절대적인 목표였다. 그는 노르웨이의 영웅 난센이 사용하던 프람호를 타고 남극으로 향했다.

1910년 6월 오슬로를 떠나며 아문센은 남극으로 떠난다는 통지문을 스콧에게 보냈는데, 이것이 남극점 정복을 두고 벌어진 세기의 대결이었다. 아문센은 1911년 1월 14일 남극점으로부터 1,300km 지점인 남위 78°30′에 전진 기지를 세웠으며, 스콧은 4일 뒤인 1월 18일에 바닷가에 상륙하여 기지를 건설하였다.

남극의 탐험에는 식량과 장비를 군데군데 파묻어 두는 데포depot를 준비하는 게 가장 중요하므로 아문센은 2월 14일에 위도 80°에 첫 데포를 세우고 550kg의 식량을 저장했다. 그 후 제2, 제3의 데포를 만들면서 '썰매가 무겁다'

'스키 구두가 작고 딱딱하다' '데포를 찾기 어렵다' 등 대원들로부터 들은 얘기를 기초로 75kg이던 썰매를 22kg으로 줄였다. 그리고 데포를 설치한 좌우에 깃발을 찾기 쉽게 더 많이 세우고 텐트를 빨강색으로 바꾸었으며, 썰매에 수레를 달아 거리를 알 수 있게 준비하였다. 그 후 개 썰매와 스키를 이용하면서 1911년 12월 7일에 10번째 데포를 88°16′ 지점에 만들고 계속 항진하자, 마침내 12월 14일 점심때가 지난 후 관측기의 바늘이 90°에서 멎었다. 바로 남극점이었다. 아문센 일행은 남극점 위에 노르웨이 국기를 꽂고 국가를 불렀다.

한편 스콧은 10월 24일 아문센이 제1데포(남위 80°)에 가 있을 때 기지를 출발하였는데, 남위 83°30′에 도달한 후부터는 만주산 조랑말이 지쳐 쓰러지고 썰매 개들도 지치자 사람들이 썰매를 끌면서 걸어갔다. 12월 31일 남위 87°32′에 이르러서는 일곱 사람을 다시 돌려보내고 윌슨, 바우어즈, 오츠, 에번스, 스콧 등 다섯 사람만 남았다. 그들은 기지를 출발한 지 87일만인 1912년 1월 18일 남극점에 도달하였으나 거기에는 이미 노르웨이의 깃발이 펄럭이고 있었다. 스콧을 비롯한 일행들은 허탈감에 빠져 걸음을 떼지 못했다.

그 후 아문센은 1월 25일 무사히 기지로 돌아왔지만 스콧 일행 다섯 명은 끝내 남극의 영혼이 되어 돌아오지 못하였다. 1912년 3월 29일 스콧의 마지막 일기에는 '신이여, 우리 가족을 돌보아 주소서!'라고 적혀 있었다.

무사 귀환이 의심스러운 여행
– 섀클턴의 귀환

섀클턴Ernest Henry Skackleton, 1874~1922은 프랭클린과 달리 634일간이나 남극의 얼음 덩어리 속에 갇혀 있다가 27명 전 대원과 함께 돌아온 영웅이다. 그의 귀환은 남극을 탐험한 지 100년이 지난 21세기에 오히려 더 큰 감동과 교훈을 주고 있다.

섀클턴은 1874년 아일랜드의 킬키어에서 태어났다. 1901년 스콧의 남극 탐험대에 참가하였고, 1908년 2차 남극 탐험대의 대장으로 다녀왔다. 1909년 1월에는 남극점에 도전하였으나 불과 155km를 남겨 두고 식량 부족으로 돌아와야만 했다. 하지만 처음으로 자남극•에 닿은 공로로 섀클턴은 기사 작위를 받았다.

> 磁南極 magnetic southern pole. 지구 자기장의 남극점. 현재는 남위 78°, 동경 110° 부근이다.

섀클턴은 스콧의 탐험대 대원으로 참가하였다가 괴혈병으로 도중에 하선해야 했고 남극점 최초 정복의 명예마저 아문센에게 빼앗긴 뒤, 남극 대륙 횡단으로 목표를 수정했다. 그 당시 남극 탐험에는 위험이 따랐기 때문에 위기에 부딪쳐도 용기를 낼 수 있는 대원을 모집해야 했다. 그래서 신문 광고 내용도 '위험천만한 여행, 임금은 많지 않음, 혹독한 추위, 수개월 동안 계속되는 칠흑 같은 어둠, 무사 귀환이 의심스러운 여행' 이라며 잔뜩 엄포를 놓았다. 여기에는 죽음 아니면 성공임을 각오하라는 메시지가 들어 있었다고 볼 수 있다.

그 후 남극점 도전의 꿈을 버리지 않고 있던 섀클턴에게 1914년 1월 드디어 재도전의 기회가 왔다. 웨들 해•에서 남극점을 지나 맥머도 기지까지 남극을

Weddell Sea, 남극 해안의 깊은 만입부. 중심 경위도는 대략 남위 73°, 서경 45° 정도 되며 면적은 280만 km²이다.

가로지르기로 하고, 인듀어런스(Endurance: '인내'의 뜻)호에 27명의 대원을 태우고 출항하였다. 11월경에는 쿡 선장이 발견하여 영국의 고래잡이 전진 기지가 된 사우스조지아 섬에 도착하였다.

남극의 바다는 갑자기 날씨가 추워지면 흩어져 있던 얼음들이 모두 얼어붙어서 배가 꼼짝달싹 못하게 된다. 여기에 한번 갇히면 어지간해서는 빠져나올 수가 없고, 그 얼음이 떠도는 대로 흘러갈 수밖에 없다. 하지만 남극 바다를 건너기 위해서는 이러한 유빙을 반드시 돌파해야 한다.

예측한 대로 출항한 지 며칠 지나지 않아 배는 유빙에 갇히고 말았다. 한 시간에 25km 이상 달릴 수 있는 배가 하루 종일 50km밖에 갈 수 없었다. 1915년 1월 섀클턴은 25km 전방에 나타난 남극 대륙을 확인하였지만 그것도 잠시, 얼음과 함께 배가 흘러가는 바람에 어느새 남극 대륙은 눈앞에서 사라지고 말았다. 2월 말경, 유빙은 북서쪽으로 흘러가고 기온은 자꾸 떨어졌다. 얼음은 점점 더 두텁게 얼어 배를 조여 왔다. 뿐만 아니라 태양이 수평선 너머로 사라져버렸다. 앞으로 5~6개월은 깜깜한 밤인데, 이 얼음 바다에서 어떻게 버틸 것인가?

암흑의 6개월 동안 배는 남위 69°까지 흘러갔다. 점점 추워지고 커다란 얼음 덩어리가 배를 뚫고 들어왔다. 섀클턴은 스웨덴 탐험대가 겨울을 났던 인근의 포레트 섬으로 가기 위해 썰매와 보트로 시도해 보았지만 실패하고 말았다. 그들은 텐트를 치고 죽음을 기다리는 처지가 되었다. 그러던 중 봄이 되자 물길이 열렸다. 이때를 놓치지 않고 그들은 세 척의 보트로 인근의 무인도(사우스셰틀랜드 제도의 엘리펀트 섬)에 당도했다. 467일 만에 뭍을 밟은 것이었다.

펭귄들이 많아 식량 문제는 당장 해결되었지만, 처절한 싸움은 그때부터 시작이었다. 바람에 텐트는 갈기갈기 찢어지고 식량(펭귄)도 점점 줄어들어 갔다. 모두가 섀클턴만 믿었지만, "배를 구할 수 있는 곳까지 가야 하오. 그곳은 우리가 떠나왔던 사우스조지아 섬인데 여기서부터 약 1,300km 떨어진 곳이오."라

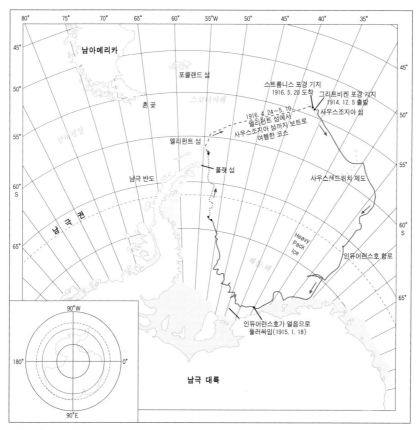

섀클턴의 여로_영국의 쿡 선장이 발견하여 고래잡이 전진 기지로 이용하던 사우스조지아 섬에 도착한 섀클턴은 유빙을 피하려고 하지 않았다. 암흑의 6개월간 얼음에 갇혀 있던 섀클턴이 27명의 전 대원을 이끌고 귀환한 사실은 실로 놀라운 일이다.

는 그의 말에 모두가 넋을 잃고 말았다.

그러나 섀클턴은 초지일관 두 척의 보트와 22명의 대원들을 남겨두고 사우스조지아 섬으로 떠나기로 하였다. 조그마한 보트7m 한 척으로 험한 바다를 건너간다는 것이 썩 내키지는 않았다. 게다가 성공의 확률은 0%에 가까웠다. 그러나 그대로 있으면 거센 바람과 산더미 같은 파도와 영하 20~30℃의 추위에 배고픔과 죽음뿐이었다.

섀클턴은 지원자 다섯 사람을 뽑았다. 나머지는 구조대가 올 때까지 버틸 수밖에 달리 도리가 없었다. 출발한 지 2주일 만에 목표한 섬에 도착하였지만 고래 기지의 반대편이었다. 그러나 대원들은 그곳에 내리기로 하였다. 얼음 바다 위에 떠 있는 것에 지긋지긋함을 느꼈던 터라 걸어서 고래 기지까지 가기로 하였다. 섬에 올라가 새를 잡아 요기를 하고, 시냇물을 마음껏 마시고, 동굴에서 단잠도 잤다. 여섯 사람 중 지친 세 사람을 동굴에 남겨두고 얼음산을 기어올랐다. 힘겹게 올라와 보니 그 다음은 내려가는 것이 더 큰 문제였다. 산꼭대기에 그대로 머물다간 얼어 죽을 판이었고 온 길을 되돌아갈 수도 없었다. 그들은 로프를 이용해 썰매를 만들고 세 사람이 한 덩어리가 되어 썰매를 타고 36시간 만에 고래잡이 기지에 당도하였다. 섀클턴이 구조대를 이끌고 엘리펀트 섬에 돌아가니 22명 모두가 끈질기게 살아 있었다. 그들은 남은 보트 두 척을 뒤집어쓰고 그 속에서 추위와 굶주림을 견뎌냈던 것이다.

그들로 하여금 살아남게 한 힘은 아마도 섀클턴의 용기와 지혜 그리고 그에 대한 믿음이었을 것이다. 전 대원과 함께 귀환하던 날 섀클턴은 대원들에게 '옷도 갈아 입지 말고 면도도 하지 말라'고 했다. 그들을 기다리던 사람들 앞에 야성적이고 낭만적인 모습으로 나타나기 위해서였다. 신화 같은 이야기의 주인공 섀클턴은 20세기가 열릴 무렵 탐험 시대의 마지막 영웅이 됐다. 그는 네 번째 남극 탐험에서 사망하였다.

제3의 극지에 선 사람
- 에베레스트 초등자

1883년 영국의 그레이엄이 등산을 하기 위하여 히말라야를 찾은 후, 1892년 영국의 콘웨이Martin Conway, 1895년 머머리Albert Frederick Mummery, 1899년 프레시필드Douglas William Freshfield 등 여러 사람이 히말라야에 도전하였다.

그 후 에베레스트• 등정은 제1차 세계 대전이 끝난 후 1921년을 시작으로 1922년, 1924년에도 원정대가 떠났지만 말로리George Malley와 어빙Andrew Irvine을 에베레스트에 영원히 남겨두고 돌아왔다. 티베트의 영도자 달라이 라마의 입산 거부로 9년간의 공백기가 있었고, 1933년, 1934년, 1935년, 1936년(제7차)마저 실패로 끝나고 말았다. 제2차 세계 대전과 중공의 입산 거부로 또 공백기를 맞았으나, 1950년 미국, 1951년 영국의 정찰대가 남동릉을 정찰하고, 1952년 스위스 등반대가 8,595m까지 진출했지만 정상의 모습을 보지 못하고 돌아왔다.

이때쯤 영국 전역에서는 북극점(1909년 미국의 피어리)과 남극점(1911년 노르웨이의 아문센)의 정복은 다른 나라에 빼앗겼지만, 제3의 극지인 세계 최고봉 에베레스트 산의 정복만은 꼭 달성해서 탐험 왕국으로서의 자존심을 회복해야 한다는 여론이 들끓고 있었다.

1953년 영국 왕립지리학회와 '히말라야 공동 산악 위원회'의 지원을 받아 제9차 원정대(대장: 존 헌트, John Hunt)가 구성되었다. 원정대는 특수 절연 등산화 및 등산복을 착용하고 개폐회로 산소 공급 장치, 휴대용 무전기 등의 장비를

> Mount Everest, 8,848m. 히말라야 산계의 삼각 측량을 진행한 영국의 측량사 조지 에버리스트(George Everest)를 기려, 1865년 세계의 최고봉으로 확인된 피크 15에 그의 이름을 붙였다.

갖추고 있었다. 그들은 쿰부 빙폭, 쿰부 빙하, 서쿰 빙하를 거쳐 로체 산 정면에 있는 해발 7,986m의 바위 능선인 사우스콜까지 이르는 등반로에 8개의 캠프를 설치했다.

Sherpa. 네팔과 인도의 시킴 지역에 사는 산악 부족. 히말라야 산맥의 짐 꾼으로 유명하다.

1953년 5월 29일 11시 30분 뉴질랜드 출신 대원인 힐러리Edmund Hillary와 셰르파•인 텐징 노르가이Tenzing Norgay가 정상에 도달하였다. 인류가 세계 최고봉에 우뚝 선 것이다. 이것은 에베레스트 산이 최고봉으로 알려진 지 100년, 도전한 지 32년 만에 이루어 낸 쾌거였다. '그렇다면 정상에 올라선 두 사람 중 누가 더 먼저 정상에 올라섰을까?' 라는 의문은 계속 남았지만 두 사람이 끝내 침묵해 밝혀지지 않았다. 몇 년 전 셰르파 텐징의 사망으로 에베레스트 최초의 등정자가 누구인가라는 문제는 영원히 의문으로 남고 말았다.

에베레스트 초등자는 공식적으로 힐러리라고 알려져 있다. 그러나 1999년 5월 3일, 미국 산악인 에릭 시몬슨이 이끄는 수색대가 에베레스트 북릉 8,400m 지점에서 한 구의 시신을 발견했다. 그 미라는 1924년 에베레스트 정상을 향해 마지막 캠프를 출발한 후 실종된 말로리임이 확인되었다. 주머니에서 발견된 말로리 부인이 쓴 편지와 옷깃에 수놓인 이름이 확실한 증거였다. 말로리의 시신 발굴로 에베레스트 최초 등정의 역사가 1953년 힐러리에서 1924년 말로리와 어빙으로 바뀔지도 모른다고 사람들은 흥분했다. 그러나 그것을 증명할 코닥 카메라가 발견되지 않아 그 해답은 영원히 풀리지 않을 듯 싶다.

1924년 6월 8일 오후 12시 50분경, 영국의 4차 에베레스트 원정대의 말로리와 어빙이 북동릉의 세컨드스텝8,500m에 도달한 것이 밑에 있던 노엘 오델 대원에 의해 확인되었다고 한다. 그리고 얼마 후 정상 부근이 구름에 가려 더 이상 관측을 할 수가 없었고, 그들은 영원히 돌아오지 않았다고 한다. 때문에 그동안 말로리와 어빙의 정상 등정 여부는 수수께끼로 남아 있었다. 목격자 노엘 오델은 말로리 일행이 에베레스트 정상에 섰을 가능성이 높다고 주장하고 있다. 이에 대해 에베레스트를 두 번 오르고 세계 8천 m급 14개 봉을 모두 등정한 이탈리아인 라인홀트 메스너Reinhold Messener, 1944~는 말로리가 에베레스트에 오르지 못했을 것이라고 확신했다. 그는 세컨드스텝은 오늘날에도 사다리가 없이는 오르지 못하는 구간임을 강조하면서, 사다리가 없었던 그때 그곳을 통과하기란 불가능하다고 결론지었다. 그러므로 말로리와 어빙의 에베레스트 산 정상 등정 여부는 언젠가는 발견될지도 모를 코닥 카메라의 발견에 달려 있다.

 한국인의 에베레스트 등정

1977년 9월 15일 대한산악연맹 에베레스트 원정대 소속의 고상돈(1948~1979)이 셰르파 펨바 노르부와 함께 우리나라 최초로(세계 14번째) 에베레스트 등정에 성공했다. 청주 출신인 고상돈은 그 후 북아메리카 최고봉인 알래스카의 매킨리(6,194m) 원정대의 대장으로 참가하여 등정에는 성공했으나 이일교 · 박훈규와 함께 하산 도중 자일 사고로 추락, 사망했다.

1987년 12월 22일에는 허영호가 동계 등정을 시도해 정상에 올랐으며, 그는 1993년 4월에 다시 한 번 등정을 시도하여 성공했다. 1993년 5월 16일에는 동국대학교 에베레스트 원정대 소속의 박영석 · 안진섭 · 김태곤 등 3명이 에베레스트 남동릉 루트를 통해 정상 등정에 성공했다. 그러나 안진섭은 하산 도중 추락사했고, 공격조를 지원하기 위해 등정하던 남원우는 아이스폴 지대에서 실족사했다.

그 후 2000년까지 34회에 걸쳐 많은 산악인들이 에베레스트에 올랐다. 특히 허영호는 생애 4번째 에베레스트 정상을 밟았으며(1987년, 1993년, 2007년, 2010년) 2010년에는 한국인 최초(세계 두 번째)로 아들과 함께 에베레스트에 올랐다. 특히 우리나라는 에베레스트 등정을 서구보다 늦게 시작하였지만 8천 m급 14좌 모두를 등정한 20인중에 엄홍길(2000), 박영석(2001), 한왕용(2003), 오은선(2010, 여성 최초) 등 4명의 산악인을 배출하였다. 그리고 이 영광스러운 뒷 무대에는 많은 희생자들이 따랐다.

달에는 토끼도 없고 계수나무도 없더라
– 달 탐험

달(하나밖에 없는 지구의 위성)을 극지라고 할 수는 없지만 극지에 버금가는 탐험(탐사) 대상임에는 틀림없다. 우리나라의 전래 동화에 달에는 토끼가 떡방아를 찧고 있고 계수나무도 있다고 했다. 아마 인류가 달을 탐사하지 않았다면 지금도 이런 동화의 내용을 사실처럼 믿고 있었을지도 모른다.

달은 어떻게 생성되었을까? 지구의 일부분이 떨어져서 생겼다는 '분열설'이 있는데, 이것을 부모와 자식 관계에 있다고 하여 '친자설'이라고도 한다. 태양계 내에서 지구와 함께 성장했다는 '직접설'도 있는데, 이것은 '형제설'이라고도 한다. 또 완전히 다른 천체가 우연히 지구로 접근하다가 포획되었다는 '포획설'에 근거하여 '타인설'이라고 설명하기도 한다. 마지막으로 원시 지구에 화성만 한 크기의 미행성이 지구와 충돌하면서 지구의 맨틀 파편이 날아가 집적되었다는 '충돌설'이 있다. 과학자들은 이 '충돌설'이 가장 유력하다고 주장하고 있다. 이 학설은 지구가 탄생된 지 2천만 년 정도 되었을 때 다른 미행성이 충돌하여 그 잔해의 일부가 튕겨 나와 달을 만들었다는 학설로, 윌리엄 하트먼William Hartmann이 주장하였다.

20세기 말에는 미국과 소련이 최고의 과학 기술을 동원하여 달을 탐험(탐사, 여행 또는 정복)했다. 미국이 달 탐험을 성공시킬 수 있었던 것은 소련과의 경쟁 때문이었다. 소련은 1957년 10월 4일 세계 최초의 인공위성인 스푸트니크 1호(지름 58cm, 무게 83.6kg)를 쏘아 올리고, 11월 3일에는 스푸트니크 2호에 개 한

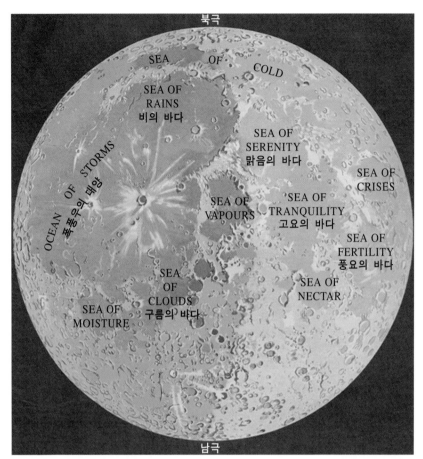

북극

SEA   OF   COLD

SEA OF
RAINS
비의 바다

SEA OF
SERENITY
맑음의 바다

SEA OF
CRISES

OCEAN OF STORMS
폭풍우의 대양

SEA OF
VAPOURS

SEA OF
TRANQUILITY
고요의 바다

SEA OF
FERTILITY
풍요의 바다

SEA
OF
CLOUDS
구름의 바다

SEA OF
NECTAR

SEA OF
MOISTURE

남극

달의 모습_달은 약 1km/sec의 속도로 한 달에 한 번씩 지구의 주위를 돌고 있다. 달은 지구로부터 평균 384,400km 떨어져 있는데, 이것은 지구에서 태양까지 거리의 1/389이다. 달의 반지름은 지구의 약 1/4, 태양의 약 1/400인 1,738km 정도 된다.

마리를 태워 보내 세계를 놀라게 하였다. 이에 당황한 미국은 육·해·공군의 미사일 개발팀을 묶어 미국항공우주국•을 만들고, 1958년 1월 31일에 익스폴로러 1호를 발사하였다. 그러나 소련은 1959년에 루나 1호를 시발로 루나 2호, 루나 3호를 보내어 달 사진을 찍어 오기도 하였

National Aeronautics and Space Administration, NASA. 지구 대기 안팎의 우주 탐사 활동과 우주선에 관한 연구 및 개발을 위해 1958년 설립된 미국의 정부 기관

다. 그리고 미국을 더욱 놀라게 한 것은 1961년 4월 12일 27세의 공군 중위 가가린•을 보스토크 1호에 승선시켜 지구를 한 바퀴 돌게 하고 48분 만에 무사 귀환시킨 일이었다.

미국도 뒤질세라 1961년 5월 5일 머큐리에 셰퍼드 중령을 승선시켜 우주에 쏘아 올렸으며, 이듬해 2월 20일에는 글렌 중령을 태운 우정 7호가 5시간 동안 지구를 3바퀴 도는 개가를 올렸다. 그러나 이러한 우주 경쟁은 계속 소련이 조금씩 앞서 갔기 때문에 미국의 애를 태우곤 하였다. 소련은 1962년 8월에는 보스토크 3, 4호를 쏘아 올려 우주 랑데부를 실험하였을 뿐만 아니라 그 후에 발사된 보스토크 5, 6호에 남녀 우주 비행사를 함께 보내어 성별 간의 차이도 실험하였다.

1965년 소련의 레오노프가 우주 산책을 성공시키자, 미국도 제미니 4호로 21분간의 우주 산책을 성공시켰다. 1965년 2월 3일에는 소련의 루나 9호가 달에 처음 착륙하고 뒤이어 미국의 서베이어호도 달에 착륙하는 등 그야말로 불꽃 튀는 경쟁을 하였다. 야심에 찬 미국은 1966년 제미니 11호가 아틀라스 로켓과 도킹을 하고, 1968년에는 아폴로 8호가 달 궤도를 돌면서 달의 모습을 TV에 생방송으로 중계하는 기술로 소련을 앞서가기 시작했다. 이때 보면 Bowman, 앤더스Anders, 러벨Lovell 세 사람은 지구를 떠나 38만 km를 69시간 동안 날았다.

드디어 인간이 달에 가는 로켓을 발사하는 그날(1969년 7월 16일)이 왔는데 미국의 케이프케네디에서는 36층 높이의 거대한 새턴 로켓이 하늘을 찢으며 불길을 내뿜었다. 그 이름은 아폴로 11호이며 대장 암스트롱•과 올드린Aldrin, 콜린스Collins 등 세 사람의 우주인이 승선하였다. 1단계, 2단계 로켓이 떨어져 나가고 지구로부터 4,800km 높이에서 3단계 로켓마저 떨어져 나갔으며, 이때부터 사령선(컬럼비아호)과 달착륙선(이글호)만 달을 향해 달리고 있었다.

사령선인 컬럼비아호는 나흘 뒤(미국 동부 표준시로 오후 4시 18분)에 달 궤도에 진입하였다. 암스트롱과 올드린은 우주복으로 갈아입고 달착륙선 이글호를 수동 조종하여 천천히 달의 고요의 바다(남서쪽 가장자리의 평원)를 향해 내려갔다. 이때의 시각은 1969년 7월 20일 오후 4시 17분 40초로, 관제 본부뿐만 아니라 전 세계인이 박수를 보낸 시간이다. 먼저 암스트롱이 왼발을 달의 표면에 내디뎠다. "이것은 한 인간의 작은 발자국에 불과하지만, 인류에게는 위대한 도약이 될 것입니다." 달에 첫발을 디딘 후 암스트롱이 한 말이다. 뒤를 이어 올드린이 내려와서 2시간 반 동안 머물며 성조기를 세우고, 각종 측정 장비들을 설치하고, 74개 국가의 원수들이 남긴 원판(글)과 우주 비행에 목숨을 바친 5명의 메달을 달에 남겨 두고 이글 호로 돌아왔다. 21시간 37분 동안 달에 머무른 후 이글호는 21일 오후 1시 55분 달을 떠나 컬럼비아호와 도킹하여 지구로 돌아왔다. 그 결과 달에는 토끼도 없고 계수나무도 없다는 것이 확인되었다.

아폴로 계획 전체에는 무려 250억 달러라는 막대한 비용이 투입되었다. 이렇게 엄청난 우주 개발 비용을 쓰기보다는 가난한 사람을 돕는 데 썼어야 한다는 의견도 있었다. 그러나 인간의 달 착륙이 '지구 상에 처음 생명체가 생긴 일' 만큼 중요하고 '창세기 이후 두 번째 중요한 사건'이라는 의견도 분분하였다.

지구와 함께하는 인간 생활

항해의 기준을 찾은 목수
- 크로노미터와 경도

아주 먼 옛날 사람들은 지구가 물 위에 둥둥 떠 있는 원반이라고 생각했고, 15세기 후반부터 지구가 둥글 것이라고 생각하기 시작했다. 이때부터 본격적으로 바다로 나아가려는 사람들도 많아졌지만 함부로 항해하기를 두려워했다. 왜냐하면 요즘처럼 해도가 있는 것도 아니고 근거가 될 만한 아무런 기준이 없었기 때문이다. 콜럼버스가 신대륙에 다녀오고 마젤란이 세계 일주를 한 이후에도 선박들은 바람이 부는 대로 흘러가거나, 아니면 추측 항법•에 의해 대양을 항해하였다. 세월이 흐르면서 외국과 무역하는 배들이 점차 많아졌지만 과학적인 항해 기법은 알려지지 않았다. 특히 경도經度를 알 수 있는 방법이 없었다.

육지에서는 목표물이 있기 때문에 어느 지점을 지나는 임의의 기준 zero point을 알면 대강의 위치를 계산해 낼 수 있었지만 바다에서는 그럴 수가 없었다. 그래서 당시에는 '추측 항법'과 위도선을 따라 항해하는 '평행 항법'이 널리 이용되었다. 이런 방법으로 항해를 하다가 구름이 많이 낀다거나 밤이 되면 뱃사람들은 장님으로 변한다. 더구나 갑작스럽게 태풍을 만난다면 난감하지 않을 수 없다. 따라서 당대의 유명한 탐험가들도 예외 없이 바다에서 길을 잃었는데, 그들은 하나같이 갈팡질팡하다가 간신히 목적지에 닿았고, 그때마다 무사한 것을 신의 은총으로 여겼다.

그러던 중 결국 큰 사고가 나고 말았다. 1707년 쇼벨Clowdisley Shovell 장군이

> 이미 알고 있는 지점을 출발점으로 하여 그 후에 배가 나아간 방향과 거리에 의하여 현재 배의 위치를 추산하면서 항해하는 방법

해리슨 시계_녹슬지 않는 소재로 제작되었으며, 윤활유를 치거나 먼지를 청소할 필요도 없었고, 배가 아무리 요동을 쳐도 부품들이 완벽한 균형을 유지할 수 있는 신비의 시계였다. (영국 그리니치 천문대 보관 중)

이끄는 4척의 영국 왕실 함선이 시실리 섬 인근에서 암초에 부딪히는 사건이 발생하였다. 이렇게 되자 실행 가능한 경도 측정 방법을 빨리 찾아야 한다고 난리가 났다. 이때부터 안전한 항해를 위해 경도의 기준선이 절실히 필요함을 느꼈다. 1714년 영국 왕실과 의회에서는 경도 위원회를 열어 경도법Longitude Act을 제정하고, 경도를 결정하는 방법을 제안하는 사람에게는 2만 파운드의 상금(경도상)을 주기로 하였다.

경도상은 많은 사람들에게 과학적 흥미를 유발시켰을 뿐만 아니라 기상천외한 제안들이 속출하였지만 대부분의 제안들이 경도 위원회에서 받아들여지지 않았다. 관심 있는 사람들 사이에서는 그리니치를 기준0°으로 하고 몇 시간 후에 얼마나 멀리 떨어져 있는지를 아는 어떤 메커니즘Mechanism일 것이라는 시간 개념이 널리 퍼지기 시작하였다. 하지만 당시의 시계들은 흔들리는 배 위에서는 속도가 느려지거나 빨라졌으며 기온 변화로 윤활유가 묽어지거나 진해지고, 기압의 상승 하락, 중력 차이, 금속 부품들의 수축과 팽창 등 수없이 많은 요인들 때문에 시계가 정확하지 않았다.

한편, 요크셔 출신의 해리슨John Harrison, 1693~1776은 정확한 시간만 알 수 있다면 가능하리라고 믿었다. 해리슨은 정식 교육을 받지는 않았지만, 20세쯤에 스스로 시계 만드는 기술과 이론을 터득하였다. 그도 경도상을 받기 위하여 연구에 박차를 가하였지만 여러 차례 실패를 겪었다. 드디어 1730년 해상 시계에 대한 기본 계획을 세우고 이를 실행하기 위하여 당시 왕실 천문학자였던 핼리(Edmund Halley: 2대 천문대장 역임)를 찾아가 도움을 청하고, 당대의 유명한 시계공이었던 그레이엄George Graham을 만나 시계가 완성될 때까지 자금과 기술을 지원받기로 하였다.

힘을 얻은 해리슨은 그때부터 피나는 연구와 노력 끝에 해상 시계인 크로노미터Chronometer를 완성하여, 전 유럽에 엄청난 반향을 불러일으켰다. 그 다음 단계의 시계를 제작하는 데는 약 19년의 세월이 흘렀지만 시계의 성능이 좋아지지 않았고, 자금 부족으로 개발이 중단될 위기에 처했다. 해리슨의 나이도 이미 62세1755가 되었다.

그는 좀 더 진보된 시계를 개발하기 위해 자금 지원을 요청했지만, 경도 위원회는 비우호적이었다. 이는 천문학자들에 의해 하늘에서 경도를 찾을 가능성이 높았기 때문이었다. 천문학계 인사들은 해리슨에게 단순한 시계공이라며 인간적인 모멸감을 주었으며 그의 기술을 질시했다. 뿐만 아니라 경도상을 심사하는 위원들도 천문학자가 경도상을 받을 수 있게 시상 규정을 뜯어고쳤다.

반면에 새로 임명된 천문대장인 맥클린Nevil Makelyne은 다른 천문학자들의 반대와 방해에도 불구하고 해리슨의 경도 개발 자금 요청서에 추천서를 써 주었다. 그 후 다시 연구를 시작한 해리슨이 우수한 시계H-4를 만들었지만 경도 위원회에서는 경도상을 수여할 수 없다고 잘라 말했다. 화가 난 해리슨은 시계의 비밀을 전 유럽에 공개하여 다른 시계 제조업자가 자기의 시계를 복사하여 만들 수 있도록 하겠다고 엄포를 놓았다. 또 일부 해리슨 옹호자들도 해리슨 시계를 더욱 발전시켜 디자인을 고치고 대량 생산의 길을 열게 되자, 조지 3세

George III, 1738~1820는 해리슨을 만나 자기가 직접 그 시계를 검증하기로 약속했다. 그리하여 1772년 5월부터 10주 동안 왕실에서 직접 해리슨의 시계를 실험하였는데, 하루에 평균 1/3초 정도의 오차가 나는 것을 확인하였다. 뿐만 아니라 세 차례에 걸쳐 세계 일주를 한 제임스 쿡을 통해 해상 실험을 병행한 결과, 시계의 성능은 거의 완벽하였다. 그런데도 경도 위원회에서 상금을 줄 생각을 하지 않자, 왕실에서는 특별 재정 위원회를 열어 해리슨에게 8,750파운드를 지급하라는 결정을 내렸다. 비록 학문적으로 인정받지 못하고 정상적인 경도상을 받지 못하였지만 세계는 그를 '경도를 발견한 사람'으로 인정하게 되었다. 약 40년에 걸친 정치적 음모, 학문적 중상모략, 국제적 전쟁, 과학적 혁명 및 변혁기, 경제적 격변 등 수많은 어려움을 이겨내고 정확한 시계를 만들어 경도선을 찾아낸 해리슨은 비록 시계공이었지만 천문학의 수준을 한 단계 끌어올린 사람이다.

아무렇게나 그은 벽돌 자오선
– 본초자오선

그리니치Greenwich는 런던 변두리에 있는 조용한 교외 도시로 시내에는 아직도 중세의 역사적인 건물이 많이 남아 있다. 조그마한 이 도시가 전 세계적으로 이름이 알려지게 된 것은 1675년에 설립된 그리니치 천문대 때문이다.

영국의 천문학자 플램스티드John Flamsteed, 1646~1719는 태양·달·행성의 위치를 파악하기 위하여 천문대를 건설하는 것이 급선무라고 생각하고, 국왕에게 천문대를 설립하는 문제를 제안하였다. 국왕(찰스 2세)도 천문 관측과 안전한 항해를 위하여 천문대를 설립하는 것이 중요하다고 생각하였다. 그래서 초대 천문대장1675~1719에 플램스티드를 임명하였고 건설은 육지 측량부의 측량대장 무어Jonas Moore에게 지시했는데 이것이 오늘날의 그리니치 천문대이다. 천문대의 설계와 감독은 천문학 교수인 렌Christopher Wren, 1632~1723이 맡았고, 자금 조달은 오래된 화약을 판매하여 일부 충당하되 500파운드 이상 투자되어서는 안 된다는 단서를 달았다.

그리니치 천문대를 세운 후 천문 지도(별자리 지도)를 만들기 위하여 가장 먼저 천문대 벽에 자오선을 그었는데, 그 최초의 자오선은 초대 천문대장 플램스티드가 그었다. 천문대를 설계한 렌도 새로운 자오선을 그었는데, 플램스티드가 그은 자오선보다 약간 서쪽으로 위치를 옮겨서 그었다고 한다. 제2대1720~1742 천문대장이 된 핼리Edmund Halley는 플램스티드가 그은 벽돌 자오선brick meridian의 벽이 아래에서부터 침강하기 시작하는 것을 발견하고 또 새로운 자오선을 그었다. 이때는 당초의 자오선보다 약간 동쪽으로 옮겨서 그었다. 뿐만 아니라 새로운 망원경이나 개선된 장비가 도입될 때마다 관측하기에 좋은 장소로 자오선의 위치가 조금씩 바뀌게 되었다. 그래서 플램스티드가 그은 최초의 자오선에서 서쪽으로 '렌 자오선', 동쪽으로는 '핼리 자오선', '브래들리 자오선' 그리고 '에어리 자오선' 등으로 변해 갔다. 이것들이 오늘날 본초 자오선의 뿌리가 되었다. 아마도 당시의 천문학자들은 자기들이 아무렇게나 벽에 그은 선들이 오늘날 세계의 경도 기준이 될 것이라고는 생각하지 못하였을 것이다.

그리니치 천문대_1675년 8월 10일에 설립된 영국 왕립천문대로. 1967년 7월에 "Old Royal Observatory"로 개칭하여 지금은 박물관으로 사용 중이다. 세계의 보물인 해리슨 시계가 전시되어 있다.

   1884년 10월 워싱턴에서 국제 자오선 회의International Meridian Conference가 열렸다. 당시에는 아조레스 제도, 카보베르데 제도, 로마, 런던, 코펜하겐, 예루살렘, 페테르스부르크, 피사, 파리, 필라델피아, 카디스, 크리스티아니아(오슬로의 전 이름). 리스본, 나폴리, 리우데자네이루, 스톡홀름 등 각 나라 또는 도시마다 자기들 나름대로의 기준 자오선을 사용하고 있었다. 즉 각 나라마다 측량이나 지도를 만들 때 자오선의 기준도 틀리게 사용하였다는 말이다. 이런 것이 자기 나라에서는 큰 불편이 없었다. 그러나 유럽과 같이 많은 나라가 붙어 있는 지역에서는 자기 나라 지도에 이웃 나라를 그려 넣으려고 할 때 서로 간에 사용하는 자오선 기준이 달라 연결할 수가 없었다. 그래서 통일된 기준 자오선이 필요하다는 것을 생각하게 되었다.

   그러나 기준 자오선(본초자오선)의 결정은 자기 나라만의 문제가 아니었다. 유럽의 각 나라들은 이때부터 본초자오선의 결정 문제 때문에 정치적으로 민감하게 움직였다. 이것은 각 국가마다 자존심이 걸린 문제이기도 했다. 왜냐하면 어느 나라나 자기 나라를 지나는 자오선이 본초자오선으로 결정되기를 바라고 있었기 때문이다. 국제 자오선 회의는 이를 통일하기 위하여 열렸는데, 회의에 출석한 25개국 중 22개국이 영국의 그리니치 왕립천문대를 지나는 자오선을 본초자오선으로 인정하였다. 이때부터 각 국가마다 사용하던 자오선이 종말을 고하게 되었다. 당시 그리니치 천문대에 위치하던 본초자오선은 폐기되고, 그곳에서 동쪽으로 100m 떨어진 곳에 지오이드를 기준으로 한 새로운 본초자오선으로 대체되었다.

 이사 다닌 천문대

그리니치 천문대는 1676년 7월 10일 완성되어 약 350년 간 관측 업무를 수행하였다. 그러나 1920년경부터는 천문대에 공급되는 전력이 부족하고 인근의 철도 건설로 인한 자기장이 관측에 영향을 주어 기상을 담당하던 부서가 서리 주로 옮기게 되었다. 제2차 세계 대전 중이던 1939년에는 대부분이 피난을 가고 그리니치의 활동은 최소화되었다. 또한 1940년경부터는 천문대 인근에서 스모그와 먼지 그리고 고층 건물에서 나오는 불빛 때문에 관측에 어려움을 겪게 되었다. 전후 빛 공해를 피하기 위해 1947년부터 천문대 전체를 서식스 주 허스트몬슈(Herstmonceux Castle, 320에이커)로 옮기고, 1970년에는 카나리아 제도의 라스팔마스로, 1990년에는 케임브리지로 옮겨서 관측을 하고 있다.

손목시계의 시침을 돌려라
- 시간의 기준

　　19세기 중엽까지 세계의 각 도시는 고유의 시간 기준을 사용하고 있었다. 그때는 시간 기준을 어디다 두어야 할지 국제적인 협약도 없었기 때문에, 땅이 넓은 나라에서는 자기 나라 내에서도 균일하지 않은 시간 기준을 사용하고 있었다. 당시만 해도 시간의 기준을 정하는 특별한 방안이 없었기 때문에 장거리 여행을 할 때 손목시계의 시침을 여러 번 바꾸어야 하는 불편을 초래하였다. 그나마 다행스러운 것은 대부분의 도시가 하루를 24시간으로 정해 놓은 것이었다. 이때는 하루의 시작을 정오낮 12시로 잡았는데, 이것은 태양이 천정에 도달해서 지방 자오선을 통과하는 시작점이라고 생각했기 때문이었다. 그리고 1925년에 하루의 시작을 정오에서 자정으로 바꾸었다.

　　세계의 모든 나라가 각기 자기 나라의 일정 장소를 통과하는 시간을 정하여 사용한다면 생활에 큰 혼란이 생긴다. 특히 땅이 넓은 미국의 경우는 동부에서 알래스카까지 7시간의 시차가 생긴다. 한때 미국에서는 약 80개 이상의 철도 시간 체제를 가졌던 적도 있었다. 구소련도 땅이 넓어 10시간의 시차가 있는데, 각 도시마다 사용하는 시간 기준이 다르기 때문에 많은 혼란이 야기되었다. 이렇게 되자 세계적으로 통일된 시간대time zone를 만들기 위한 논의가 계속되었다. 그러던 중 미국의 도드Charles Ferdinand Dowd, 1825~1904 교수가 최초로 국제적인 시간 시스템을 발표하였다. 이것은 경도 15°마다 1시간씩 부여한 것으로 각각의 15°에 포함되는 지역의 시간은 같이 사용한다는 원칙이었다.

도드 교수의 제안은 1883년 미국에서 법으로 정해졌는데, 마침 세계의 기준 자오선을 어디에 설치해야 하는지의 문제도 함께 제기되었다. 1884년 국제 자오선 회의가 열려 세계의 중심 자오선을 영국의 그리니치로 정했는데, 이때 이 선의 동쪽과 서쪽으로 각각 12시간씩 나누어 시간 시스템을 정하기로 하였다. 드디어 지구 상의 모든 국가가 하나의 세계시universal time로 통일되었다.

지구의 기준선인 본초자오선도 결정되었고, 지구가 15°씩 돌아가면 1시간이 변하는 시간대의 기준도 결정되었다. 그래서 각 나라는 경도 15°마다 1시간씩 변하는 지방시를 쓸 수 있게 되었다. 각 지역마다 1시간을 단위로 하여 서로 다른 시간을 설정했으며, 주어진 시간대 안에서는 분과 초가 서로 같도록 설정되었다. 본초자오선이 지나는 영국 런던에서 서쪽으로 12시간 또는 동쪽으로 12시간 가서 마주치는 곳에 날짜 변경선International date line도 정해졌다. 이 선에서 동쪽으로 가면 하루를 득 보고 서쪽으로 가면 하루를 손해 보는 셈이 되었다. 그러므로 날짜 변경선의 좌측에 있는 뉴질랜드를 비롯한 태평양 상의 조그마한 섬들이 지구 상에서 하루가 가장 먼저 시작되는 곳이다.

우리나라는 동경 127° 부근(동경 124°~132°)에 위치하는데, 우리나라의 어느 곳도 지나가지 않는 동경 135°가 시간의 기준선으로 결정되어 있다. 즉, 그리니치로부터 9시간 차이가 난다. 이것은 일제 강점기에 일본과 같은 시간대를 사용한 데서 유래된 것으로 생각된다. 우리나라는 1시간의 시차가 있는 동경 120°와 동경 135°의 중간 지점에 있기 때문에 120°나 135° 중 하나를 선택해야 한다. 그렇지 않으면 중간 지점인 동경 127.5°로 시간 기준을 재조정해야 한다. 만약 우리나라의 시간 기준을 동경 127.5°로 재조정한다면 국제적으로 1시간씩 정하고 있는 상황에서 균형이 맞지 않으며, 지금보다 30분 늦게 기상한다고 해도 별로 도움이 될 게 없다. 또 배일 감정을 앞세워 중국을 지나는 동경 120°를 사용한다면 지금보다 1시간 늦게 아침이 시작되어 여러 분야에서 혼란이 야기된다. 그러므로 기왕에 정해진 동경 135°를 사용할 수밖에 없는 것이다.

모든 물질은 찰나와 겁 사이에 존재한다
– 측정의 단위

지구 상에 존재하는 것은 무엇이든지 어떤 양으로 존재한다. 그리고 사물의 존재나 그 존재의 변화는 모두 물리량(단위)으로 표현될 수 있고, 이 물리량의 변화 작용을 파악하면 상호 관계를 미루어 추측할 수 있다. 존재를 나타내는 것 중의 하나인 '길이'는 공간을 표현하는 가장 기본적인 물리량이다. 2차원이면 면적, 3차원이면 부피와 형태가 되고, 길이의 비율로 방향이 설정되며 좌표 체계가 구성된다. 또 공간상의 길이 또는 거리는 두 점의 상관성을 나타내는 가장 기초적인 양으로서, 길이는 물체의 크기를, 거리는 두 장소가 서로 멀리 떨어진 정도를 나타내는 데 사용된다.

이러한 길이와 거리 그리고 면적과 부피를 비롯한 공간의 규모를 알 수 있는 측정의 기준은 눈 깜짝할 사이에 지나가는 지극히 짧은 순간인 '찰나•'와 셀 수 없을 정도로 기나긴 세월을 일컫는 '겁•' 사이에 존재한다. 하지만 인간은 이것들을 잴 수 있는 수단(단위)을 정해 놓았다.

길이 또는 거리는 평면 길이, 곡면 길이, 공간 길이 등으로 구분할 수 있다. 오늘날 대부분의 국가에서는 길이의 기본 단위를 미터로 하고 있다. 1795년 프랑스에서 처음 제정된 1m는 지구의 4분원(북극과 적도 사이에 끼인 자오선 호 길이의 천만 분의 1)으로 제안되었다. 그 후 1792~1798년에 실측을 위하여 파리를 통과하는 자오선상에 있는 됭케르크(북위 52°02')와 바르셀로나(북위 41°22') 사이의 거리1,070km를 삼각 측량•으로 재어 미터원기•를

찰나(刹那, Ksana)와 겁(劫, kalpa) 찰나는 불교에서 시간의 최소 단위를 나타내는 말로 산스크리트 어 '크사나', 즉 순간(瞬間)의 음역이며 75분의 1초에 해당한다. 겁은 불교에서 시간의 단위로 가장 길고 영원하며, 측정할 수 없는 무한한 시간을 나타낸다.

만들었다. 이것은 백금과 이리듐Iridium의 합금으로 만든 눈금자였다. 이렇게 확정된 미터원기는 극히 미세하지만 온도 변화와 경연 변화를 가지기 때문에 좀 더 정확한 기준이 필요하게 되었다.

1960년 제11차 국제도량형총회CGPM에서는 길이의 기준으로 파장이 가장 안정된 크립톤• 원자의 오렌지색 스펙트럼의 진공 중 파장을 선택했다. 그리고 1m를 그 1,650,764배와 같은 길이로 정하였다. 또 1973년 가스 레이저를 이용하여 광속도를 정확하게 관측한 값이 발표된 이후, 광속도의 값과 시간 '초'의 관계를 재정의하려는 안이 많은 지지를 받아 왔다. 그러다가 1983년 제17차 국제도량형총회에서 '1m는 무한히 확산되는 평면 전자기파가 1/299,792,458초 동안 진공 중을 진행하는 길이'로 변경 채택되었다.

이와 같이 초기에 지구의 둘레를 기준으로 삼았던 미터의 정의가 파장이 일정한 파동 또는 광속을 이용한 빛의 주행 시간으로까지 발전한 것은 미세한 오차라도 없애기 위하여 노력한 과학자들의 땀의 결과였다.

항해에서 사용되는 길이의 단위는 해리라고 하는데, 이것은 자오선의 위도 1′의 평균 거리를 말한다. 지구는 360°이고 1°의 길이를 111.12km로 계산하여 60으로 나눈 값으로, nmile로 나타낸다. 이것은 영국의 천문학자 에드먼드 건터Edmund Gunter, 1581~1626가 제안한 것으로 17세기부터 사용해 왔다. 해리는 지구 탐험 시대에 항해하는 배의 위치를 판단하기 위하여 별을 보고 거리와 시간을 측정하는 수단으로 사용한 데서 연유되었다. 국제단위계SI와 함께 사용이 허용된 1국제해리는 1929년에 열린 국제수로회의에서 1,852m로 협정되었다. 배의 속도를 나타내는 노트는 1시간에 1nmile를 진행하는 속도로 나타내며1kn=1nmile/h=1,852/3,600m/s, 항해마일nautical mile이라고도 한다.

하늘에서 거리를 가늠하는 단위는 주로 3개가 쓰이는데 광년(光年, Light-year, ly), 천문단위Astronomical Unit, AU, 파섹parsec, pc 등이 있다. 광년은 빛의 속도로

三角測量, triangulation. 측량 공학에서 거리와 각도를 측정하여 위치를 결정하는 기법.

prototype meter. 1875년 체결된 미터 조약에 따라 길이의 기본 단위로서 1m를 정의하는 기준으로 만들어진 자[尺].

krypton, kr. 주기율표 18족인 비활성 기체에 속하는 원소 공기보다 3배 정도 무겁고 무색·무미·무취이다. 지구 대기에는 매우 많아 1.11ppm 정도 된다.

방안에서 전구를 켜면 바로 환해지듯이 무척 빠르다. 아무리 빠른 총알도 아직 빛을 따라 잡지 못한다. 우리가 알고 있는 한 빛은 우주에서 가장 빠르다. 하지만 아무리 빠른 빛도 1초의 시간이 주어지면 무한정으로 나아가는 것이 아니다. 빛은 1초에 지구를 7바퀴 반만큼 돌고 태양까지는 8분24초가 걸린다. 이렇게 빠른 빛도 1초에 지구를 10바퀴 돌 만큼 더 빠를 수는 없다는 말이다. 결국 빛은 1초에 30만299,792 km 이상은 나아갈 수가 없다는 말이다. 이렇게 빛이 1년 동안 나아가는 거리를 1광년이라고 한다. 1광년을 계산하려면 60초와 60분, 24시간, 여기에 365일을 곱해야 한다. 즉, $299,792 \times 60 \times 60 \times 24 \times 365 =$ 약 9조 4600억 km$_{9.460 \times 10^{12} km}$인데 대략 9조 5천 억 km이다. 빛의 속도로 안드로메다은하까지는 230만 광년, 시리우스까지는 8.6광년, 지구에서 가장 가까운 켄타우루스자리 프록시마Proxima 항성까지도 4.3광년이 걸린다.

천문단위는 주로 태양계 내에서 거리를 표현할 때 쓰이는 기본 단위이다. 지구에서 태양까지의 평균 거리인 1억 4천 960만 km$_{(1.496 \times 10^{11})}$를 1로 정했는데, 이것은 1964년 독일 함부르크에서 열린 국제천문학연맹에서 제정되었다. 파섹은 항성과 은하의 거리를 나타내는 단위로 쓰이는데 연주 시차인 각거리가 1초"인 곳까지를 말한다. 지구의 공전 궤도 지름을 기선其線으로 했을 때 지구에서 관측되는 천체의 시차視差가 1초가 되는 거리이다. 1pc=206265AU=3.26광년에 해당한다. 이런 방법으로 알아낸 달의 시차는 1°54′5″이고, 이 값으로 계산한 달까지의 평균 거리는 384,403km이다.

이와 같이 지구 및 우주 공간에는 여러 가지 측정 단위가 있다. 이것도 각 나라마다 조금씩 다르지만 세계적으로 육지에서는 m와 km, 하늘에서는 km와 mile, 바다에서는 해리, 우주에서는 광년, AU, pc가 사용되고 있다. 이들 모두는 찰나와 겁 사이에 존재한다.

지구는 1초의 오차도 허용치 않는다
– 초(秒)

시각과 시각 사이의 간격을 나타내는 단위로 '초'가 가장 기본으로 사용된다. 그러므로 1분, 1시간, 하루, 1년도 '1초'가 기준이다. '초'라는 시간 단위도 하나의 물리량으로서 길이 및 질량 단위와 함께 기본 단위로 사용된다. CGS단위계•와 MKS단위계•에서도 다 같이 초가 기본으로 사용된다. 1초가 얼마나 중요한가는 100m 달리기를 할 때 보면 알 수 있다. 그 때는 1초가 아니라 0.001초까지 정밀히 측정해야 한다. 0.001초 때문에 세계 챔피언이 되고 못 되는 갈림길에 서기 때문에 당사자뿐 아니라 그들이 속한 나라에서는 희비가 엇갈릴 만큼 중요하다.

국제단위계SI의 7가지 기본 단위 가운데 하나인 초는 1956년 국제도량형위원회가 기준년을 1,900년으로 하고 지구가 태양을 한 바퀴 도는 데 걸리는 시간(1년)으로 정의했다. 즉, 1태양년•이 약 31,556,926초가 된다는 의미이다. 이것을 분60, 시간60, 일24로 나누면 태양력상 1년의 평균값은 365.2422일(365일 5시간 48분 46초)이 된다. 그러므로 1일은 지구가 자전축에 대하여 1회전하는 평균 주기(86,400초)라고 이해하면 된다. 그러나 지구 자전 속도가 일정하지 않다는 것을 알게 되자, 절대적 기준으로 사용하기는 어려워졌다. 즉 지구에서 일어나는 조석 마찰, 중심핵의 운동, 계절적인 기상 현상 등으로 지구 회전 주기에 미세한 변화가 발생하는데, 이것을 인위적으로 조정할 수가 없기 때문에 과학자들은 다른 방안을 찾게 되었다.

길이, 질량 시간의 단위를 각각 센티미터(cm), 그램(g), 초(s)를 기본 단위로 삼는 단위계로, 1832년 독일의 수학자 가우스가 제안하였다.

길이, 질량 시간의 단위를 각각 미터(m), 킬로그램(kg), 시간(s)를 기본 단위로 하는 단위계이다.

太陽年, solar year. 태양이 황도를 따라서 천구를 일주하는 주기. 회귀년이라고도 한다.

과학이 발달함에 따라 분자나 원자가 흡수 또는 방출하는 에너지량이 일정한 진동 주기를 갖는다는 것을 알게 되었다. 1958년 미국국립물리연구소와 해군 천문대는 마이크로파에 의해 자극을 받는 세슘 133 원자에서 방출된 복사의 진동수를 결정하는 실험을 수행했는데, 이때 세슘Cs의 초미세 전이Hyperfine transition가 규칙적임을 확인하였다. 그리고 바닥 상태基底狀態에 있는 두 개의 초미세 에너지 준위 사이의 전이진동轉移振動에서 방출되는 복사선이 약 92억 번 진동하는 시간을 1초로 정했다. 그 후 1967년 국제도량형총회에서 이것을 국제 시간의 기준으로 채택하였으며 원기는 독일의 본에 있다.

세슘 원자시계Atomic clock, Cesium clock는 오차가 거의 없어 1,000년에 0.003초 이하밖에 차이가 나지 않는다고 한다. 그래서 세계적으로 실험실이나 관측소에서 많이 운용 중이다. 또한 항공기와 각국의 관제소 사이에 많이 이용되고 있으며, 지구를 돌고 있는 GPS 위성에도 탑재되어 있다. 그러나 과학자들은 이에 만족하지 않고, 진동수가 약 14억 번인 수소 메이저(불연속 마이크로파원)로 조절되는 시계, 루비듐Rubidium 원자를 바탕으로 한 시계, 수정 시계 등도 만들었다. 그러나 이것들 모두 세슘 시계만큼 정확하지는 않았다고 한다.

Observatoire de Paris. 파리의 뤽상부르 공원 남쪽에 있는 국립 천문대. 1667년에 설립되었으며, 이곳에 있는 국제시보국은 오늘날 전 세계 천문대의 표준 시간을 결정한다.

Universal Time Coordinated, UTC. 평균 태양시를 원자시에 가미한 시간 체계. 즉 초는 원자시계를 따르고 시각은 평균 태양시로부터 멀어지지 않도록 조정하는 방법이다.

1919년 브뤼셀에서 열린 국제 학술회의에서 각국이 독립적으로 사용하던 표준시를 통일하자는 제안에 따라 국제시보국Bureau International de l'heure을 파리 천문대• 내에 설립하였다. 이 기구는 시간 단위의 확립 및 시각의 국제적 통일을 주 임무로 하고 있다. 또 각국이 독립적으로 사용하는 시를 통합 조정하여 더욱 정밀도 높은 국제 원자시를 확정·공표하였는데, 특히 초 단위부터 국제적으로 통일 유지시키는 일을 하고 있다. 그래서 협정세계시•를 도입하였으며, 1958년 1월 1일에 국제 원자시TAI와 협정세계시를 일치시켰다. 그러나 지구 자전 속도가 느려지거나 빨라지기 때문에 원자시계와 협정 세계시 사이에 벌어진 간격을 맞추기 위하여 1년에 1, 2회 필요에 따라 윤초를 실시하고 있다.

윤초

지구 자전 속도와 원자시계의 차이(1초)를 윤초(閏秒, leap second)라고 하는데 이는 지구 자전 속도가 불규칙한 데서 비롯되었다. 국제협정에 의하여 인위적으로 유지되고 있는 협정세계시(協定世界時, Universal Time Coordinated; UTC)와 영국의 그리니치 천문대를 통과하는 자오선을 기준으로 삼은 세계시(世界時, Universal Time; UT)가 차이 날 때 조정하는 것이다. 윤초는 ±0.9초 이내에서 관리하기 위하여 조정하는데, 필요에 따라 12월과 6월 또는 3월과 9월 말일의 최종 초 뒤에 윤초(1초)를 삽입하거나 삭제한다. 즉 지구의 자전이 늦어져 협정세계시가 빨라지는 경우에는 협정세계시의 23시 59분 59초 다음에 1초를 삽입하는 양(陽)의 윤초가 실시되고, 그와는 반대로 지구의 자전이 빨라져 협정세계시가 늦어지면 음(陰)의 윤초로 조정하도록 되어 있다. 윤초가 처음 도입된 1972년 이후 지금까지 24회 적용하였으며, 가장 최근에는 2008년 12월 31일 오후 11시 59분 59초(UTC)에서 2009년 1월 1일 0시(UTC)로 넘어갈 때 적용하였다. 참고로 그리니치 평균태양시(Greenwinch Mean Time; GMT)는 용어상 혼동을 없애기 위하여 세계시라고 부르는데, 협정세계시와는 다르다.

산야에 묻힌 돌말뚝
– 측량 기준점

지구 상의 어느 점을 지도상에 표시할 때 아무렇게나 대충 그려 넣을 수는 없다. 이때 반드시 기준이 되는 점과 선이 필요하다. 그 기준이 되는 선이 영국의 그리니치를 지나는 자오선(본초자오선: 경도 0°)과 적도선이다. 우리나라의 경우도 그리니치를 지나는 자오선과 적도선을 0°0′0″로 출발하여 위치가 정해져 있다. 그러면 우리나라 내에 있는 각 지점의 위치는 어떻게 알 수 있을까?

어떤 한 지점의 위치를 알기 위하여 매번 영국의 본초자오선과 적도선에서부터 측량을 해 온다는 것은 불가능한 일이다. 그래서 우리나라는 1981년부터 1985년 사이에 천문 관측을 실시하여 우리나라의 경위도 원점을 수원의 국토지리정보원에 정해 놓았다. 이 경위도 원점의 위치 좌표는 동경 127°03′05″.1451, 북위 37°16′31″.9034이다.

수원에 있는 경위도 원점은 수원이나 인근에 사는 사람들이나 기술자들이 이용하기에는 편리하지만, 광주나 부산처럼 수원으로부터 거리가 먼 곳에 사는 사람들이 이용하기는 어렵다. 그렇다고 측량 기계를 들고 수원까지 올

대한민국 경위도 원점_우리나라의 모든 위치의 기준이 되는 점(삼각점)으로 국토지리정보원(옛 국립지리원) 내에 설치되어 있다.

수도 없지 않은가? 이를 해소하기 위하여 전국에 일정하게 만들어 놓은 것이 삼각점•이다. 수원의 경위도 원점을 기준으로 전국의 산야에 3~4km 마다 삼각점을 배치하여, 굳이 수원까지 올 필요 없이 가까운 지역의 삼각점에 측량 기계를 설치하여 측량을 할 수 있게 만들어 놓았다. 그러나 불행

三角點, trigonometric point. 삼각 측량을 할 때 사용되는 기준점. 전국에 일정한 분포로 삼각망을 형성하고 있으며, 측량의 정확도나 규모에 따라 정밀 1차 기준점과 정밀 2차 기준점으로 나눈다.

하게도 전국의 산야에 묻혀 있는 삼각점은 한일 병합 후에 일본인들에 의해 만들어진 것이다. 이것들은 일본의 동경 원점에서 끌어온 것인데 대마도와 우리나라의 거제도, 영도를 잇는 삼각 측량을 실시하여 전국의 산하로 연결한 것이다.

우리나라의 높이 기준점은 어디일까? 우리나라의 해발 고도를 나타내는 높이의 기준점(수준 원점)은 인천의 인하대학교 구내에 설정되어 있으며 그 높이는 26.6871m이다. 해발 고도는 평균 해수면을 기준으로 잰 높이인데, 해수면은 항상 변하기 때문에 어느 때를 기준으로 할지가 매우 어렵다. 동해, 황해, 남해의 해수면 높이도 각각 다르다. 그러므로 어느 곳의 해수면을 이용하고 또 얼마를 기준으로 할지 알 수가 없다.

그래서 해수면이 가장 많이 올라갔을 때(만조선)와 가장 많이 내려갔을 때(간조선)의 높이로 평균 해수면을 측정하여 기준을 정한다. 그러나 이러한 평균 해수면0.00m은 항상 움직이기 때문에 값(실존하지 않음)을 육지에 옮겨 놓아야만 실제의 위치 결정에 이용할 수 있다. 그러나 이 또한 인천 부근에 사는 사람들은 사용이 용이할지 모르나 산간 지방이나 남해안 등 먼 지역에 있는 사람들이나 기술자들은 사용하기에 불편하다. 그래서 국토지리정보원에서는 전국의 도로를

水準點, benchmark, 기준 수준면에서의 높이를 정확히 구해 놓은 점

따라 2~4km마다 수준점•을 만들어 놓았다.

이러한 삼각점과 수준점은 우리나라 국가 기본도인 1:25,000과 1:50,000 지형도에 표기되어 있다. 산야에 묻힌 돌말뚝인 삼각점과 수준점에 의해서 측량을 실시하여 각종 건설에 필요한 위치 좌표를 구하고 있는 것이다. 아직도 지적도와 관계된 측량을 실시할 때는 반드시 삼각점을 이용하여 평면 위치를 구해야만 한다.

최근에는 위치 결정에 GPS라는 장비를 이용하여 보다 효과적으로 이용되고 있다. 즉, 범세계 위치 결정 체계인 GPSGlobal Positioning System는 하늘로부터 지구의 위치(좌표)를 파악하는 것으로, 앞서 설명한 삼각점이나 수준점 역할을 하고 있다. 24개의 GPS 위성은 2만 km 상공에서 지구 주위를 돌면서 자료를 지구로 보내는데, 이때 발사한 전파(방송파)를 지구에서 수신하여(시간) 관측점의 위치를 구하는 방법이다. GPS 상시 관측소(GPS 기준점)는 국토지리정보원에서 관리하던 14개소가 있었지만 2008년 새 정부가 들어서면서 부처 간 통합으로 행정자치부 지적과에서 관리해 오던 30개를 더하여 총 44개가 운영되고 있다. GPS 기준점 활용으로 국가 기간산업의 근간인 측량의 기준점, 지도 제작, 항공, 항해, 차량항법Car Navigation, 지각 변동 연구, 위치 정보, 학술 연구 등을 위한 데이터 제공 등 정보화 사회의 중추적인 역할을 수행하고 있다.

호랑이는 어디에 앉아 있는가?
- 우리나라의 위치

한반도의 땅 모양을 호랑이 형상으로 그린 그림을 보면, 화가에 따라 조금씩 차이는 나지만 대체로 호랑이의 오른쪽 앞발은 두만강 부근, 머리는 백두산 일대, 왼쪽 앞다리는 압록강, 등뼈는 백두대간, 오른쪽 뒷발은 해주 반도 일대, 궁둥이 부분은 대구·부산, 왼쪽 뒷발은 제주, 꼬리로는 목포 일대를 표현한다. 이런 그림은 호랑이가 앞발을 들고 대륙을 향하여 포효하는 듯한 모습이다. 이렇게 호랑이로 의수화擬獸化한 한반도는 세계 속의 어디쯤에 위치할까?

세계 지도를 펴놓고 보면 한반도는 아시아에 속하는데, 아시아 중에도 동북 아시아 지역에 속한다. 동북아시아에는 남북한·일본·중국의 동북 3성, 러시아의 극동 지역과 몽골이 포함된다. 넓게 보면 중국 상하이 이북 연안 지역, 러시아의 동서 시베리아 및 홍콩과 타이완도 여기에 속한다. 중국의 경우에는 땅이 워낙 넓기 때문에 동북아시아 지역이라고 할 때 영토 전체가 포함되기도 하지만, 보통은 일부 지역만 포함된다. 러시아는 유라시아 대륙에 걸쳐 있기 때문에 러시아 전체를 동북아시아로 분류하지는 않는다.

아무튼 호랑이 형상의 한반도의 영역은 북으로는 중국의 만주 지역, 동으로는 동해와 일본, 서로는 황해와 중국 본토 그리고 남으로는 태평양으로 연결되는 남해로 둘러싸여 있다. 일본에 의해 태평양이 막혀 있는 형국이지만, 3면이 바다로 둘러싸여 있기 때문에 어느 곳에서든지 바다로 나아갈 수 있는 길이 열려 있다. 또한 남북이 통일되면 대륙으로 뻗어 나갈 수 있는 좋은 입지 조건도

구분	방위	지명	경위도
섬 포함	극북	함북 온성군 남양면 풍서동 유원진 북단	북위 43°00′39″
	극남	제주 남제주군 대정읍 마라도 남단	북위 33°06′40″
	극동	경북 울릉군 도동1번지 독도 동단	동경 131°52′42″
	극서	평북 용천군 신도면 마안도 서단	동경 124°11′00″
섬 제외	극북	함북 온성군 남양면 풍서동 유원진 북단	북위 43°00′39″
	극남	전남 해남군 송지면 남단	북위 34°17′16″
	극동	함북 경흥군 노서면 동단	동경 130°41′22″
	극서	평북 용천군 용암포읍 서단	동경 124°18′35″

갖추고 있다.

한반도의 정확한 위치를 수치(경위도)로 알아보면, 한반도의 극동은 독도로서 동경 131°52′42″이고, 극서는 북한의 신의주 부근에 있는 마안도로서 동경 124°11′00″이다. 또 극남은 제주도 밑에 있는 조그마한 유인도인 마라도로서 북위 33°06′40″이며, 극북은 북한과 러시아의 접경 지역인 함북 온성군 남양면으로 북위 43°00′39″이다. 우리나라는 남북으로 대략 북위 33°~43°, 동서로는 124°~132°에 자리 잡고 있어 대체적으로 경도의 폭은 약 7°~8°이며, 위도는 약 10°의 영역 안에 위치하고 있다. 이때 사용되는 경도는 영국의 그리니치 천문대로부터 따온 것이고, 위도는 적도에서부터 올라온 수치이다.

방향의 기준은 동쪽이 아니다
– 방향과 북쪽

지구 위에 살고 있는 우리는 동서남북의 방향을 생활 속에서 많이 활용하고 있다. 목적지를 찾아갈 때, 집을 구입할 때, 묏자리를 잡을 때, 운동장이나 비행장을 건설할 때 등 수없이 많은 일에 방향을 설정해야 한다.

방향을 표시할 때 동, 서, 남, 북을 각각 별개로 나타낼 수도 있고, 두 방향씩 묶어서 나타낼 수도 있다. 나침반이나 지도의 색인표를 보면 동, 서, 남, 북의 영문 첫 글자를 따서 N(북), S(남), E(동), W(서) 또는 NE(북동), NW(북서), SE(남동), SW(남서)로 표시한 것을 볼 수 있다. 이것이 방향을 나타낼 때 기본이 되는 것이다.

방향은 일기 예보 시간에 가장 많이 들을 수 있다. 그런데 일기 예보에서 '바람이 동쪽에서 서쪽 방향으로 분다'라고 할 때, 위치는 무시된다. 방향을 이야기할 때는 단순히 '어느 곳으로 향하는 선 또는 점'으로 이해하면 된다. 예를 들어 'A 지점에 서서 시청 방향'이라고 할 때, 그것은 어떤 목표물의 방향이지 동, 서, 남, 북의 방향은 아니다. 또 시청에서 남쪽 방향이라고 할 때는 시청이라는 기준을 정하고 거기서부터 남쪽이라는 방향성이 숨어 있다. 어떤 지점에서서 45° 방향에 시청이 있다고 할 때는 '북으로부터'라는 전제가 포함되어 있다. 이렇게 방향이나 방위는 적용하는 기준(선)에 따라 그 뜻이 달라질 수 있다.

초기 유럽에서는 '동양Orient' 또는 '동방the East'이란 용어를 많이 썼다. 이것은 주로 중국을 가리키는 단어로 통칭되기도 했지만, '동쪽 방향'이란 의미

16 방위｜방위는 공간에서 어떤 기준에 의하여 일정한 방향 또는 그 방향에서 측정한 다른 방향을 표시하는 말로서, 4방위, 8방위, 12방위, 16방위, 32방위 등으로 나눌 수 있다.

도 내포되어 있었다. 그리스 시대의 학자들도 자기들이 사는 나라의 동쪽 또는 지중해의 동쪽이란 의미로 사용했음직하고, 또 태양이 동쪽에서 뜨기 때문에 동쪽 방향이 중요한 의미로 자리매김했을 것으로 생각된다. 한편 우리나라와 일본 사이에도 '동해'라는 지명 때문에 문제가 되고 있다. 유럽의 동쪽에 있는 바다 또는 중국의 동쪽에 있는 바다였기 때문에 '동해'라는 지명이 오래도록 구전되어 오지 않았나 싶다. 오리엔테이션orientation이 '방위' 또는 '동쪽을 찾아내기'라는 뜻을 갖게 된 것도 서양 사람들이 동쪽의 땅에 와서 방향 감각을 잃고 헤맨 데서 유래되지 않았을까 하고 추측해 본다. 그러므로 당시 사람들은 방향의 기준을 동쪽으로 이해했을 것으로 생각되며, 따라서 중요한 시설물(종교적인 건물)은 동쪽을 바라보게 지었다고 한다. 하지만 방향과 방위를 얘기할 때는 대부분 북쪽을 기준으로 한다.

方位角, azimuth, 천문학·포술·항해술 및 측량학 분야에서 지표 위에 있는 물체의 위치를 각도(°′″)로 표시하는 지명 좌표

방향, 방위 또는 방위각• 등은 지구를 근간으로 하는 측량학, 기상학, 군사학, 지도학 등에 주로 이용되는 용어들이다. 이 모두는 북쪽을 기준으로 한다. 특히 나침반을 사용할 때, 지구의나 지도를 읽을 때, 측량을 할 때, 항해를 할 때, 일기 예보를 할 때, 등산이나 오리엔티어링을 할 때는 반드시 북쪽을 기준으로 한다. 뿐만 아니라 어떤 순서를 정할 때도 북쪽 방향을 기준으로 시계 방향으로 돌아가면서 정하는 경우가 대부분이다. 그러므로 목표를 정하여 나아갈 때는 동쪽이 아니라 지구의 위쪽인 북쪽

을 기준으로 한다. 북반구에 있는 나라나 남반구에 있는 나라나 모두 방향의 기준으로 북쪽을 쓰고 있다.

이러한 북쪽에는 진북True North, 자북Magnetic North, 도북圖北 등 세 개의 북쪽이 존재한다. 진북은 지구의 회전축이 가리키는 북쪽 또는 북극성 방향의 북쪽이다. 자북은 나침반의 자침이 가리키는 북쪽이며, 도북은 지도의 경선이 가리키는 북쪽이다. 보통 북쪽이라고 표현할 때는 진북을 가리킨다. 그런데 지구 자기장의 북극인 자북점(자북극점)은 지구의 북쪽인 자전축상의 북극점과 일치하지 않는다. 자북극은 매년 40km씩 시베리아를 향해 빠르게 이동하고 있다. 이것은 지구의 외핵인 액체철의 운동으로 발생하는데, 1831년 발견된 이후 1,100km 이상 이동했다. 북극 해저면에 자기를 띤 광물을 분석한 결과 현재의 이동 속도는 그 어느 때보다도 빠른 것으로 밝혀졌다. 1948년에 프린스오브웨일스 섬, 1972년에 배서스트 섬, 1984년 페리 제도, 1994년 엘레프링그네스 섬, 2002년에는 캐나다의 북쪽 끝 지점인 레절루트 만 부근에 위치하며 진북과는 약 9백 66km 떨어져 있다고 한다. 이런 추세를 감안하면 앞으로 약 50년 후에는 러시아 영토(시베리아) 쪽으로 갈 수도 있다. 이것은 지난 100여 년 간 이동한 결과를 예상한 것이다. 1831년 제임스 클라크 로스James Clark Ross, 1800?~1862가 자북극을 최초로 발견하였고, 1904년 아문센은 자북극이 이동한 사실을 밝혔다.

길을 가리켜 주는 돌
– 나침반

    자석을 처음 발견한 사람들은 물에 떠 있는 나무토막에 천연 자석이 놓여 있을 때 항상 같은 방향으로 회전하는 것을 관찰하고는, 자기를 띤 가늘고 긴 철 조각이 어떠한 방향으로든 회전축 위에서는 균형을 이루며 돈다는 것을 알게 되었다. 그 후 자성을 띠는 광석(돌)을 이용해 여러 가지 도구로 사용했는데, 특히 뱃사람들은 수백 년 동안 나침반을 만들어 항해에 이용하였다. 자석을 뜻하는 영어 'lodestone'은 원래 '길'이란 뜻을 가진 고대어로 '길을 가리켜 주는 돌'로 해석할 수 있다.

초기의 중국 나침반

    마법을 가진 도구로 알려진 나침반이 널리 보급되기 전까지만 해도 뱃사람들은 '추측 항법'을 이용했는데, 이것은 말 그대로 추측에 의해 넓은 바다를 항해하는 방법이었다. 이 위험스럽고 불안한 방법은 나침반이 상용화되면서 점점 줄어들었다. 나침반은 오늘날에도 배가 항해할 때 가장 많이 사용되지만, 육지에서 방향을 정할 때도 많이 쓰인다. 등산을 할 때, 오리엔티어링을 할 때, 또는 보이 스카우트나 걸 스카우트에서 행사를 할 때, 어떤 이는 자동차의 계기판 앞에 나침반을 부착하고 다니면서 방향을 익히기도 한다.

나침반은 지금으로부터 약 4,500년 전 중국인들에 의해 발명되었다고 하는데, 최초로 항해에 이용된 것은 지금부터 1,000년 전후라고 한다. 1431년 중국의 유명한 항해가인 정화鄭和는 60여 척의 대선단을 이끌고 인도, 아랍, 동아프리카를 비롯한 인도양 일대를 항해해서 중국의 위상을 떨쳤다. 하지만 이 대항해도 나침반이 없었다면 불가능했을 것이다.

중국의 나침반은 12세기경 아랍인들을 통해 유럽으로 전해졌다. 그 후 나침반은 중세의 수도사인 알렉산더 네컴Alexander Neckam, 1157~1217의 저서에 간략하게 기술되긴 했어도 서구 사회에 폭넓게 알려지지는 않았었다. 하지만 나침반은 14세기 이후 유럽인들의 신항로 개척에 크게 기여하였다. 어떤 역사학

자들은 천연 자석의 독특한 특성에 대한 지식을 그리스인들이 중국인들보다 먼저 알고 있었다고 주장하기도 한다. 왜냐하면 아랍 상인들이 BC 1000년경부터 그들의 범선에 자석이 딸린 나침반을 사용한 일이 있었기 때문이다.

1745년 영국의 발명가인 고윈 나이트는 오랜 시간 동안 자기를 띨 수 있도록 강철을 자기화하는 방법을 발달시켰으며, 영국 해군 본부는 이 나침반을 1837년부터 새로이 건조되는 선박에 설치하기 시작하였다. 오늘날에는 렌즈식 나침반, 팔목 나침반, 포병 나침반, 실바 나침반 등 여러 종류의 나침반이 개발되어 있다.

 실바 나침반

실바 나침반은 주로 탐험 및 산악용으로 많이 이용되는데 나침반 제조 회사인 스웨덴의 실바(silva)사에서 제작한데서 유래되었다. 지금은 실바사에서 제작하지 않은 이런 종류의 나침반 모두를 실바 나침반이라고 부른다. 현대적인 실바 나침반의 원형은 1928년 스웨덴의 오리엔티어인 거나 틸란드(Gunnar Tillander)가 디자인한 것이 처음이었다. 그는 액체가 채워진 캡슐 형태의 최초의 실바 나침반을 만들었는데 이때부터 방향 찾기에 획기적인 전기가 마련되었다. 오늘날에는 사파이어로 장식된 축 받침에 고정된 강철 바늘과 특수 기름을 채운 형태의 개선된 실바 나침반도 개발되었다. 실바 나침반은 영하 40℃에서 영상 60℃까지 노출되어도 무방할 정도로 엄격한 테스트를 거치는데 이것은 에베레스트 산, 아프리카의 밀림이나 사막 지대, 극지방의 원정 등 수많은 탐험에 이용되기 때문이다.

여기는 봄인데 거기는 가을
– 남반구와 북반구

북반구와 남반구는 지구의 아래위에 위치하여 서로 반대쪽에 자리 잡고 있기 때문에 두 반구에는 일상생활에서 서로 반대 현상을 보이는 것이 몇 가지 있다. 특히 지구의 운동 때문에 일어나는 것 중 가장 뚜렷한 것이 계절이다. 즉, 북반구가 봄이면 남반구는 가을이다. 또한 두 반구는 태양이 비치는 방향이 반대이고, 세탁기의 물이 반대로 소용돌이치면서 내려간다.

태양이 북반구를 많이 비출 때 북반구는 따뜻한 여름이고 낮 시간이 오래지만, 남반구는 추운 겨울로서 낮 시간이 짧다. 반대로 북반구가 추운 겨울철이면 남반구는 따뜻한 여름이 되어 태양을 받는 시간도 길어진다. 또 북반구가 춘분이면 남반구는 추분이 되고, 북반구가 하지이면 남반구는 동지가 된다. 이렇게 두 반구는 계절과 절기가 모두 반대이다. 특히 북반구의 겨울철에 북극 지방은 6개월 동안 까만 밤의 연속이지만, 이때 남반구의 남극 일대는 6개월간 하얀 낮의 연속인 백야 현상이 일어난다. 북반구의 크리스마스는 눈이 펄펄 내리는 화이트 크리스마스이지만, 남반구의 크리스마스는 뜨거운 태양 아래에서 아이스크림을 먹으면서 해수욕을 즐기는 크리스마스이다. 추운 겨울날 북반구 사람들이 오스트레일리아나 뉴질랜드로 여행을 가 보면 그곳은 따뜻한 여름철이다.

우리가 위치한 북반구에서는 남쪽 방향에 햇볕이 많이 든다. 그래서 특별한 지형이 아닌 경우 남쪽 방향으로 집을 짓고 대문도 남쪽으로 내는 게 보통이며, 북쪽은 가급적 피한다. 옛날에는 춥고 어둡기 때문에 좋지 않은 일(상여나 죄수의 출입)에 사용하기 위하여 북쪽으로 문을 내는 경우도 있었다. 그러나 우리나라와 반대 방향에 있는, 즉 남반구에 있는 오스트레일리아나 뉴질랜드에는 햇볕이 북쪽 방향에 잘 비친다. 그래서 집도 대부분 북향이다. 남쪽에는 우리나라의 북쪽과 같이 햇볕이 잘 들지 않기 때문에 춥고 어둡고 그늘져 있다. 이것은 북반구에서 태양을 바라보면 태양이 남쪽에 있고 남반구에서 태양을 바라보면 태양이 북쪽에 있기 때문이다.

북반구와 남반구의 차이점 중 또 하나는 지구에서 보이는 별자리와 달의 모습이 다르다는 것이다. 북반구에서는 북극성을 중심으로 별들이 회전하지만 남반구에서는 남십자성이라는 별을 중심으로 회전한다. 그래서 예전 항해사들이 북반구를 항해 할 때는 북극성을 남반구를 항해 할 때는 남십자성을 지표로 삼았다. 남반구에는 북반구에서는 볼 수 없는 별자리들이 상당수 있는데, 남십자성이 위치한 남십자자리, 나침반자리, 공작자리, 고물자리, 공기펌프자리 등이 가장 대표적이다.

북반구에서 보는 보름달과 남반구에서 보는 보름달은 다르다. 겉모양은 같아 보이지만 망원경을 이용하여 관찰해보면 크고 검게 보이는 크레이터의 위치가 북반구에서는 아래에 위치하지만 남반구에서 위쪽에서 보여 진다. 검은색으로 보이는 달의 바다 모양도 반대로 보인다. 그리고 우리가 상식으로 알고 있는 초승달 → 상현달 → 보름달 → 하현달 → 그믐달의 순서는 같지만 달의 볼록한 모습은 반대다. 북반구에서 보는 상현달은 달의 우측 반이 보이다가 점차적으로 커지면서 보름달이 되고 하현달은 보름달에서 달의 좌측이 볼록한 모습으로 보이다가 점차 사라져서 그믐달로 변한다. 이 모습은 남반구에서는 반대가 된다(『대단한 하늘여행』 165쪽 참조). 그리고 북반구에서는 보름달이 동쪽에서 떠서 남쪽 하늘을 가로 질러 서쪽으로 사라지지만, 남반구에서는 달이 동쪽에서 떠서 북쪽 하늘을 가로질러 서쪽으로 진다.

안방에서 남의 집 동태를 살핀다
- 인공위성

높은 산에 올라가 돌을 던지면 얼마 못 가서 지면에 떨어지게 된다. 좀 더 빠르게 던지면 물체는 더 멀리 가서 떨어지게 되며, 어느 정도 이상의 속력이 붙게 되면 물체는 지구에 떨어지지 않고 지구 주위를 계속 돌게 된다. 이것이 인공위성이 지구를 도는 원리이다. 이때 지구와 인공위성 사이에 작용하는 인력이 구심력이 된다.

인공위성은 여러 방면에서 우리와 친숙해졌고, 그 활용 분야도 점점 확산되고 있다. 인간이 만든 별이라고 할 수 있는 인공위성은 유인 위성과 무인 위성으로 나뉜다. 초보적인 유인 위성으로는 머큐리, 제미니, 아폴로 등이 있었고, 무인 위성도 헤아릴 수 없을 만큼 많다. 현재까지 활발히 임무를 수행하고 있는 위성을 보면 NOAA, SMS/GOES, Meteosat, GPS, Nimbus, Spot 시리즈, GMS(일본) 등 다양하며, 그중 우리나라의 아리랑 1호 위성(무인 위성)도 있다.

이 중 최근에 가장 많이 활용되고 있는 것이 GPS(위성 항법 장치)이다. 이것은 위성에서 보내오는 전파(자료)를 받아 위치 측정에 이용하는 시스템으로, 하늘에 떠 있는 GPS 인공위성이 반송파를 보내오면 지상에 있는 GPS 수신기로 신호를 받아 3차원의 위치 정보를 얻는다.

1991년 걸프 전쟁 때 UN군이 적군의 진지를 명중시키고 적군이 미사일로 공격해 올 때 방어용 미사일로 공중에서 파괴한 것도 GPS 위성의 위력이었다. 뿐만 아니라 지상의 자동차나 기차, 바다의 배 또는 고속 항공기의 위치를 파

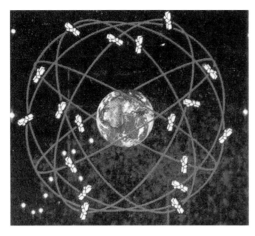

GPS 위성_인공위성을 이용한 위치 파악 체계 또는 그 장치. GPS는 24개의 인공위성이 지구 주위를 6면 궤도로 돌면서 신호를 보내오는데, 이 위성은 20,200km 상공에서 약 12시간마다 한 바퀴씩 지구를 돌고 있다.

악하는 데도 이용된다. 외국으로 가는 비행기 내의 TV 화면에 세계 지도와 운항 중인 비행기의 위치가 표시되는 것도 GPS 위성을 이용한 항법 시스템이다. 자동차에 장착되어 막히지 않고 빨리 갈 수 있는 길을 안내하는 내비게이션 시스템, 중요 고속도로에 차량의 막힘과 주행 예정 시간을 알려주는 교통 제어 시스템도 GPS 위성 자료를 받아 이용한다. 또한 멸종 위기에 있는 동물들의 이동 경로나 소재 파악을 위하여 동물의 몸에 소형 GPS 수신기를 장착하기도 하며, 극지 탐험이나 오지 연구원들의 안전한 활동을 위한 일에도 많이 이용되고 있다.

GPS뿐만 아니라 탐사용 인공위성들도 여러 분야에서 활용되고 있다. 인공위성을 이용하여 지구 반대편에 있는 도시의 TV 프로그램을 시청한다든지, 남극이나 정글 지대 또는 망망대해의 선박과 통화할 때도 쓰인다. 구소련이 붕괴되기 전까지만 해도 인공위성은 지구를 완전히 장악하기 위한 수단으로 이용되었다. 랜드샛Landsat 같은 위성은 지구 주위를 여러 각도로 돌면서 지구 영상을 찍어 보내오는데, 이 자료를 분석하면 전쟁 상대국의 동태를 파악한다든지 사람들이 접근할 수 없는 지역에 대한 광물 탐사, 산불 감시, 지진, 전쟁 상황,

홍수 예보, 풍·흉년 예측, 일기 예보, 암석 분석 등을 판독할 수 있다.

인공위성이 찍은 지구 영상을 가장 많이 활용하는 곳은 측량과 지도 분야인데, 적당한 축척으로 편집하고 도화하여 위성사진(지도)으로 만든다. 이 지도는 종이로 만든 지도보다 위치 관계를 정확히 파악하기는 어렵지만, 지표면의 상태가 그대로 나타나므로 지형도에서 일일이 표현할 수 없는 세부 지형과 윤곽을 뚜렷이 읽을 수 있다. 뿐만 아니라 지형의 해석, 하천이나 도로의 길이, 붕괴 면적, 유역 면적, 변동량, 침식(퇴적)량, 표면 온도, 탁도 등 여러 형태로 이용할 수 있다. 이들을 2회 이상 촬영하여 진행 추이나 변동 상태를 비교·분석할 수도 있다. 위성사진은 촬영 고도나 위성의 성능에 따라 다소 차이는 있겠지만 약 1m의 작은 물체의 파악도 가능하기 때문에 안방에 앉아서 남의 집의 동태를 살피는 시대가 왔다고 할 수 있는 것이다.

위성 항법 시스템의 고유 명사로 자리 잡은 GPS 이외에 러시아의 Glonass, 유럽의 Galileo는 현재 시험 운영 중이며, 인도의 IRNSS, 일본의 OZSS, 중국의 COMPASS 등도 연구 개발 중이다.

 초소형 위성

최근에는 탑재 장치의 소형, 경량화와 함께 여러 종류의 관측 데이터를 지구로 보낼 수 있는 전송 기술이 발달되었다. 특히 각국에서 마이크로 위성(10~100kg), 나노 위성(1~10kg), 심지어는 1kg 이하의 피코(Pico) 위성의 개발에 박차를 가하고 있다. 이는 비용과 효용성 측면에서 종래의 대형 위성(1,000kg 이상)들에 비해 절대적으로 우위에 있기 때문이다. 한 개의 대형 위성을 발사하려면 막대한 비용이 들어가고, 발사에 실패할 경우 입는 손해가 극심하다. 하지만 그 비용으로 목적에 맞는 여러 개의 작은 위성들을 쏘아 올릴 경우 비용 절감은 물론 발사 때 더욱 안전하다. 이렇게 작은 인공위성의 개발은 MEMS(Micro Electro-Mechanical System)기술과 같은 나노 기술의 발달로 가능하게 되었다.

지구의 땅을 재고 헤아린다
– 지구의 측량

땅을 재고 헤아린다는 것은 측량을 의미한다. 측량(測量, surveying)이라는 말의 측測에는 '재다', '헤아리다', '알다' 등의 뜻이 담겨 있고, 량量은 '헤아리다'로 수數의 뜻이 있다. 그러므로 측량은 양을 재어 계산하고 헤아리는 것이다.

측량 기계도 없던 고대에도 지구의 땅을 재고 그 결과를 그림(지도)으로 남겨 왔다. 지금 전해지고 있는 오래된 지도 중에는 측량의 기법을 응용해서 그린 것도 있지만, 화가가 그림을 그리듯이 그린 것도 많이 발견되고 있다. 요즈음은 기술이 발달하여 땅만 재는 것이 아니라 하늘과 물 속도 잴 수 있다. 뿐만 아니라 건물이나 대형 구조물이 몇 mm를 움직였는지도 알 수 있다.

기원 전후의 과학자들도 지구 둘레를 계산하는 등 지구에 대한 측정에 심혈을 기울였는데 이런 것을 측량이라고 확언할 수는 없지만, 재測고 그 결과를 가지고 지도를 그리는 데 참고하였으므로 측량의 범주에 넣어도 되지 않을까? 그 후 여러 학자에 의해 좌표 개념이 도입되고, 360도 경위선이 표시되고, 고도계가 발명되고, 투영법이 고안되는 등 측량과 관련이 있는 일들이 벌어졌다.

특히 로마 제국 때는 측량 기술을 응용하여 토목 공사를 했고, 지도를 그렸다고 한다. 일본도 우리나라를 점령하고 가장 먼저 한 일이 우리나라 전역에 대한 측량이었다. 영국, 프랑스, 러시아 등이 우리나라를 차지하려고 미리 우리나라의 근해를 측량한 일도 측량의 중요성을 일깨워 주는 대목이다.

지리상의 대발견 시대에도 측량은 중요한 역할을 하였다. 지도도 없고 측량

측량하는 모습_에버리스트 경이 인도의 측량 국장으로 재직 시 (1830~1843)의 모습.

장비도 없던 당시에는 주로 바닷길을 알기 위하여 이용되었는데, 해리슨이 시계(크로노미터)를 만들어 경도를 찾은 것이나 육분의로 위치를 잡은 것도 측량의 초보 기술이다. 당시에는 바다로 나아갈 때 반드시 천문학자도 동승했는데, 이때 그가 하는 일은 배의 위치를 잡는 것이었다. 이것도 측량의 일부분이다. 엔리케가 지리연구소라는 초보적인 학교를 만들어 바다로 나아가는 사람들을 교육시키고 천문학, 지리학, 수학 등을 가르쳤던 것은 오늘날의 측량 교육에 해당한다. 그러므로 헤아릴 수 없이 많은 천문학자와 지리학자 들도 지구를 근간으로 한 측량 기술자였다. 뿐만 아니라 바다로 나아간 수많은 탐험가나 항해가 들도 측량에 많은 지식을 갖고 있었으므로 오늘날의 측량사나 다름없다.

영국의 유명한 탐험가 제임스 쿡은 수학에 뛰어났던 항해사로서 까다로운 바닷길을 잘 측량하여 공을 세웠고, 뉴펀들랜드에서 일식을 관측(측정)하기도 했다. 뿐만 아니라 해양 측량사로서 타히티에 가서 금성을 관측하고, 태평양 구석구석을 둘러보고 지도로 남겼다. 조지 에버리스트George Everest, 1790~1866 경은 인도의 측량국에 근무하면서 세계 최고봉인 에베레스트 산을 측량하였고, 미국의 초대 대통령 조지 워싱턴도 직업이 측량사였다. 우리나라의 김정호도 측량사임에 틀림없다. 그의 동상은 우리나라 측량의 총본산인 국토지리정보원 마당에 우뚝 서 있다. 그는 대동여지도의 뜻과 같이 땅의 곳곳에 이름을 지어 붙이고 땅의 생긴 모양과 높고 낮음, 멀고 가까움을 재어 그것을 종이 위에 남겼는데, 측량의 기초 지식이 없이는 이렇게 좋은 지도를 만들 수가 없다.

오늘날에는 하늘에 있는 인공위성에 의해 내 위치를 눈 깜짝할 사이에 결정하고, 땅 밑에 무슨 광물이 있는지, 바다 밑의 지형은 어떻게 생겼는지, 우주 저 멀리에는 무슨 행성이 있는지 알 수 있는데, 이 모두가 측량의 한 분야이다. 특히 별을 관측한다든지 하늘과 관계되는 것은 오늘날에도 천문 관측 또는 천문 측량이라는 이름으로 유지되고 있다. 그러므로 옛 선지자들 중에서 천문학자, 지리학자 또는 지도학자라고 분류되는 모든 과학자들은 오늘날의 측량사

 수치로 본 지구

- 적도 지름 : 12,756.274km
- 극 지름 : 12,713.504km
- 긴반지름 : 6,378.137km
- 짧은반지름 : 6,356.752km
- 평균반지름 : 6,371km
- 표면적 : 510,100,000km²
- 육지 면적 : 150,000,000km²
- 바다 면적 : 360,100,000km²
- 자전의 주기(하루) : 23시간 56분 4.1초
- 자전 속도 : 1,670km/hr(464m/sec)
- 공전의 주기(일 년) : 365일 5시간 48분 46초
- 공전 속도 : 107,320km/hr(29.8km/sec)
- 태양으로부터의 평균 거리 : 149,600,000km
- 달로부터의 평균 거리 : 384,400km
- 무게 : 6,600,000,000,000,000,000,000,000(66해 톤: 6.6×10^{21})

라고 해도 과언이 아니다. 오차론을 공부하고 측량 기계의 조작법을 연구하는 것만이 아니라, 지구 전반에 대해 이해하고 지구를 다룰 줄 아는 것이야말로 진정한 측량(사)이다.

지구의 땅 모양을 그린 사람들
- 지도의 역사

　측량을 하여 얻은 자료는 각종 건설 공사를 비롯한 수많은 분야에서 이용되지만, 가장 많이 활용되는 분야는 지도를 만드는 일이다. 그러므로 지구를 측량하여 지도를 만든다고 할 수 있다. 즉 둥근 지구를 평평하게 펴서 지리적인 사상을 넣어 '지도'라는 것을 만든다.

　문명이 발달된 오늘날뿐만 아니라 문자가 없었던 시대의 원시인들도 나름대로 지도²를 그렸다. 아마도 다른 곳에 무엇이 있는지 궁금하여 높은 곳에 올라가 본 사람들이 최초로 지도를 그렸을 것이다. 물론 그들은 말이나 글자가 없었지만 사냥이나 채집, 어로 생활이나 농경 생활에 필요한 그림(지도)을 그렸다. 그들은 주거지가 일정치 않고 이동하면서 생활했기 때문에 자주 가는 사냥터나 샘터, 그리고 위험 지대나 대피할 수 있는 안식처 등의 위치를 기록해야 할 필요성을 느꼈을 것이다. 당시에는 동굴의 벽면이나 나무껍질, 갈댓잎, 동물의 뼈 또는 가죽 같은 곳에 표현하였기 때문에 조잡하고 해석이 불가능한 것이 대부분이다.

　세계에서 가장 오래된 것으로 추정되는 지도는 BC 6000년경 터키 중서부 지방에서 만들어진 것으로 보이는 지도이다. 마셜 제도에서는 나무의 줄기나 돌, 조개껍질 등을 엮어서 만든 지도 같지 않은 지도(해도)가 발견되었다. 또 북미의 에스키모들이 나뭇조각에 해안선의 모습을 새긴 것이나, 동물의 가죽에 나뭇조각을 붙여서 만든 것도 당시의 지형지물을 사실적으로 표현하는 과정에서 생긴 조형적 지도라고 생각된다. 약 5천 년 전의 메소포타미아• 사람들도 점토 위에 기호를 이용하여 강, 농경지, 취락 등을 표시한 지도?를 만들었는데 현재 대영 박물관에 소장되어 있다. 한편 이집트인들도 교역과 탐험 등을 통해 지리적인 지식을 많이 갖고 있었는데, 당시에는 주로 사초과莎草科에 속하는 파피루스Papyrus라는 풀로 만든 종이 위에 지도를 그렸다. 이는 나일 강의 잦은 범람으로 유실된 농경지의 경계 복원용 또는 부락의 설계도나 계획도의 성격(오늘날의 지적도)으로 그린 것으로 해석된다.

Mesopotamia: '두 강 사이'라는 뜻 티그리스 강과 유프라테스 강 사이의 지역. 지금은 이라크를 중심으로 시리아의 북동부, 이란의 남서부가 포함되는 지역이다.

천문학자이자 지도학자로 지도 제작 분야를 이끈 대표적인 인물인 프톨레마이오스Claudios Ptolemaeos는 『지리학Geographic』 8권 중 제1권에 지도 제작 방법은 물론 지구의 크기와 형상 등 지도학 이론을 수록하였다. 프톨레마이오스의 『지리학』은 12세기 동안 여러 사람의 손을 거치면서 모사되거나 번역되었기 때문에 번역판마다 약간씩 다른 모습으로 제작되어 있다. 지구의 땅을 재고 지도를 만든 사람들 중에 가장 큰 업적을 남긴 인물은 메르카토르Gerardus Mercator, 1512~1594이다. 보통 지도학자, 천문학자로 불리는 메르카토르는 지구를 쪼개어 아틀라스 개념의 지도를 만들었고, 지구의와 천문 기구도 만들었다. 뿐만 아니라 그의 이름을 딴 '메르카토르 투영법'도 개발하였다.

광대한 영토를 통치했던 로마 시대에는 정치적 · 군사적인 목적에서 지도가 발달되었다. 이때는 측량 기술이 발달하여 투영이나 경위선망을 이용하여 지도를 제작하였는데, 특히 군사용 도로 건설에 필요한 지도를 많이 제작하였다. 아우구스투스 황제(재위: BC 27~AD 14)의 명을 받은 아그리파Marcus Vipsanius Agrippa, BC 62~BC 12는 측량을 실시하여 정교하게 지도를 만들었다고 한다. 이때 만들어진 지도는 로마의 대도시에 보급되었으며, AD 250년경에는 이를 수정한 지도가 제작되어 현재 전해지고 있다. 이들 중 하나를 독일인 콘라드 포이팅거Konard Peutinger가 수집했는데 그의 이름을 따서 '포이팅거 지도Tabula

바빌로니아 인들이 만든 세계 지도_5~7세기경 바빌론에서 만들어진 것으로 추정되는 세계 지도(유프라테스 강과 티그리스 강을 표현)로 대영 박물관에 보관되어 있다.

Peutingeriana'라고 부른다. 이 지도는 수세기를 거치면서 여러 사람에 의해 복제되었다.

한편 동양에서는 고대 중국인들에 의해 과학적인 내용이 부가된 지도를 만들었다고 한다. 0과 십진법도 중국의 수학자들이 만들어 인도를 거쳐 메소포타미아로 흘러들었을 것이라고 추정되므로, 당시 중국의 천문학 수준은 아라비아를 능가했을 것으로 생각된다. BC 700년에 만들어진 중국의 문헌에도 지도에 관한 기록이 나오며, BC 200년 전의 지도가 발견되기도 하였다. 비단실로 짠 이 지도에는 각 성의 이름과 산맥과 길, 강 그리고 마을을 구분하기 위한 기호도 사용되었다고 한다.

지구의는 지구를 그대로 줄인 것이다
– 지구의

넓은 세계의 지리를 익히는 데 지구의地球儀만큼 똑똑한 선생은 없을 것이다. 그렇지만 지구의는 워낙 작게 축소되어 있기 때문에 각 나라마다 세부적인 시설이나 지명은 표기할 수 없고 국경이나 수도, 대도시, 간선 철도와 간선 도로, 큰 강 정도만 표시된다. 대륙에는 분지·사막·산맥 등이 표시되고, 대양에는 해류의 흐름이 화살표로 표시되며, 선박이나 항공기의 항로가 표시된다. 지구본은 지구를 본떠서 줄여 만든 것이기 때문에 붙여진 이름인데 표준적인 의미로는 '지구의'라고 한다. 지구의라고 할 때 의儀자는 천체의 측도測度에 쓰이는 기계에 많이 붙이는데, 옛날에는 지구의가 천문 기구로 이용되었기 때문이다.

지구의는 남북 축을 23.5° 기울여 제작되는데, 이것은 지구가 태양을 바라보는 각도가 23.5° 기울어져 있기 때문이다. 뿐만 아니라 모양도 실제 지구와 똑같이 제작되기 때문에 왜곡성이 없이 실제 지구의 모든 것을 그대로 옮길 수 있다. 그러므로 지구 상의 거리나 방위, 면적 등은 실제와 똑같이 유지된다. 즉, 지구의는 언제 어디서 누가 만들었든지 간에 형상(정각성), 면적(정적성), 거리(정거성), 방향(정방위성) 등이 실제와 똑같은 특징이 있다.

서울에서 런던까지 비행기를 타고 간다고 가정하자. 이때 지구의상에서 서울을 출발한 비행기는 몽고 상공을 통과하여 러시아의 북쪽과 스웨덴, 북해를 거쳐서 영국에 도착한다. 그러나 평면의 세계 지도에서는 중국을 가로질러 중

여러 가지 **지구의**_1995년부터 저자가 수집한 세계 각국의 지구의(지름 15cm 이하 160점). 2004년 11월에 국토지리정보원 지도박물관에 기증, 전시되어 있다.

앙아시아, 유럽 중부로 통과하여 영국에 도착하므로 지금까지 보아 온 직선 항로가 잘못된 것임을 알 수 있다.

평면으로 된 세계 지도를 보면 미국과 캐나다는 태평양을 사이에 두고 러시아와 서로 멀리 떨어져 있다. 그러나 지구의에서 확인해 보면 이 나라들은 위쪽의 북극해를 사이에 두고 서로 이웃하고 있음을 알게 된다. 또 태평양을 가운데 두고 그린 세계 지도를 보면 오른쪽에 있는 아메리카와 왼쪽에 있는 아프리카가 굉장히 멀리 떨어져 있다. 그렇지만 지구의에서 확인해 보면 바로 이웃하고 있음도 알 수 있다. 이렇게 세계 지도에서는 투영 방법상 나타낼 수 없는 위치 관계도 알아 볼 수 있다.

평면의 세계 지도(주로 메르카토르 도법)에서 오스트레일리아와 그린란드를 비교해 보면 그린란드가 훨씬 더 크게 보인다. 지도에서는 고위도로 올라갈수록 면적이 넓어 보이는 투영법상의 표현 때문이며, 실제로는 그렇지 않다. 오스트레일리아의 면적은 769만 km²이고 그린란드는 216만 km²로 오스트레일리아가 그린란드보다 약 3.5배 더 넓다. 지도에서는 투영법에 따라 이러한 과장을 어느 정도 줄일 수는 있지만 지구의와 똑같이 할 수는 없다.

현재 시판되고 있는 지구의 중 가장 흔한 것은 32cm 규격의 지구의로, 축척이 1:40,000,000이고 둘레가 1m이다. 지구 둘레가 약 40,000km(400km는 1cm)이기 때문에 지구의에서 쉽게 거리를 측정할 수 있어서 교육용으로 가장 많이 이용되고 있다. 지구의에서 한 눈금이 몇 km인지 알아두면 두 지점 간의 거리를 쉽게 구할 수 있고 각 지역 간의 거리 비교도 가능하다. 또 대륙과 대륙, 나라와 나라 사이의 넓이도 쉽게 비교할 수 있을 뿐만 아니라 비행기나 배가 운항하는 짧은 거리도 찾을 수 있다.

방위도 쉽게 찾을 수 있는데 지구의의 위쪽은 북, 아래쪽은 남, 본초자오선의 오른쪽은 동, 왼쪽은 서쪽이 된다. 신문이나 뉴스에 나오는 세계의 사건 사

고 지역이 어느 대륙의 어느 나라인지도 금방 확인할 수 있다. 또한 우리나라에서 그 곳까지 거리가 얼마나 떨어져 있는지 알 수 있다.

　지구의가 지도에 비해 불편한 점은 지도처럼 축척이 큰 것을 제작할 수가 없고 휴대가 불편하다는 점, 그리고 전 세계를 한눈에 볼 수 없고 돌려가면서 보아야 한다는 것이다.

 지구의의 역사

지구의는 지구구체설이 제창되었던 고대 그리스의 과학을 계승한 중세 아라비아에서 만들어졌다고 추정된다. 지금까지 남아 있는 지구의 중 가장 오래된 지구의는 독일의 마르틴 비하임(Martin Behaim, 1459~1507)이 제작한 지름 51cm의 금속제로 당시 제작 도시인 독일의 뉘른베르크 박물관에 보관되어 있다. 이 지구의는 마르코 폴로의 『동방견문록』에서 상상된 카타이(중국)와 지팡그(일본)를 아시아의 동쪽 끝에 표시하였고, 디아스의 아프리카 항해 결과에 따라 희망봉도 표시하였다. 당시의 육지 윤곽은 그리스 지도학자 프톨레마이오스 지도의 번역판(증보판)을 참고하였을 것으로 추정되는데, 이 지도에는 유라시아 대륙의 동서 길이가 작게 표시되어 있다. 이 지구의는 콜럼버스가 신대륙을 발견하던 해인 1492년에 제작되었기 때문에 아메리카 대륙과 오스트레일리아 대륙이 나타나 있지 않다.

또 뉘른베르크의 교수인 요한 쇼너(Johann Schoner)도 1523년에 지구의를 만들었다. 쇼너의 지구의는 콜럼버스가 신대륙을 발견하고 마젤란이 세계 일주에 성공한 이후에 제작되었기 때문에 지구가 둥글다는 확신을 갖고 육지의 윤곽도 비교적 정확히 그려졌다. 이 지구의에는 대서양과 태평양 사이의 남북 아메리카를 실제보다 길게 표시했고, 남아메리카를 통과할 때 참고해야 할 해협 등 항해에 필요한 안내가 기록되어 있다. 네덜란드의 유명한 지도학자인 게마 프리지우스(Gemma Frisius)와 메르카토르도 사제지간으로 측량 분야와 지도 제작 분야를 수학적인 바탕으로 선도한 인물이다. 1537년 프리지우스는 제자인 메르카토르의 도움으로 하트형 투영법을 기초로 한 세계 지도와 지구의를 만들었다.

나라가 어지러울 때는 적을 쳐부수고
– 김정호와 대동여지도

    사람이 태어나서 언젠가는 돌아가는 땅! 그 땅에서 살아온 우리 선조들도 그들이 살아가는 땅의 모양이 궁금하였을 것이다. 그 땅에 대한 이치를 깨닫고 모양을 비교적 자세히 그린 사람이 있었으니 그가 바로 김정호이다. 고산자 김정호는 '나라가 어지러울 때는 적을 쳐부수고 폭도들을 진압하는 데 도움이 되며, 평시에는 정치를 하고 모든 일을 다스리는 데 이용하도록'이라는 〈대동여지도〉의 뜻과 같이 땅의 곳곳에 이름을 지어 붙이고, 생긴 모양과 높고 낮음, 멀고 가까움을 재어 그것을 종이 위에 남김으로써 우리나라 현대 지도의 기초를 마련하였다.

    지리학이나 측량학을 전공하지 않은 사람일지라도 〈대동여지도〉(철종 12, 1861)를 남긴 김정호의 이름이 낯설지는 않을 것이다. 〈청구도〉•를 만든 후 27년 만에 목판본으로 만든 〈대동여지도〉는 전체를 연결하면 가로 4.0m, 세로 6.6m의 거대한 지도로서 축척은 약 1:160,000(일설에는 1:216,000) 정도 된다. 조선 초기 이회의 〈팔도도〉, 조선 중기 정상기의 〈동국대지도〉•, 『신증동국여지승람』•과 자신의 〈청구도〉 등 이미 제작된 대축척의 지도를 편집 제작하였다고 한다. 일설에는 전국을 30년 동안 두루 돌아다니면서 조사하였다고 하지만 그보다는 의심나는 곳을 답사했을 가능성이 있다.

    〈대동여지도〉에는 방위, 거리 등 기하학적인 요소뿐만 아니라 관청,

青邱圖 김정호가 만든 한반도 지도(채색 필사본 2책)로 〈청구선표도(青邱線表圖)〉라고도 한다.

東國大地圖 18세기 후반에 채색 필사본으로 제작된 지도로 크기는 252.5×139.5cm이며, 개인이 소장하고 있다.

新增東國輿地勝覽 1530년(중종 25)에 『동국여지승람』을 새로 증보하여 만든 조선 전기의 전국지리지(55권 25책, 목판본)

김정호 동상_조선 후기의 실학자, 지리학자로 황해도 출생. 본관은 청도, 자는 백원(伯元), 백온(伯溫), 백지(伯之) 등이고, 호는 고산자(古山子)이다. 이 동상은 현재 국토지리정보원에 있다.

가구, 인구, 성터, 능묘, 봉수, 온천, 창고, 군사, 인문, 사회, 지리 등을 상세히 기입하였고 읍과 읍 사이의 도로에는 10리마다 눈금으로 표시하여 거리와 축척을 알게 하였다. 산맥은 선과 면으로 표현하여 산의 모양, 크기, 분수령과 하천 유역을 알 수 있게 하였으며, 지도의 내용을 기호화하여 간략하게 만들었다. 특히 독립된 산봉우리를 그리지 않고 산맥을 이어 그렸는데, 이는 우리 조상들의 풍수적 관념이 내포된 것으로 평가된다. 이에 따라 백두산에서 이어지는 대간을 가장 굵게 표현하고 산줄기의 위계에 따라 그 굵기를 달리하였다.

〈대동여지도〉는 중강진 부근이 북쪽으로 약간 치우쳐 있고 울릉도가 남쪽으로 내려온 것을 제외하면 현재의 지도에 비해 큰 손색이 없다. 지도에 표기된 지명의 수는 모두 1만 3천 곳으로, 행정적·지리적인 자료로서뿐만 아니라 군사적으로도 중요한 자료로 활용되었다.

김정호가 만든 〈청구도〉, 〈대동여지도〉, 〈대동지지〉 등은 관청에서 압수했거나 소각했다고 하지만 현재 숭실대학교에 1매가 보존되어 있다. 일본의 경성대 고도서 목록에 2매의 기록이 있고, 출품을 꺼리는 일본인도 소장하고 있다고 한다. 또한 재정적 후원자였던 최성환의 후손(화재로 없어짐)들도 소장하였던 것으로 미루어 볼 때 〈대동여지도〉는 몰수당하지도 않았고 불태워지지도 않았을 것으로 추측된다.

김정호가 죄인이었다면 그가 죽은 지 얼마 되지 않았을 때 발행한 『이향견문

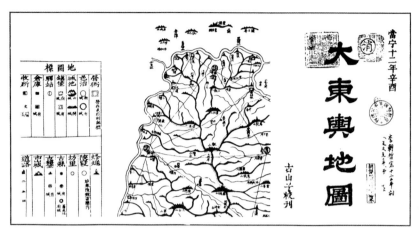

대동여지도_분첩절첩식으로 만든 이 지도는 남북을 22층(120리)으로 나누고, 각 층을 다시 8절(80리)로 구획하여 제작하였기 때문에 층과 절을 접으면 1권의 책(20×30cm)이 된다.

록里鄕見聞錄』을 쓴 유재건은 김정호에 관한 이야기를 함부로 싣지 못했을 것이다. 또 김정호와 가까웠던 최한기, 최성환, 신헌 장군 등은 어떤 처벌이라도 받았어야 하는데 그러한 기록은 전혀 없다. 이 시기에 정권을 잡고 있던 대원군은 외국을 경계하고 거의 교류를 하지 않았다. 새로운 문화가 들어오는 것을 꺼리던 대원군이 김정호의 지도로 인하여 나라의 사정이 다른 나라에 알려지게 된다고 오해했을 수도 있다. 그래서 김정호 부녀를 잡아 옥에 가두고 지도의 판목까지 압수했을 수도 있다.

순조, 헌종, 철종, 고종 등 4대에 걸쳐 살았던 김정호는 오직 자신의 학문과 지도 제작 기술에 필생의 정력을 기울였다. 남들이 알아주지도 않는 외롭고 험난한 길을 걸으며 지도를 제작함으로써 우리나라의 지도 발달사에 금자탑을 세웠던 것이다.

바다에도 지도가 있다

– 해도

바다 깊은 곳은 어떻게 생겼고 무엇이 있는지 일반적인 상식으로는 알 수 없다. 인근의 얕은 바다 속도 알 길이 없는데 하물며 태평양과 같은 깊은 바다는 더더욱 알 길이 없다. 그렇지만 바다 속에 직접 들어가 보지 않고도 그곳에 무엇이 있는지 각종 정보를 수록해 놓은 것이 있는데 바로 해도charts이다. 해도에는 바다의 깊이, 해저의 지질, 섬의 모양, 장애물, 해류나 조류의 성질, 해안의 지형, 항로 표지, 등대나 부표• 등 바다를 항해하는 데 필요한 여러 가지 사항이 기록되어 있다.

浮漂, buoy. 배가 안전하게 항해할 수 있도록 수면에 띄운 항로 표지. 해저와 사슬로 연결하여 떠내려가지 않도록 한다.

서양에서는 마르코 폴로의 『동방견문록』이 소개되면서 해도의 제작이 활발해졌다. 가장 먼저 제작된 해도는 32갈래의 방위선이 그려진 13세기경의 포르톨라노Portolano 해도인데, 초기에는 바다를 탐험(16~18세기)하기 위하여 제작되었지만, 점차 군사적 목적으로 변질되어 다른 나라를 침공하기 위한 정보로 이용되었다. 우리나라 근해도 1787년 프랑스의 라페루즈La Perouse호가 깊이를 잰 것을 필두로 1880년까지 영국, 미국, 러시아 등 서구 열강들이 우리의 항구와 섬, 만, 하구의 수로에 이르기까지 수심 측량을 실시하여 약 120여 종의 해도를 간행한 것으로 알려져 있다. 일본도 1869년경부터 우리나라의 연안을 빈번히 왕래하여 1873년에 조선 전도(해도)를 만들었다. 그 후 조선 침공과 대륙 진출을 모색하기 위하여 1897년부터 약 10년간 우리나라의 해안 전역을 조사하여 1910년 한일 병합 후에 일본 수로부에서 84종의 우리나

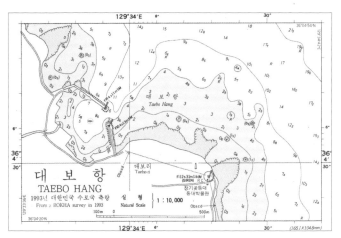

해도_해도에는 해안선뿐만 아니라 해저의 모든 형상이 표현되는데, 수심, 수중 장애물, 암초, 저질 등을 조사·측량하여 제작한다. 또 해양 관할권 확보와 해양의 이용 및 개발을 위하여 해저 지형 측량, 해상 중력 측량, 해상 지자기 측량, 해저 표층 탐사 등을 실시하여 제작한다.

라 해도를 작성하였다고 전해진다.

　우리나라에서 해도를 만드는 기관은 국립해양조사원으로 1949년 11월 1일 해군 본부 작전국 수로과로 창설되어, 1963년 10월 10일 교통부 수로국으로 이관되었다. 1996년 8월 8일 국내의 여러 해양 기관을 통합하여 해양수산부가 신설되었는데, 이때 건설교통부 수로국에서 해양수산부 국립해양조사원으로 개편되었다. 국제 간 해양 조사의 상호 협력, 기술 발전 및 자료의 통일화 등을 위하여 1957년 국제수로기구•에 가입하였고, 지역 기구인 동부아시아 수로위원회의 회원국으로 활동하고 있다. 또한 미국과 일본과는 해양 자료의 교환, 기술 협력 체제의 유지 및 상호 기술 발전을 위하여 매년 기술 회의를 개최하고 있다.

國際水路機構, IHO: International Hydro-graphic Organization. 각국 수로 관계자의 상호 이해를 증진하기 위해 1970년에 창설된 국제기관

　해도에 표기되는 국제 도식은 어떤 나라의 사람이라도 쉽게 해석이 가능하도록 국제수로기구의 기준에 따라 제작되고 있다. 종전에는 수작업으로 하던 해도의 제작이 1994년부터 전산화되어 지금은 종이 해도와 전자 해도가

병행 제작되고 있다. 가까운 미래에는 모든 자료가 데이터베이스화되어 전자 해도로 대체될 전망이다.

현재까지 사용하던 종이 해도는 내용 수록에 한계가 있기 때문에 해난 사고를 방지하기에는 역부족이다. 또한 최근에는 선박이 대형화되면서 사고가 일어났을 경우 커다란 재산상의 피해를 가져오기 때문에 전자 해도Electronic Navigational Chart; ENC의 중요성이 더욱 커지고 있다. 전자 해도는 기본적으로 종이 상태의 해도를 컴퓨터상에 옮겨 놓은 것이지만, 내용 면에서나 기능 면에서 비교할 수 없을 만큼 편리하다. 뿐만 아니라 컴퓨터의 보급과 위성 영상의 이용 범위가 확대됨에 따라 전자 해도의 보급은 날로 증가하고 있다. 전자 해도는 사용자가 원하는 기능을 선별적으로 보여 주는 기능뿐만 아니라 선박의 이동 경로를 지정해 주면 항로를 벗어났을 경우에는 경보음이 울리고, 상대 선박이나 암초 등의 위험 요소를 사전에 인식하는 시스템이 구축되어 있다.

 해도의 제작

바다에서 일어나는 물리 화학적인 현상인 조류, 조석, 해류 등의 조사는 물론 수온, 염분, 용존 산소, 수소 이온 농도, 투명도, 수색, 해빙 등을 입체적으로 조사하여 조석, 조류 예보와 조류도 및 해양 환경도 등 각종 해도를 간행한다. 현재 우리나라는 1,400톤급 온누리호를 비롯한 8척의 측량 조사선이 GPS를 비롯한 최신 장비를 이용하여 근해의 해양 조사, 연안 조사, 항만 조사, 해양 관측 등을 실시하여 현재까지 278종의 해도를 간행하였다. 또 새로운 항만의 건설, 간척지의 개발, 해안의 수심 변동 등으로 지속적인 변동이 있는 지역과 토사 유입으로 자주 수심이 변하는 지역을 중심으로 수정 제작하고 있다. 변경이 잦은 지역은 2년에 한 번씩 주기적으로 수정하고, 변동이 거의 없는 지역은 10년에 한 번씩 수심 측량을 실시하여 해도를 수정한다. 최근 일본이 독도 부근 해저 지형을 자기네의 측량선으로 측량한다고 해서 한일 간에 긴장이 고조되기도 했다.

땅의 생김새가 숨어 있는 지도
- 지형도

지형도topographical map에는 땅의 생김새가 숨어 있다. 땅의 생김새를 일반적으로 지형이라고 부르며, 지형은 다시 지모와 지물로 나눌 수 있다. 땅의 기복(높아졌다 낮아졌다 하는 것)을 나타내는 지모는 등고선•을 통하여 입체화시키는데, 이때 산골짜기와 능선을 비롯한 지표면의 여러 가지 모양이 표시된다. 지물은 가옥, 도로, 철도나 하천 등 땅 위에 존재하는 천연 또는 인공의 모든 물체를 말하는데 위치와 형태, 종류별로 세분된다. 지형도에는 지모, 지물뿐만 아니라 지표의 식생과 피복 상태, 지명과 행정 경계 등 자연, 인문에 대한 제반 사상事象도 상세히 표현된다.

> 等高線 지표면에서 해발 고도가 같은 지점을 연결한 선. 지형의 고저(高低)와 기복(起伏)을 도면에 나타낼 때 사용된다.

우리나라의 지형도는 1914년 부산, 경주, 충주 지방의 34도엽을 필두로 1918년까지 1:50,000 722도엽이 제작되었다. 1:25,000의 경우도 한일 병합 이후에 토지 조사 사업1910~1918의 일환으로 토지의 외모를 조사할 때 14개 지역의 143도엽이 만들어졌다. 해방 후 1967년부터 1974년까지 1:25,000 지형도가 다시 제작되었고, 1:50,000의 경우도 1:25,000 지도를 축소 편집하여 1973~1974년에 제작되었다. 그 외에 1:5,000 지형도, 1:10,000 지형도, 1:250,000 지세도 등이 순차적으로 제작되었다. 또 1:2,500 지형도를 제작하기 위한 검토가 있었고 각 지자체에서 도시계획사업이나 각종 시설물 관리를 목적으로 1:1,000 수치 지도가 제작되어 있다.

지형도에서 지형을 나타내는 방법은 여러 가지가 있지만 주로 등고선에 의 지형도_현재 발행되고 있는 지형도의 종류는 1:5천, 1:1만, 1:2.5만, 1:5만, 1:25만 지형도 등이다. 이 중 특히 1:5천 지형도를 '항측도'라고 부르고 1:25만 지형도를 '지세도'라고 부른다. 현재 발행되고 있는 지형도의 총 매수는 약 23,552매(도엽)이다.

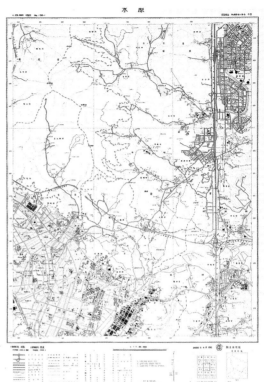

해 표시한다. 또 지도상에 나타낸 거리가 실제와 일치해야 하며 지형지물에 대한 고저(봉우리, 능선, 계곡 등)도 지형도에서 식별이 가능해야 한다. 지형도를 지형을 나타낸 '주제도'라고 표현할 때도 있는데, 그것은 지형도가 지형의 기복, 교통로, 취락 등을 담고 있는 가장 기본적인 주제도이기 때문이다. 이러한 지형도는 국토의 개발이나 이용을 위한 기초 자료로 활용되며 국가의 경제 개발이 가속화되면서 그 수요가 날로 증대되고 있다.

지형도는 모든 지도 중에서 가장 많이 이용되고 쉽게 접할 수 있는 지도이다. 일반적인 도로 교통 지도나 관광 지도와는 달리 평면 직각 좌표, 경위도 좌표, 표고와 등고선 등이 기록되며 전 국토가 같은 축척으로 만들어진다. 즉 그 국가의 가장 기본이 되는 지도로 이를 국가 기본도라고 하는데, 우리나라의 국가 기본도의 축척은 1:25,000(또는 1:50,000)이다. 지형도는 대부분 각 나라마다 정부에서 제작하는데 우리나라의 경우에는 수원에 있는 국토지리정보원에서 조사, 측량, 촬영, 제도, 수정, 인쇄, 보급, 판매를 일괄하고 있다. 또한 지형도

우리나라 지형도의 축척별 현황

구분	1 : 5,000	1 : 10,000	1 : 25,000	1 : 50,000	1 : 250,000
총 도엽 수	17,000	5,531	769	239	13
제작 실적	15,922	282	769	239	13
제작 연도	1975~	1990~	1967~	1973~	1963
도면 규격	55×44cm	55×44cm	55×44cm	55×44cm	62×44cm
경위도 간격	1.5′×1.5′	3′×3′	7.5′×7.5′	15′×15′	1°45′×1°
도엽당 면적	6~6.5km²	24~26km²	150~160km²	600~640km²	약 13,000km²
지상 1km 거리	20cm	10cm	4cm	2cm	0.25cm
주곡선 간격	5m	5m	10m	20m	100m
지도의 색도	단색(흑)	5색	4색	4색	7색

는 항공 측량으로 작성된 실측도로서 국가 기준점인 삼각점과 수준점이 나타나 있어 지상 측량이나 항공사진 측량 등에 이용된다.

지형도는 보관이나 휴대에 편리하도록 모두 반절지(신문지를 펴놓은 크기)의 크기로 만들어진다. 그러므로 축척에 따라 함축되어 그려지는 땅의 크기는 달라도 종이의 크기는 같다. 한 장의 지형도가 포함하고 있는 실제의 길이(땅에서의 길이)는 각 위도에 따라 차이가 난다. 서울의 경우 1:50,000 지형도에서 나타내는 실제의 길이는 가로가 약 22km이고, 세로가 약 27km이다.

토지의 쓰임새를 나타내는 지도
– 지적도

모든 땅은 쓰임새에 따라 분류되어 있다. 크게는 토지와 임야로 분류되어 있지만 '토지'라는 용어는 토지와 임야를 포함한 모든 땅에 대한 통칭으로 쓰일 때가 많다. 이러한 토지를 좀 더 세분하여 필지별로 구분하고 땅의 경계를 그어 놓은 것이 지적도(cadastral map 또는 land registration map)이다. 그러므로 지적도는 지도 또는 지형도의 개념과는 엄밀히 다르다. 지적도는 토지에 관한 정보를 제공해 주는 중요한 공문서의 일종으로 토지의 소재, 지번, 지목, 면적, 소유자의 주소, 성명, 토지의 등급 등 토지의 권리를 행정적 또는 사법적으로 관리하는 데 이용된다.

지적은 1필지(parcel)의 토지에 대한 정보를 총괄적으로 내포하고 있는 공적 등록부로서 하나의 획지(lot)에 대한 정보를 담고 있다. 지적법에서 의미하는 지적의 정의는 '국토의 전반에 걸쳐 일정한 사항을 국가 또는 국가로부터 위임을 받은 기관(대한지적공사)이 등록하여 이를 국가 또는 국가가 지정하는 기관에 비치하는 기록'이라고 설명되어 있다. 이를 넓은 의미로 해석하면 '지적은 지표면이나 공간 또는 지하를 막론하고 재정적 가치가 있는 모든 부동산을 유지 관리하기 위한 국가의 토지 행정'이라고 할 수 있다.

지적이라는 용어는 나폴레옹 1세가 제정한 지적법(Cadastral Law)이 그 효시이다. 그러나 그리스어로 장부를 의미하는 카타스티콘(Katastikhon)에서 유래되었다는 설과 라틴어에서 로마가 지배하는 영토에서 징수되는 과세 대장을 의미

지적도_우리나라의 지적도는 일제 강점기에 제작되었다. 초기의 지적도는 켄트지에 오구로 그린 것이었는데, 빈번한 사용으로 파손 부분이 생기자 1917년에 지적도 이면에 한지를 붙였다. 지적도에는 토지 대장에 등록된 토지만을 등록하였으며, 임야 대장에 등록된 토지(산)는 별도로 임야도에 등록하였다.

하는 캐피타스트럼Capitastrum서 유래되었다는 설이 있다. 그러나 전자가 통설로 받아들여지고 있으며, 후자는 조작된 것이라는 이유로 옥스퍼드 영어 사전에서도 삭제되었다고 한다.

우리나라에서는 조선 시대의 『경국대전』에 전지를 6등급으로 구분하고 매 20년마다 측량하여 지적을 작성하고 호조와 도 및 고을에 비치한다는 기록이 나타난다. 그 후 고종 32년(1895년 3월 26일) 칙령 제53호 판적국•의 사무 분장 규정 제2항에 '지적에 관ᄒᆞᆫ 사항' 이라고 명시하고 있으며, 그 해 11월 3일 향회 조규 제5조 제2항에서도 '호적 내지 지적에 관한 사항' 으로 규정함으로써 본격적으로 지적이라는 용어가 법규에 나타나기 시작하였다. 1908년 1월 24일에 공포한 삼림법 제19조에 '… 삼림·산야의 지적 및 견취도•를 …' 등으로 쓰이다가 1912년 토지 조사령에 의한 토지 조사 사업에서 토지 대장과 지적도를 총칭하여 지적이라 불렀다.

版籍局_ 갑오개혁 이후에 내무아문에 속하여 호적에 관한 사무를 보던 관청
見取圖_ 원래의 땅 모양을 대략 알 수 있도록 그린 약식 지도

지적도에 나타나는 지목의 종류는 28가지이지만 우리의 생활과 밀접한 관계가 있는 지목은 그리 많지 않다. 즉, 대지, 답, 전 및 과수원, 임야 및 목장, 묘지 등이 개인 재산과 관련된 지목이고 그 외에는 공공성이 있는 지목들이다.

대지는 도시 내에 있는 주거용 지목이기 때문에 대부분의 대지에는 주택이나 건물이 들어서 있거나 비록 공지라도 담장이나 울타리 등의 경계가 있다.

답(畓: 논)의 경우는 논두렁에 의해 경계가 확실히 구분되며 간혹 한 지번 내에 여러 필지로 나누어진 곳이 있지만, 지적도를 들고 현지에서 확인하면 기술이 없는 사람이라도 판독이 가능하다.

전(田: 밭)과 과수원은 둘 다 물이 없는 경작지로서 밭두렁이 형성되어 있거나 울타리가 있어서 판독이 가능하다. 다만 산 밑에 있는 밭이나 과수원의 경우는 산을 개간하여 일구는 특성 때문에 경계를 판독하기가 그리 쉽지 않다. 이런 이유로 가끔 분쟁의 불씨가 되곤 한다.

임야와 목장, 묘지는 산에 있는 지목이다. 목장은 가축들이 달아나지 못하게 울타리를 치기 때문에 대략의 경계는 알 수 있다. 그러나 일반 임야와 묘지의 경계는 눈으로 확인할 수 있는 방법이 없다. 하지만 면적이 큰 임야의 경우는 능선이나 계곡을 경계로 삼은 것이 많기 때문에 어느 정도 판독이 가능하다. 판독이 힘든 경우는 당초 임야도 작성 이후에 분할된(산 234-1, 산 124-3) 지번이다.

우리나라는 서양과 달리 임야의 경계를 따라 울타리를 치는 경우가 흔치 않기 때문에 하루에도 수백 건씩의 분쟁이 일어난다. 며칠 전에 내가 직접 구입한 산(임야)이라 할지라도 현장에 울타리가 없기 때문에 산의 경계를 확실히 알 수 있는 길은 없다. 산의 경계를 대충 안다고 하더라도 임야도를 가지고 산에 올라가면 헤매기가 일쑤다. 그렇다고 임야(산)의 경계에 철조망을 치는 것도 우리의 정서상 이웃과 같은 휴식 공간(산)을 앗아가기 때문에 그럴 수도 없다. 아무튼 대부분의 사람들은 자신이 소유한 산(임야)의 경계를 어렴풋이밖에 알 수 없다.

지도를 읽으면 길눈이 밝아진다
- 지도 읽기

　사람들은 자기가 태어났거나 살고 있는 곳의 지리는 지도를 보지 않고도 어느 정도 알고 있지만 타지에 가면 길을 헤매기 일쑤다. 최근에는 직접 자동차를 운전하여 다른 지방으로 가게 되는 경우가 자주 있는데, 이때 대부분의 운전자들은 지도를 보는 것보다는 현지에 가서 물어 물어 찾아가는 것이 보편화되어 있다. 특히 낯선 거리나 처음 가는 도시에서는 동서남북을 판단하기도 힘든데, 아무런 정보도 없이 목적지를 찾아가기란 어려울 수밖에 없다. 그렇다고 관청에 가서 물어보고 위치를 확인하기는 더욱더 번거로운 일이다. 그러므로 지도에서 미리 그 도시의 큰 건물이나 공공 기관을 확인하거나 어느 골목의 ○○ 약국, ×× 슈퍼 등을 알고 가면 최종 목적지를 찾아가는 데 많은 도움이 될 것이다. 그러므로 목적지를 찾아갈 때는 어느 곳을 경유해서 어떻게 가면 빠르고 정확히 갈 수 있는지 사전에 지도를 보는 것이 중요하다.

　'지도를 본다'는 것은 지도에 표시된 각종 기호와 색깔, 형태, 좌표 등을 파악하는 것뿐만 아니라 지도를 이해하는 것이다. 이때는 '지도를 본다'라는 의미보다는 '지도를 읽는다'라고 표현하는 게 바람직하다. 지도를 읽기 위해서는 각 지도의 범례 혹은 찾아보기를 먼저 보아야 한다. 만약 지도를 잘 볼 줄 모르면 범례를 충분히 파악하여 지도를 보는 습관을 길러야 한다. 그래야만 지도가 주는 유익한 정보를 통해 시간을 줄일 수 있으며 길을 헤매지 않게 된다.

　지도의 역할 중 가장 중요한 것은 위치를 판독할 수 있는 정보를 제공해 주

지도 읽기 지리를 잘 모르는 곳에 갈 때 지도를 먼저 보면 '가치 있는 경험'이 머리에 남는다. 그러면 현지에 가더라도 지명이 생소하지 않을 뿐만 아니라 지도를 보았을 때의 기억이 되살아나서 쉽게 목적지에 도달할 수 있다.

는 것이다. 지도는 평소에 잘 알고 있는 장소는 물론, 낯선 장소를 찾아갈 때도 길잡이 역할을 해 준다. 한 번도 가 보지 않은 곳일지라도 미리 지도를 보는 것만으로도 그 지역의 지리나 지명에 대해 간접적으로 경험을 할 수 있다. 그 지역에 도착했을 때는 거리에 붙어 있는 이정표나 도로 안내 표지판의 지명이 머릿속에 떠오를 것이다. 그리고 그런 일들이 머릿속에 '가치 있는 경험'으로 기억되면서 길을 헤매는 일이 점점 줄어들 것이다.

한두 번 다녀온 길을 쉽게 잊어버리거나 전혀 기억하지 못하는 사람들이 더러 있다. 알쏭달쏭하다며 경험의 기억을 되살리지 못하는 것이다. 우리는 이런 사람들을 '길눈이 어두운 사람'이라는 표현으로 웃어 넘긴다. 이런 사람일수록 지도 읽는 법을 익히고, 출발하기 전에 미리 지도로 지리를 기억해 둔다면,

좀 더 쉽게 목적지를 찾아갈 수 있을 것이다. 그리고 차츰 지도를 보는 눈도 좋아져 길눈이 어두운 사람이라고 불리지 않을 것이며, 지리를 익혀 가는 데 자신감이 생길 것이다.

 내비게이션

차량 자동 항법 장치인 내비게이션(navigation)은 범 세계 위성 항법 장치(GPS)를 이용한 안내 지도이다. 일본 교토의 택시에 처음 등장하였다는 설과 1983년에 일본 자동차 회사인 혼다가 처음으로 시스템을 개발하였다는 설이 있다. 초창기에는 보편화되지 않아서 극소수의 사용자들만이 차량에 내비게이션을 설치하였으나, 최근에는 DMB(Digital Multimedia Braodcasting) 때문에 대부분의 차량에 보급되었다. 내비게이션이라는 용어는 "Automotive navigation system" 또는 "Car navigation system"에서 비롯한 말이다. 지도(도로 교통 지도) 보기를 귀찮아하는 대부분의 운전자들도 이제는 내비게이션을 보면서 목적지를 찾아가는 데 익숙해져 있다. 지도를 미리 보고 목적지를 찾아가는 시대는 점차 사라지고 있다. 왜냐하면 편리성면에서 내비게이션을 따라갈 수 없기 때문이다. 그래서 대부분의 자동차에서 종이 지도가 사라지고 있다.

태양과 달이 역법을 만들었다
– 달력

천체 운행의 규칙적인 주기로부터 시간의 흐름을 측정하여 만든 역법은 시간을 구분하고 날짜에 순서를 매겨 나가는 것으로, 역歷에 작용되는 것은 밤낮이 바뀌는 것, 사계절의 변화가 일어나는 것, 달의 위상이 변화하는 것 등이다. 이것은 태양과 지구, 달이 서로 밀고 당기며 스스로 돌고 있기 때문에 일어나는 현상이다. 고대 천문학자들도 이들의 천구 운동을 보고 하루나 한 달 또는 1년의 길이를 정하였다. 그러나 한 달과 1년이라는 주기가 1일의 정수가 안 되므로, 이것을 조정하는 방법에 따라 여러 가지 역법이 고안되었다.

'달력calendar'이라는 말은 라틴어로 '흥미 있는 기록' 또는 '회계 장부'라는 뜻의 '칼렌다리움calendarium'에서 유래되었다고 한다. 고대 로마에서는 제관이 초승달을 보고 피리를 불어 월초임을 선포하였다고 하는데, 이때 매월 초하루의 날짜를 'calend'라고 하였다. 조명이 좋지 못했던 당시의 밤길에는 초승달이 뜨는 것보다 더 반가운 일이 없었기 때문에 초승을 중요한 기점으로 생각했던 것이다.

연年·월月·일日은 각각 독립된 3개의 주기인데, 이것들을 결합시키는 방법이 쉬운 일이 아니므로 이에 대한 방안으로 각 주기에 대해 구체적으로 기록해 놓은 책(역서)을 만들게 되었다. 역서에는 천문력·항해력·농사력 등의 전문력과 우리들이 평소에 쓰는 상용력 등이 있는데 이 중 상용력에는 연·월·일·주뿐만 아니라 춘분·추분·하지·동지 및 각종 축제일 등이 기재되어 있고

로마의 달력_대리석에 새겨진 로마 시대의 태음태양력.

주로 일상생활이나 종교 의식을 치를 때 사용되었다.

역법은 기본 주기를 어디에 두느냐에 따라 달라진다. 기본 주기를 달의 삭망에 두었을 때의 역을 태음력이라 하고, 태양의 운행에 두었을 때는 태양력이라고 한다. 또 달과 태양 두 천체의 운행을 함께 고려한 것을 태음태양력이라고 한다. 역사적으로 볼 때 태음력이 가장 일찍 알려졌으며, 이어 태음태양력 · 태양력의 순으로 쓰인 듯하다. 당시 사람들의 시각으로 볼 때는 달의 삭망 주기가 사계의 순환 주기보다 더 뚜렷하게 나타났기 때문에 태음력이 먼저 만들어졌을 것으로 판단된다.

지구의 자전 주기는 1태양일의 기준이 되고, 지구의 공전 주기는 1태양년의 기준이 되며, 달의 공전 주기는 1태음월의 기준이 된다. 가장 널리 이용되어 온 태양력은 고대 이집트력, 고대 로마력, 율리우스력Julian Calender, 그레고리력 Gregorian Calender으로 발전해 왔다. 그중 최초의 실용적인 역법은 이집트인들에 의해 만들어지고 로마인들에 의해 서유럽에서 1,500년 이상 사용된 율리우스력이다.

로마 제국의 정치가 카이사르Gaius Julius Caesar, BC 100~BC 44, 일명 시제는 달력에도 큰 관심을 가져 BC 46년에 달력을 만들었다고 한다. 당시에 사용하던 로마력은 불완전한 것이었는데, 때마침 이집트를 원정했던 카이사르가 그곳에서 사용하는 간편한 역법을 알아내고 자기 나름대로 로마력을 개정하였다. 이것이 율리우스력으로 오늘날 사용되는 달력의 시초가 되었다. 율리우스력도 한때는 100년마다 하루씩 늦어지고 날짜가 맞지 않는 등 매우 혼란스러운 일이 있었지만 점차 수정되었다.

당시 로마의 위정자들은 자신의 공적이나 명성을 남기는 데 달력을 이용하였는데 카이사르도 예외는 아니었다. 자신이 탄생한 7월을 자기의 이름(율리우스)으로 만들었는데, 이것이 현재 July(7월)의 어원이다. 율리우스력은 로마 제국 영토 내에서 널리 사용되었고, 전 유럽에 점차 보급되어 16세기 말까지 쓰이다가 그레고리력으로 이어졌다.

그레고리력은 로마 교황 그레고리우스 13세가 제정한 태양력으로 오늘날 거의 모든 나라에서 사용하는 세계 공통력이다. 가톨릭교회의 축제일인 부활축일의 날짜에 사소한 의견 충돌이 발생하여 이를 해결하기 위하여 모든 그리스도교인들이 같은 날에 기념하기로 하였고, 그 방안으로 낮과 밤의 길이가 같게 되는 춘분일을 율리우스력에 따라 3월 21일로 확정하였다. 당초 율리우스력은 많은 장점에도 불구하고 계산에서 작은 편차가 있었다. 즉, 16세기에 이르러서 천문학적인 계산보다도 약 10일이 빠른 오차가 생겨서 이를 바로잡기 위하여 1582년 개정하여 그레고리력으로 부르게 되었다. 개정 내용은 첫째로 1582년 10월 4일 다음에 곧바로 1582년 10월 15일이 따르도록 하여 위에서 설명한 10일의 편차를 제거하였으며, 둘째로 400년마다 3일의 윤일을 공제시키는 것이다(치윤법 참고).

오늘날 가장 널리 사용 중인 그레고리력은 1699년에 신교를 믿는 독일의 소국가, 1752년에는 영국과 그 식민지, 1753년에는 스웨덴, 1873년에는 일본, 1912년에는 중국, 1918년에는 소련 그리고 1923년에는 그리스에서 채택하여 사용함에 따라 전 세계로 퍼져 나갔다. 대한민국은 음력 1895년 9월 9일 조선 정부가 같은 해 음력 11월 17일을(을미개혁, 김홍집 내각) 1896년 1월 1일로 하고, 청의 연호를 버리고 태양력 채택을 기념하여 건양建陽이라는 독자적 연호를 사용하기로 결정한 이래 현재까지 그레고리력을 사용하고 있다.

오뉴월에 눈이 내리고 동지섣달에 더위가 온다
– 치윤법

우리가 흔히 말하는 달력은 음력이든 양력이든 그 날짜가 1을 정수로 딱 맞아 떨어지지 않는다. 왜냐하면 지구의 공전 주기와 자전 주기, 달의 공전 주기가 정확히 맞아떨어지지 않기 때문이다. 이를 맞추기 위해서는 인위적으로 보정해야 한다. 만약 보정해 주지 않고 그대로 방치해 두면 몇 천 년이 지나면서 혼란이 야기된다. 이를 없애기 위해 달력에서 윤일(閏日, intercalary day), 윤달(閏月, leap month), 윤년(閏年, leap year)을 두는데 이런 것을 치윤법(置閏法, intercalation)이라고 한다. 윤일은 윤날로 표현하며 윤년에 드는 날, 즉 2월 29일을 칭한다. 윤달은 음력과 양력의 비율을 맞추기 위하여 음력을 한 달 더 두는 것이고, 윤년은 윤달이나 윤일이 든 해를 일컫는다.

현재 우리가 사용하고 있는 달력은 가장 많은 나라에서 사용하는 태양력인 그레고리력이다. 그런데 사실 지구가 태양의 둘레를 1바퀴 도는 데는 딱 365일 걸리는 것이 아니다. 정확히는 365.2422일인데, 이 때문에 1년 1/4일이 더 걸린다(365.0-365.25=0.25×4년=1일). 이것을 없애기 위하여 보통 4년마다 2월에 하루를 더하여 29일로 해 주는데 이것이 윤일이다. 그래서 4년마다 2월 마지막을 29일로 함으로써 4년간의 연평균 일수를 365.25일로 맞추었다. 이 값도 실제보다 1년에 0.0078일(365.25-365.2422)이 길다. 즉 4년마다 윤일을 하루씩 더한다고 해도 1년에 0.0078일의 오차가 있다는 말이다. 이를 계산해 보면 400년에 3일 정도의 오차가 생긴다(0.0078×400년=3.12일). 그러므로 4세기마다 3일의 오차를 또 조정해야 한다.

다시 정리를 하면 그레고리력에서 1태양년이 365.2422일로 되어 있으므로, 365일로 맞추기 위해 400년에 97회400×0.2422의 윤일을 두어야 한다. ① 4년에 한 번은 윤년으로 한다4로 나누어 딱 떨어지는 해. ② 100년에 한 번은 윤년으로 하지 않는다100으로 나누어서 딱 떨어지는 해. ③ 둘째 규칙의 예외 규정으로 400년에 한 번은 윤년으로 한다400으로 나누어서 딱 떨어지는 해. 그러므로 2000년은 400으로 나누어지기 때문에 윤년이지만 2100년은 100으로 나누어지기 때문에 윤년이 아니다. 이러한 조정 덕분에 그레고리력은 수천 년에 하루 정도의 어긋남밖에 생기지 않는다.

태음력에서 한 달을 더 두는 것을 윤달이라고 한다. 1태음년은 354.367068일(1삭망월[朔望月]은 29.53059일)이고, 1태양년은 365.2422일이므로 음력의 일수는 양력보다 약 11일이 짧다. 그러므로 3년에 한 달, 또는 8년에 석 달의 윤달을 넣지 않으면 안 된다. 만일 음력에서 윤달을 전혀 넣지 않으면 17년 후에는 5, 6월에 눈이 내리고 동지 섣달에 더위로 고통을 받게 된다. 그래서 예로부터 윤달을 두는 방법이 여러 가지로 고안되었다. 그 중 19태양년에 7개월의 윤달을 두는 방법을 19년 7윤법十九年七閏法이라 하여 가장 많이 쓰고 있다. 19태양년=365.2422일×19=6,939.6018일이고, 235삭망월=29.53059일×235=6,939.6887일이다. 여기서 6,939일을 동양에서는 BC 600년경인 중국의 춘추시대에 발견하였는데, 이를 장章주기라고 하며 서양에서는 메톤 주기(BC 433년 그리스의 메톤에 의해 발견)라고 한다.

윤달은 평소에는 없던 달이기 때문에 '공달', '덤달', '여벌달', '썩은 달' 등으로 불린다. 윤달에는 수의를 만드는 집에는 사람들이 줄을 서고 예식장이나 경사스런 대사는 가급적 피하는 게 우리의 풍속이었다. 그러나 이것은 단지 풍습으로 수의를 만드는 일처럼 평소에 꺼리던 일을 해도 좋다는 뜻이지 경사스러운 일을 치르지 말라는 뜻은 아니다. 이 때문에 윤달에는 이장移葬을 하거나 수의壽衣를 준비하는 풍습이 전해 내려왔다. 한국에서는 고종의 칙령에 의하여 1896년 1월 1일부터 양력을 쓰고 있다. 아무튼 '음력을 지내자.', '아니야 양력을 지내자.' 또는 '양력과 음력을 같이 지내자.'로 한동안 말이 많았다. 어느 쪽이든 이들 모두는 태양과 지구 및 달의 운동으로 생긴 것이다.

동지는 태양의 탄생일이다
- 동지

동지는 우리나라에만 있는 절기가 아니고 서양에서도 중요한 축일로 여겨져
왔다. 동양의 태음태양력에서 역의 기산점으로 중요한 의미를 지닌 동지는 대
설과 소한 사이에 있으며 음력으로는 11월 중순경, 양력으로는 12월 21~22일
경이 된다.

천문학적으로 동지는 태양이 남위 23.5°인 동지선(남회귀선)과 황경•
270°에 도달할 때이다. 북반구에서는 태양이 가장 남쪽에 이르며, 태양
의 남중 고도가 1년 중 가장 낮고 밤이 가장 긴 날이다. 반대로 남반구
인 뉴질랜드나 오스트레일리아에서는 낮이 가장 길고 밤이 가장 짧은 날이다.
북반구에서는 동지 다음 날부터 낮이 길어지기 때문에, 태양신을 숭배하던 페
르시아의 미드라교에서는 12월 25일을 태양 탄생일로 정하여 축하하였다고
한다. 중국 주周나라에서 동지를 설로 삼은 것도 이 날을 생명력과 광명의 부활
이라고 생각하였기 때문이다.

중국의 『형초세시기荊楚歲時記』에 의하면 공공씨共工氏의 망나니 아들이 동짓
날에 죽어서 역신이 되었는데, 그 아들이 평상시에 팥을 두려워하였기 때문에
사람들이 역신•을 쫓기 위하여 동짓날 팥죽을 쑤었다고 한다.

조선 순조 때의 학자 홍석모洪錫謨, 1781~1850가 지은 『동국세시기』에
의하면, 동짓날을 '아세亞歲'라 했고 민간에서는 흔히 '작은설'이라 하
여 크게 축하하는 풍속이 있었다고 한다. 설 다음가는 작은설의 대접을

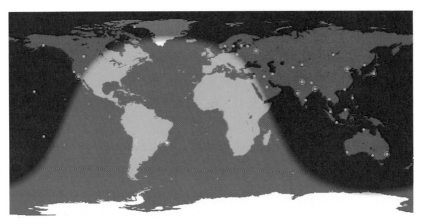

동지 때의 태양의 일주 운동_동지 때 남미와 아프리카를 비추는 태양의 모습으로 북쪽의 그린란드는 거의 밤이 되어 있음을 알 수 있다. 그림의 밝은 부분에 위도선을 그을 경우, 북반구는 위도선이 짧고(낮이 짧음) 남반구는 위도선이 긴(낮이 깊) 모습을 볼 수 있다.

했던 것이다. 그 풍습은 오늘날에도 이어져 '동지를 지나야 한 살 더 먹는다' 거나 '동지 팥죽을 먹어야 진짜 나이를 먹는다', '나이만큼 새알을 먹어야 한다' 는 말을 하곤 한다. 이와 같이 나이를 먹는 내용이 많이 나오는 것은 '새해가 되면 나이를 한 살 더 먹는다' 는 사실에서 동지를 새해의 첫날과 버금가는 날로 생각했음을 알 수 있다.

궁중에서는 동지를 원단元旦과 함께 으뜸가는 축일로 여겨 군신과 왕세자가 모여 회례연을 베풀었으며, 해마다 중국에 예물을 갖추어 동지사를 파견하였다. 또 지방에 있는 관원들은 임금에게 축하를 올렸을뿐만 아니라 관상감에서 만들어 올린 달력을 '동문지보同文之寶' 란 어새(임금의 도장)를 찍어서 모든 관원들에게 나누어 주고, 관원들은 이를 다시 이웃 친지들에게 나누어 주었다고 한다. 이러한 풍속을 여름에 부채를 주고받는 풍속과 더불어 '하선동력夏扇冬曆' 이라 하였다. 또한 내의원에서는 악귀를 물리치고 추위에 몸을 보하는 데 효과가 있다는 '전약煎藥' 이라는 음식을 동지 때 진상하였다고 한다.

또 동짓날 부적으로 뱀 사(蛇) 자를 써서 벽이나 기둥에 거꾸로 붙이면 악귀가 들어오지 못한다거나, 동짓날 일기가 온화하면 다음 해에 질병이 많아 사람이 죽고, 눈이 많이 오고 날씨가 추우면 풍년이 들 징조라고 했다. 그 밖에 고려·조선 초기의 동짓날에는 어려운 백성들이 모든 빚을 청산하고 새로운 기분으로 한 해를 즐기는 관습이 전래되었다.

 24절기

지구의 운동에 따라 1년을 24절기로 나누어 생활에 이용하고 있는데, 이는 태양 주위를 도는 지구의 이동 간격을 춘분점을 기준으로 15도씩 동쪽 방향으로 24등분 한 것이다. 그러므로 24절기의 기준은 양력이다. 국립천문대가 발행하는 역서를 토대로 만든 달력은 한 달에 2개의 절기가 들어 있다. 절기를 처음 도입한 나라는 중국으로 당시 화북 지방의 농사와 기상 상태를 토대로 24절기를 만들었다고 한다. 우리나라에서는 24절기가 계절을 알려 주는 척도로 사용되며, 음력에 윤달을 두는 지표로 쓰이고 있다. 이러한 24절기가 절기의 이름과는 달리 가끔 맞지 않을 때가 있는데, 이것은 중국 화북 지방의 날씨와 우리나라의 기상 상태가 다르기 때문이다. 예를 들어 대한(大寒)과 소한(小寒)의 한자 뜻을 풀이해 보면 대한이 당연히 춥다. 그러나 우리나라에서는 항상 소한 때가 더 춥다. '대한이 소한 집에 놀러 갔다가 얼어 죽는다' 라는 속담이 있는데, 대한은 양력 1월 21일경으로 중국에서는 겨울 추위가 대한에 이르러서 최고에 이르지만 우리나라에서는 소한 때가 더 춥기 때문에 나온 말이다.

산중 과일을 따 먹으며 달린다
- 오리엔티어링

지도와 나침반을 이용하여 지정된 지점을 통과하고 목적지까지 완주하는 경기를 오리엔티어링orienteering이라고 한다. 오리엔티어링을 잘하기 위해서는 지도를 잘 읽어야 하는데, 훈련받지 않은 일반인들은 지도 읽는 습관이 몸에 배어 있지 않기 때문에 어렵게 생각한다. 반면에 등산 학교나 군사 훈련을 받은 사람들은 지도 읽기가 습관화되어 있어서 어느 정도 여유를 가지고 편하게 즐긴다.

오리엔티어링과 등산을 비슷하게 생각하는 사람들이 있는데, 오리엔티어링과 등산은 분명히 다르다. 등산은 지리를 잘 아는 가이드의 안내를 받아 따라가기 때문에 혼자서 지도를 보면서 목표물을 찾아가는 일이 거의 없다. 반면에 오리엔티어링은 반드시 통과 지점을 지나서 목표 지점에 도달하여 그 소요 시간(점수)을 겨루는 엄연한 경기이다.

오리엔티어링의 OL은 독일어 '오리엔티에룽스 라우프Orientierungs Lauf'의 첫 글자 'O'와 'L'을 따온 것이며, 우리말로 표현하면 '방향 정하여 달리기' 또는 '목표 정하여 달리기'라고 할 수 있다. 오리엔티어링은 1918년경 스웨덴의 청소년 지도자 에른스트 킬란더Ernst Killander 소령에 의해 개발되었다. 당시 군대에서 장교 훈련에 사용되어 온 지도와 나침반을 청소년들에게 나누어 주고 삼림 지역을 무대로 목표 지점을 찾아오게 한 것에서 비롯되었다.

그 후 스칸디나비아 3국에서 급속도로 확산되어 오다가 1964년 IOF(International Orienteering Federation: 국제 오리엔티어링 연맹)가 설립되어 범세계적인 스포츠로 확산되었다. 우리나라도 1977년 한국 오리엔티어링 위원회가 발족되고 1979년 IOF에 가입하였다. 현재 한국 오리엔티어링 연맹은 각 시, 도에 지부를 두고 있으며 매년 오리엔티어링 교육과 대회를 개최하고 있다. 특히 한국산악회에서는 1985년 오리엔티어링 기획 위원회를 설치하면서 오리엔티어링에 대한 체계적인 이론 정립과 교육에 힘쓰고 있다. 또 한편으로 1986년 제16회 대회에서는 자체 제작한 1:15,000 지도와 통과 지점 설명서를 만들어 사용했고, 제17회 대회에서는 단체 경기를 도입하였으며, 1988년 제18회 대회 때는 국내 최초로 우리 기술에 의한 국제 규격의 5색 지도도 제작하였다.

모든 것을 혼자서 결정하여 목표물을 찾아가는 오리엔티어링은 코스를 빨리 판단할 수 있는 두뇌와 강건한 체력이 뒷받침되어야 한다. 길이 없는 숲 속에서 지도를 보고 인근의 지형지물과 식생 상태를 빨리 파악해야 하며, 무수히 많은 코스 중에 자신에게 가장 적합한 코스를 선택하는 것이 중요하다. 또 한정된 시간 내에 목표 지점에 도달하기 위해서는 시간을 단축할 수 있는 코스를 선택해야만 한다. 그러나 시간을 단축할 수 있는 코스는 계곡과 능선을 가로지르는 험한 코스이다. 길을 잃지 않고 정확히 목표 지점까지 가기 위해서는 시간이 좀 더 걸리더라도 이미 길이 나 있거나 산 능선의 평탄한 길을 택하는 것이 무난하다.

코스 선택의 기로에 놓일 때 순간적으로 최선의 선택을 하는 것은 쉬운 일이 아니다. 시간에 쫓기고, 가시나무에 찔리고, 덩굴에 발이 걸려 넘어지고, 진흙 수렁에 발이 빠지고, 찾아가야 할 지점은 아득하고, 걱정이 한두 가지가 아니다. 혹 자기보다 늦게 출발한 참가자가 추월해 가는데 결정을 내리지 못해 나아가지 못한다면 정말 답답하지 않을 수 없다. 숲 속에서 통과 지점을 잘못 찾아 엉뚱한 데를 헤매거나 힘들게 왔던 길을 되돌아가야 하는 경우도 있을 뿐 아니라 나침반을 고정했을 때 엉뚱한 곳에 와 있다는 것을 알게 된다면 정말 난감하지 않을 수 없을 것이다. 가끔 다른 참가자를 만나더라도 그들을 막연히 따라갈 수는 없다. 그들도 길을 헤매고 있을지 모르며, 행여 따라갔다가 잘못 따라간 것이 판명되면 옆사람 것을 커닝하다가 시험을 망치는 것과 같은 일이 일어날지도 모르기 때문이다.

오리엔티어링 경기는 우승하는 데만 목적을 두지 않는다. 오리엔티어링은 대기 오염과 소음 등 공해에 찌든 현대인이 자연의 푸르름 속에서 맑고 신선한 공기를 마시며 스트레스를 해소하는 숲 속의 스포츠이다. 오리엔티어링은 누구나 즐길 수 있는 스포츠로 연령과 성별, 기술 수준에 의해 다양하게 등급이 나누어져 각각에서 독특한 흥미를 느낄 수 있도록 개발되어 있다. 한마디로 친환경적인 스포츠이다.

오리엔티어링은 청소년에게 자연을 관찰할 수 있는 기회를 제공함으로써 자연보호 정신을 함양시켜 줄 뿐만 아니라, 낯선 지형에서 길을 찾아감으로써 모험심과 창의력을 길러 주고 한계에 도전하는 정신력을 강화시켜 준다. 따라서 목표를 향한 자신의 의지를 실험하고 스스로 문제를 해결함으로써 자아 확립의 기틀을 마련하고 성취감을 맛볼 수 있다. 때론 피크닉이나 등산처럼 참가 그 자체가 즐거우며 맑은 공기를 마실 수 있고 중간에 잘 익은 산중 과일도 따 먹을 수 있다.

10시간을 날아도 같은 날이다
– 시차

　우리나라에서 출발하는 비행기는 지구의 자전 방향(미국[동쪽] 방향)으로 날아 가는 경우와 그 반대인 중국 방향(서쪽)으로 날아가는 경우로 나눌 수 있다. 일부 동남아시아와 오스트레일리아·뉴질랜드 방향(남쪽)으로 날아가는 비행기도 있지만, 양방향의 시간 차이가 별로 없기 때문에 거론하지 않기로 한다. 특히 비행기가 지구의 동서 방향으로 동일한 거리를 날아갔을 때 현지 도착 시간은 많은 차이를 보인다. 이것은 도착지 나라와의 시차(時差, time difference)가 있고, 태평양상에 날짜 변경선이 있기 때문이다.

　한국 표준시는 그리니치 평균시(세계시)보다 9시간 빠르므로 런던이 1월 1일 00시이면 서울은 1월 1일 09시가 된다. 그러므로 서울의 1월 1일 0시는 런던보다 이미 9시간 전에 지났다는 말이 된다. 이때 런던의 서쪽인 뉴욕은 12월 31일 19시가 되고, LA는 16시이다. 그러므로 한국에서 뉴욕의 시간을 알아보려면 14시간을 빼야하고 LA는 17시간을 빼야 한다. 지금까지 설명한 것은 모두 그리니치의 본초자오선(경도 0°00'00")을 기준으로 설명한 것이다. 여기서부터 0시 00분 00초가 시작되기 때문이다.

　시차와 비행기의 운항 방향과의 관계를 살펴보기 위해, 서울에서 런던까지 비행기를 타고 10시간을 날아간다고 가정해 보자. 앞에서도 설명했듯이 서울과 런던 사이의 시차는 9시간(135° ÷ 15°)이다. 1월 1일 09시에 서울에서 비행기가 출발한다면 비행시간이 10시간 걸리므로 런던에는 같은 날 저녁 7시가 되

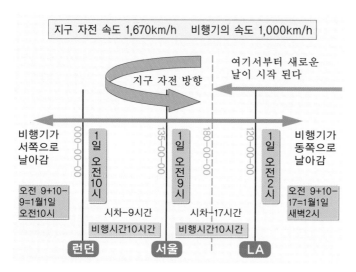

지구 자전 속도 1,670km/h   비행기의 속도 1,000km/h

지구 자전 방향

여기서부터 새로운 날이 시작 된다

비행기가 서쪽으로 날아감

비행기가 동쪽으로 날아감

| 000-00-00 | 1일 오전 10시 | 135-00-00 | 1일 오전 9시 | 180-00-00 | 120-00-00 | 1일 오전 2시 |

오전 9+10-9=1월1일 오전10시

시차-9시간

비행시간10시간

시차-17시간

비행시간10시간

오전 9+10-17=1월1일 새벽2시

런던   서울   LA

10시간 날아가도

어야 도착하지만, 9시간의 시차를 빼면 비행기가 런던에 도착하는 시간은 1월 1일 오전 10시가 된다. 그러므로 10시간을 날아와도 같은 날 오전 10시이므로 1시간 만에 서울에서 런던에 간 셈이다.

반면에 비행기가 미국의 LA로 날아간다고 가정해 보자. 서울이 1월 1일 오전 9시이면 이때 LA는 12월 31일 16시(오후 4시)가 된다. 왜냐하면 서울과 LA의 시차는 17시간이기 때문이다. 서울에서 LA까지 비행기로 10시간이 걸린다고 가정하고, 비행기가 서울에서 1월 1일 오전 9시에 출발하면 LA에는 1월 1일 새벽 2시에 도착하게 된다. 그때 이미 한국은 10시간의 비행시간이 흘렀으므로 1월 1일 19시(오후 7시)가 되어 있다.

그러므로 런던과 LA는 똑같이 비행시간이 10시간씩 걸리지만, 런던은 서울에서 출발하여 1시간 후에 도착한 셈이고, LA는 서울에서 출발한 1월 1일 9시가 되려면 아직 7시간을 더 기다려야 된다. 비행기가 LA에 도착하고 관광을 한참 한 후에야 서울의 출발 시간이 된다는 말이다. 이것은 지구가 한국에서 미국 방향으로 자전하고, 태평양 중간에 날짜 변경선이 있기 때문이다.

비행기를 타고 동일한 목적지를 왕복할 때, 갈 때와 올 때의 시간이 다르게 나타난다. 비행시간이 지구 자전 방향인 미국으로 갈 때는 조금 덜 걸리고, 자전 반대 반향인 한국으로 올 때는 좀 더 걸린다. 이것은 극을 중심으로 서에서 동으로 부는 편서풍의 영향인 것으로 알려져 있다. 실제로 서울에서 LA로 갈 때는 10시간이 걸리지만 LA에서 서울로 올 때는 12시간 정도가 걸린다. 물론 비행 코스가 갈 때와 올 때가 약간 다를 경우도 있지만 동일한 조건일지라도 차이가 난다. 비행기를 타고 해외여행 갈 기회가 예전보다는 훨씬 많아진 요즘, 비행시간에 대해 한 번쯤 생각해 볼 필요가 있다.

땅 밑을 흐르는 생기를 찾아라
- 풍수지리

    드넓은 평야와 낮은 구릉, 그 뒤로 펼쳐진 높은 산 그리고 깊은 계곡을 따라 물이 흐르는 아늑한 삶의 터전. 동네 어귀에서 늘 바라보던 이런 모습은 우리와 불가분의 관계를 맺어 왔다. 우리 선조들은 좋은 땅(명당)에 묻혀야만 자신의 대代에서 안녕과 부귀영화를 누릴 뿐만 아니라 자기가 죽은 후에도 후손들에게 해를 끼치지 않는다고 생각했다. 『삼국유사』에 나오는 환인이 풍백•을 거느리고 태백산에 신단수를 정했다는 기록에 풍수적 의미가 내포되어 있다고 하지만 이것을 풍수라고 단정 지을 수는 없다. 고려 시대에는 도선 국사道詵國師가 당나라에 가서 장일행張一行이라는 선사로부터 풍수지리학을 전수받아 고려 태조 왕건에게 많은 영향을 끼쳤다고 한다. 또 통일신라 시대에 태종 무열왕이나 김유신 등의 묏자리를 정할 때 풍수지리설을 이용하였다고 하는데, 이는 왕실을 중심으로 풍수가 유행하였음을 짐작하게 한다.

    풍수는 중국의 서북 지방에서 유입되었다는 설이 유력하며, 중국 사람 곽박•이 쓴 『장경葬經』에 나오는 '장풍득수藏風得水'의 준말이라고 한다. 이는 땅 밑을 흐르는 생기生氣를 잘 보존하고 이용하기 위한 술법을 이르는 말이다. 그러므로 풍수지리는 우리나라와 중국을 비롯한 유교적 문화권에서 이용되는 일종의 지상학地相學으로 해석할 수 있다. 흔히 풍수라고 하면 묏자리를 잡는 것으로 알고 있는데, 이것은 음택풍수(죽은 자의 영혼이 산 자

風伯. 바람을 맡아 다스리는 신. 비렴(飛廉), 풍사風師), 풍신(風神)

郭璞. 276~324. 중국 진(晉)나라의 시인으로 『산해경(山海經)』에 주(註)를 달았다.

풍수지리_산이나 강의 정기를 보고 마을의 터를 잡거나 묏자리를 쓴다는 것이 우리 선조들의 의식에 자리 잡혀서 자연스럽게 풍수지리로 발전했을 가능성도 없지 않다.

에게 영향을 준다는 전제하에 묘지를 선정하는 일)로 풍수지리의 한 분야일 뿐이다.

풍수지리는 좋은 묏자리를 찾는 음택풍수와 취락, 집터, 절터를 평가하는 양택풍수로 나눌 수 있으며 음양오행설에 그 근원을 두고 있다. 오행설에서는 산의 형태를 화火, 수水, 목木, 금金, 토土로 분류하여 해석한다. 산에 지기地氣가 결집된 곳에 열매가 맺힌다고 하며 그런 곳을 혈穴이라고 한다. 풍수에서 우리에게 가장 많이 알려진 명당明堂이란 말은 본래 황제가 신하의 축하를 받은 땅을 뜻하는데 청룡과 백호 등으로 둘러싸인 혈전穴前의 땅을 말한다. 즉 혈 바로 앞의 평평한 지형을 명당이라 부르며, 혈과 명당은 풍수에서 가장 중심이 되는 요소이다. 전통 건축 양식과 비교하면 본채와 그에 부속된 앞뜰의 관계라고 생각하면 된다.

양택풍수에서는 집터보다도 절터가 더 중요하게 다루어져 왔다. 왜냐하면 오랜 불교 문화의 영향으로 대부분의 승려가 풍수의 대가들이라서 그들 스스로 자연스럽게 절터에 대해 많은 관심을 가졌기 때문이다. 그래서 명산대찰이 많은 편이며 오래된 절터는 자연스럽게 명당이 되었다. 도선 국사, 무학 대사, 사명 대사, 서산 대사 등이 모두 불교계의 풍수사로 알려져 있다. 이처럼 풍수에 통달한 불교계의 고승들이 지인들에게 혈을 찾아 주면서 우리나라 전통 풍수의 맥을 이었다고 할 수 있다. 특히 통일 신라 때의 도선 국사는 한반도 풍수지리의 이론적 토대를 마련했는데, 그는 '우리나라는 백두산에서 일어나 지리산에서 마치니 그 세는 수水를 근본으로 하고 목木을 줄기로 하는 땅이다' 라고

하여 일찍이 백두대간•을 국토의 뼈대로 파악하고 그 중요성을 인식하고 있었다. 또 명문가에서도 풍수지리를 공부한 명사가 많이 나와 정도전, 남사고, 이지함, 맹사성, 채성우, 안정복 등의 학자와 명신들이 풍수사로 알려져 있다.

白頭大幹. 한반도의 뼈대를 이루는 산줄기. 19세기 이전에는 산맥이란 용어 대신 대간(大幹), 정간(正幹), 정맥(正脈)이라 불렀다.

 입지 선정(立地選定)

풍수지리는 터를 잡는 술법이다. 오늘을 사는 현대인들도 '터잡기'와 같은 뜻으로 '입지 선정'이라는 말을 쓴다. 주로 도시 계획을 수립할 때 사용하는 용어이다. 입지 선정은 입지 주체나 입지 장소에 따라 요구하는 조건이 천차만별이다. 지형, 지질, 기후(바람, 온도), 용수 등과 같은 자연적인 조건과 교통, 시장, 노동력, 용지 상태, 원료 공급, 전력 등과 같은 사회적·경제적인 조건이 맞아야 한다. 예를 들어 도시를 세울 때 공업 지역은 어디로 할 것인지? 주거 지역은? 또 상업 지역은? 또한 취락의 위치나 방향은 어디로 할 것인지? 뿐만 아니라 소방서, 병원, 시청, 학교, 공원 등과 같은 공공 시설물은 어디에 입지해야 될지 심각하게 검토해야 한다. 요즈음도 국가적으로 중요한 입지를 선정할 때 풍수지리를 감안하여 입지를 선정하는 경우가 종종 있다.

도청 이전 문제가 대두되고 있는 곳에서는 어느 도시의 어떤 곳에 자리를 잡아야 할지 걱정이 태산이다. 좁게는 도시 내에서 이전하려는 장소까지 검토해야 한다. 이 때 입지 조건이 딱 들어맞는다고 해도 지역 이기주의 때문에 골치를 썩인다. 특히 입지 선호 시설과 혐오 시설 때문에 주민들 간의 갈등을 해소하는 문제가 더욱 중요하다. 종합 병원, 학교, 경찰서, 시청, 공원, 백화점, 호텔 등과 같은 입지 선호 시설은 자기 집 앞(부근)에 설치하려고 하는 핌피(PIMFY: Please In My Front Yard) 현상이 확대되는 반면 쓰레기 매립장 및 소각장, 핵폐기물 처리장, 영안실과 화장장, 공해 공장, 채석장 등 혐오 시설은 서로 자기 집 앞(부근)에 둘 수 없다는 님비(NIMBY: Not In My Back Yard) 현상이 고조되고 있다. 그러므로 입지 선호 시설과 혐오 시설을 둘러싼 주민들 간의 마찰을 최소화하기 위하여 시설물의 위치가 결정되기 전에 미리 객관적인 관점에서 입지 기준을 설정하여 제시하고 그 기준에 따라 선정해야만 말썽을 줄일 수 있다.

지구가 품고 있는 유용한 물질
- 지하자원

지각 내에 보존되어 있는 유용한 물질을 지하자원underground resources이라고 하는데, 철, 석탄, 석유와 같이 인간 생활에 도움을 주는 광산물을 말한다. 그 종류는 매우 다양하다. 특히 금·은·철·구리·니켈·아연 등과 같은 금속 자원은 각종 도구나 기재의 원료로 매우 유용하게 이용된다. 대체로 지각 내에서 광물의 형태로 존재하기 때문에 총칭으로 광물 자원이라 부르기도 한다. 또한 금속 원소를 함유하지 않은 광물로 구성된 것을 비금속 자원이라고 하는데 이들도 지하자원의 일종이다. 시멘트의 원료나 석재로 이용되는 석회암, 보석으로 사용되는 수정이나 다이아몬드 등이 비금속 자원의 대표적인 예이다. 지하자원 중에 석유, 석탄, 천연가스 등을 특히 에너지 자원이라고 한다. 이들은 모두 과거의 유기물이 매몰된 후 열에 의해 숙성된 것으로 화석 연료라고 한다. 한편 오늘날에는 지하수, 온천수, 지열地熱 등도 넓은 의미로 지하자원으로 분류한다. 특히 지하자원을 구성하는 각종 유용광물들이 특정 장소에 모여 있는 것을 광상鑛床이라고 한다.

금속 자원(광물 자원) : 금·은·철(광석)·구리·니켈·아연 등

비금속 자원 : 석회암, 수정, 다이아몬드 등

에너지 자원(화석 연료) : 석유, 석탄, 천연가스 등

기타 지하자원 : 지하수, 온천수, 지열 등

이들 지하자원 중에 우리 인류에게 가장 유용하게 이용되는 것이 석유(石油, petroleum) 자원이다. 석유 자원은 지구 상에서는 액체·기체·고체의 형태로 발견되며 동물이나 식물로부터 생성된다. 액체 상태의 석유는 기체 상태의 석유와 함께 가장 중요한 1차 화석 연료로 쓰인다. 액체와 기체 상태의 탄화수소는 본질적으로 매우 밀접히 연관되어 있기 때문에 석유와 천연가스 모두를 지칭할 때 '석유'라고 줄여서 표현하기도 한다. 석유는 탄화수소를 주성분으로 하는 가연성 기름을 일컫는다. 검은 갈색을 띤 액체인 천연 그대로의 깃을 원유라 하는데 이것을 증류하여 휘발유, 등유, 경유, 중유, 석유 등을 얻고 원유를 정제하여 가공하면 용매·페인트··아스팔트·플라스틱·합성고무·섬유·비누·세제·왁스·젤리·의약품·화약·비료 등의 수많은 제품을 얻을 수 있다. 석유라고 표현하는 'petroleum'은 1556년 독일의 광물학자인 게오르크 바우어George Bauer가 쓴 학술 논문에서 최초로 사용되었는데, 이 말은 암석을 뜻하는 라틴어 '페트라petra'와 기름을 뜻하는 '올레움oleum'을 합하여 만든 것으로 '암석 기름'이라는 뜻이다.

펜실베이니아 주 타이터스빌Titusville에서 일당 2.5달러를 받으며 굴착 기술자로 일하던 스미스Uncle Billy Smith란 사람이 수직 갱도에 고여 있던 검은색의 기름띠dark film floating를 발견하면서 미국의 유정 개발 사업은 닻을 올렸다. 이어 스미스를 고용하여 유정 개발에 나섰던 에드윈 드레이크Edwin L. Drake, 1819~1880는 남북 전쟁 군인 출신으로 전쟁이 끝난 후 잠깐 철도 승무원으로 근무했었다가 최초의 민간 석유 개발업체를 세웠다. 그 후 20~30년 동안 석유 시추는 미국·유럽·중동·동아시아로 널리 퍼졌다. 자동차의 개발과 함께 석유는 가솔린의 주원료로서 중요한 역할을 하게 되었다.

지구촌 곳곳에 숨겨진 이야기

물 외투를 입고 있는 지구
– 바다

바다 형성의 가장 일반적인 학설은 원시 지구 내부에 포함되어 있던 일부 수증기와 가스가 화산 활동을 통해 지표면으로 나오면서 생겼다는 설이다. 원시 지구 내부의 물질이 표출하는 과정에서 엄청난 압력과 열 그리고 휘발성 성분(메탄가스, 수소 가스, 암모니아 가스, 이산화탄소, 질소, 수증기 등)이 방출되기 시작했다. 이런 일이 하루에도 수없이 일어났다. 시간이 흐르면서 원시 지구는 점차 온도가 내려가고 이산화탄소와 수증기가 점점 많아지면서 하늘에는 대기의 기초가 형성되었다. 지구가 이산화탄소와 수증기80%로 덮여 있었다는 사실은 매우 중요하다. 이산화탄소와 수증기는 온실 효과를 일으키는 기체이기 때문이다. 만약 이러한 온실 기체가 없었다면 이때 생긴 엄청난 열은 모두 우주 공간으로 날아가 버렸을지도 모른다. 그래서 원시 지구에는 두터운 구름층이 형성되었고, 공기 중의 수증기가 물방울로 변하는 아주 중요한 일이 벌어졌다.

마침내 하늘을 뒤덮은 검은 구름에서 비가 내리기 시작했다. 지표 온도가 조금씩 낮아지면서 펄펄 끓는 마그마(Magma: 용암)의 바다는 점점 식기 시작하였다. 이런 일이 수백만 년 동안 지속되었을 것이다. 하지만 지구 최초로 내리기 시작한 이 비는 300℃에 가까운 뜨거운 비였을 것이라고 추측한다. 폭포수처럼 땅으로 쏟아진 이 뜨거운 비는 1,300℃ 정도로 펄펄 끓는 마그마를 빠른 속도로 식혔다. 표면이 식으면서 더 많은 수증기가 하늘로 올라갔고 또 비가 내렸다. 땅은 더욱 식었고 더 많은 비가 내렸다. 이런 일이 얼마나 오랫동안 지속되었는지 아무도 모른다. 이때 내린 많은 비는 낮은 곳으로 모여서 호수가 되고 바다의 기초가 되었다. 이렇게 해서 지구에 바다가 생겼고, 맑게 갠 하늘이 나타났다.

태초의 바닷물은 짠물이 아니고 민물이었는데, 암석으로부터 용해된 염분이 바다로 흘러 들어가 점차 짠물로 변했다고 한다. 흔히 염분이라고 하면 소금을 먼저 생각하는데, 염분은 바닷물에 녹아 있는 염류들을 모두 합한 것을 말한다. 일반적으로 바닷물 1,000g에 약 35g의 염분이 있는데, 짠 바다는 염분도가 높고 묽은 바다는 염분도가 낮다.

어떤 바다든지 그 속에 녹아 있는 온갖 염류들(염화나트륨 77.7%, 염화마그네슘 10.8%, 황산마그네슘 4.8%, 황산칼슘 3.7%, 황산칼륨 2.5%)의 비율은 일정하다. 그러나 각 바다의 염분은 서로 다르다. 그래서 비가 많이 와서 강물이 바다로 흘러 들어가면 바닷물이 묽어지고, 바닷물의 증발이 많아지면 바닷물이 짜진다. 이런 이유로 바람이 자주 불고 비가 많이 내리지 않는 중위도20°~30° 지역의 바다는 염분 농도가 높고, 비가 자주 내리는 적도0°~10° 지역과 고위도50°~70° 지역은 염분 농도가 낮다. 극지방에서는 빙하가 녹아 바다로 유입될 뿐만 아니라 차가운 날씨 때문에 증발도가 왕성하지 않아 염분 농도가 낮은 편이다.

1912년 영국의 호화 여객선 타이타닉호가 빙산에 부딪혀 침몰한 후 사람들은 바다 속에 무엇이 있는지 알아내야 한다고 생각했다. 그리하여 1920년대에 빙산의 크기를 알아낼 수 있는 음향 측심기(音響測深器, echo sounder)가 발명되었다. 이 장비로 음파를 해저에 발사하면 약 1,500m/s의 속도로 수중을 통과하여 해저에 이르고 해저면에서 반사된 음파는 동일한 경로로 되돌아와, 이를 이용해 바다의 깊이를 알 수 있게 되었다. 최근에는 좀더 진보된 과학 장비로 밑바닥뿐만 아니라 그 속의 광물까지도 찾아내고 있다.

불과 100여 년 전까지만 해도 사람들은 바다 밑바닥을 그저 평평한 들판으로 상상하였다. 20세기 들어 해양학자들은 바다 속에도 골짜기, 산, 들판 들로 이루어져 있다는 것을 알아냈고, 육지의 산맥과 같이 연속적으로 이어진 해령도 발견하였다. 1925년 독일의 해양 탐사선 메테오르호는 최신 수중 음파 탐지기를 이용해 대서양 밑에 가로놓인 거대한 바다 산맥인 대서양 중앙 해령을 발견하였다. 또 바다 밑바닥에는 좁고 길게 움푹 들어간 해구(바다 골짜기)가 있는데 일본 해구, 필리핀 해구, 마리아나 해구 등 주로 환태평양 주위를 따라 발달되어 있다. 필리핀 주변에는 10km가 넘는 해구가 많이 분포한다.

바다는 뜨거운 시구를 김싸고 있는 물 외투나 마찬가지다. 사람들이 추위를 느낄 때 겉에 외투를 껴입으면 덜 추운 것처럼, 바닷물은 지구 속의 더운 열기가 외부로 나가려고 하는 것을 막아 주는 외투 역할을 한다. 그렇다면 그 외투의 규모는 얼마나 될까? 지구 전체 면적의 약 71%(3억 6천만 km²)가 바다로 덮여 있고, 전체 바닷물의 부피는 13억 6,900만 km³나 되지만 이는 지구 부피의 1/790에 지나지 않는다. 바다의 평균 깊이도 3,800m로서 지구 반지름의 1/1,680밖에 안 된다. 만약 지름 30cm의 지구의에 바다의 두께를 표시한다면 종이 한 장 정도의 두께밖에 안 된다.

 색깔 있는 바다들

우리나라와 중국 사이에 있는 바다를 황해(Yellow Sea)라고 한다. 황해는 황하가 운반하는 누런 황토가 침적되어 누런 빛깔의 바다라서 붙여진 이름이다. 수에즈 운하로 연결되는 홍해(Red Sea)는 아프리카 대륙과 아라비아 반도 사이에 있는 좁고 긴 바다로 다량의 붉은 해조류 때문에 홍해라고 이름이 붙여졌다. 흑해(Black Sea)는 유럽 남동부와 아시아 사이에 있는 내해로 물빛이 군청색으로 진하기도 하지만 그보다도 거친 바다이고, 표층은 18% 내외의 저염분으로 거의 생물이 살지 못하기 때문에 흑해라고 부른다. 이스라엘과 요르단의 국경 지대에 있는 사해(Dead Sea)는 아라비아 반도의 북서쪽에 있는 세계에서 가장 짠 염호로 물고기도 살지 못하고 호수 위로 나는 새도 없기 때문에, 죽은 바다라는 의미로 붙여진 이름이다.

시베리아의 담수 공장
– 바이칼 호

    지구 상에는 많은 호수가 있지만 시베리아의 오지에 숨어 있는 바이칼Baikal 호만큼 관심을 끄는 호수는 드물다. 이 호수는 달리 부르는 이름도 많아서 '성스러운 바다', '세계의 민물 창고', '시베리아의 푸른 눈', '시베리아의 진주' 등으로 불린다. 특히 지구 상에서 가장 깊은 오지에 묻혀 있고 인간의 손길이 닿지 않아서인지 지구 상에서 가장 깨끗한 물로 남아 있다.

    남북으로 길게 뻗은 바이칼 호는 러시아의 이르쿠츠크Irkutsk 시 부근에 위치하며, 호수의 넓이는 세계에서 일곱 번째로 넓다. 호수의 최대 깊이는 1,621m로 세계에서 가장 깊으며, 주변은 2,000m급의 높은 산으로 둘러싸여 있다. 이 호수에는 전 세계 민물(담수)•의 1/5이 담겨 있다고 한다. 바이칼 호의 표면적은 북아메리카 5대호의 13%밖에 안 되지만 물의 양은 5대호를 합친 것보다 3배나 더 많기 때문에 '세계의 민물 창고'라고 불린다.

    바이칼 호에는 약 365개의 강에서 물이 흘러 들어오고 있지만, 물이 빠져나가는 곳은 오직 앙가라Angara 강뿐이다. 이 물은 시베리아의 예니세이 강으로 합류되어 북극해로 흘러든다. 언젠가는 바이칼 호의 깨끗한 물이 먹는 물로 포장되어 우리나라까지 올지도 모른다.

    바이칼 호는 아직까지 우리에게는 이름으로만 알려져 있지만 그곳에 우리 민족의 뿌리가 숨어 있을지도 모른다. 바이칼 호 주변에는 여러 소수 민족이 있는데, 그중 대표적인 부랴트Buryat족은 인구 40만의 소수 민족으로서 자치

> • 남극, 그린란드, 북극, 히말라야 등 빙하나 만년설로 덮여 있는 빙설 지역의 물이 약 69%를 차지하며, 지하수가 30%, 나머지 1%가 호수와 하천 등으로 우리의 인근에 분포되어 있다.

바이칼 호_바이칼 호는 러시아에 속해 있지만 우리나라와 그리 멀리 않다. 육지의 깊은 곳에 위치한 바이칼 호의 바닥은 바다의 표면보다 약 1,295m 낮으며, 이는 주변 산정으로부터 약 3,750m 낮은 위치에 호수의 밑바닥이 있는 셈이다. 호수의 길이는 636km, 평균 너비는 48km로, 면적이 남한의 1/30이나 된다. 호수의 최대 투명도는 42m로 물 밑이 훤히 들여다보인다.

공화국을 이루어 살고 있다. 이들은 우리의 '선녀와 나무꾼' 과 같은 설화를 갖고 있고, 특히 그들이 간직한 샤머니즘의 원형은 우리 민속과 비슷한 점이 정말 많다. 끝없이 펼쳐지는 초원을 달리다 보면 오색 천 조각을 두른 나무 말뚝을 수없이 만날 수 있는데, 이것은 우리의 솟대나 서낭당과 비슷한 상징적 의미를 지니고 있다. 또 부랴트 족도 우리의 '개똥이' 처럼 아기에게 천한 이름을 지어 주어야 오래 산다고 믿어 '개' 란 뜻의 '사바까' 란 이름이 흔하다고 한다. 아기를 낳으면 탯줄을 문지방 아래 묻는 전통도 우리와 비슷하다. 함께 따라서 추는 춤은 강강술래와 비슷하며, 예전의 샤먼이 썼던 모자는 사슴뿔 모양으로 신라의 왕관과 비슷하다.

이들은 17세기에 시베리아를 정복한 러시아에 동화되어 부랴트족이란 이름을 갖게 되었지만 남쪽 국경 너머 몽골과 중국 북부의 몽골인과 뿌리가 같고 언어도 비슷하다. 유목민인 이들은 자신들을 칭기즈 칸의 후예로 믿고 있다.

바이칼 호의 맑은 물과 다양한 생물, 많은 온천은 빙하기에 혹독한 추위와 싸워야 했던 초기 도래인에게는 좋은 안식처가 됐을 것이다. 특히 호수 주변에는 온천이 많다. 1990년 미소 합동 조사단이 잠수함을 타고 수심 420m까지 내려갔는데, 그곳에서 뜨거운 물이 솟는 구멍을 발견했다고 한다.

바이칼 호는 지구가 갈라질 당시인 2500만~3000만 년 전부터 생성된 것으로, 북쪽의 땅은 융기하고 남쪽은 벌어지는 단층 운동에 의해 형성됐다고 한다. 지금도 바이칼 호 주변에서는 매년 3천 번 이상의 지진이 일어나는데, 이때문에 호수 주변은 매년 1cm씩 융기하고 호수는 2cm씩 넓어지고 있다고 한다.

바이칼 호에는 2,500여 종의 동식물이 사는데 이 중 상당수가 이 호수에만 사는 고유종이다. 세계 유일의 민물 바다표범을 비롯해 철갑상어, 오믈Omul, 하리우스 등의 어종이 이곳에 서식한다. 이처럼 생물 다양성이 높은 것은 바이칼 호가 생성된 지 오래됐고, 일반적인 호수와는 달리 수심 깊은 곳까지 산소가 공급되고 자체 정화 능력이 뛰어나기 때문이다.

빙하 얼음으로 전기와 맥주를 만든다
- 빙하의 이용

지구는 육지 면적의 약 10%(1억 5000만 km²)가 빙하로 덮여 있다. 흔히 빙하라고 말하지만 쉬운 말로 얼음 덩어리이다. 빙하의 1/3은 북반구에 있고 2/3는 남극에 있다. 빙하는 바닷물이 얼어서 만들어지는 것이 아니라 증발된 바닷물이 눈이 되어 만들어진다. 처음에 내린 눈은 눈송이 사이에 공기가 채워져 비중(0.06~0.16)이 낮지만, 눈이 점점 많이 쌓이게 되면 자체의 무게로 압축되어 공기가 빠져나간다. 거기에 계속 눈이 쌓이고 녹기를 거듭하다가 강추위에 얼어붙게 되고, 이렇게 반복되는 과정에서 얼음은 점점 치밀해져서 비중이 약 0.5에 이르는데 이것을 만년설firn이라고 한다. 세월이 흐름에 따라 만년설이 좀 더 치밀해져서 비중이 0.8에 이르는 얼음으로 변하게 되며, 이 얼음이 점점 발달하여 빙하가 형성된다. 물이 얼었을 때의 비중이 0.917이므로 같은 얼음이라도 빙하 얼음과는 구별된다. 고산 지대에 두껍게 형성된 빙하는 높은 곳에서 낮은 곳으로 흘러내리면서 침식과 퇴적을 반복하는데 이것을 빙하 작용이라고 한다.

만약 전 세계의 빙하와 얼음이 한꺼번에 다 녹는다면 해수면은 0.6~1.0m 이상 상승하게 될 것으로 예측하고 있다. 그러나 그것은 현실적으로 불가능하다. 지구 온난화로 빙하 얼음이 녹는다는 우려가 지배적이지만, 녹는 만큼 바닷물이 증발하여 눈이 되어 다시 쌓이고 얼음이 만들어지기 때문에 생각만큼 걱정할 일은 아니라고 한다. 일부 과학자들도 지구 온난화는 자연적 현상이며 녹아

내리는 얼음은 전 세계 얼음의 6%에 지나지 않는다고 지적한다. 오히려 94%의 빙하는 그대로 유지되고 있기 때문에 극지방의 빙하는 확대되고 있는 추세라고 주장하는 과학자도 있다.

빙하는 움직이지 않고 그 자리에 가만히 있는 것 같아 보여도 실제로는 매우 느리게 이동하고 있다. 하루에 수 cm로부터 수 m씩 이동하는데, 현재까지 알려진 빙하의 최대 이동 속도는 1일당 45m라고 한다.

1960년대 말경 노르웨이의 기술자들은 빙하에서 녹은 물을 끌어들여 '본스후드' 수력 발전소를 만들었다. 그들은 빙하의 아래쪽에 수평으로 터널을 만들고, 다시 수직으로 갱을 뚫었다. 이 새로운 프로젝트는 1978년에 완성되어 즉시 그 위력을 발휘했다. 이 발전소는 한여름에 6,000만 kw나 되는 전력을 공급해 주었는데 이것은 6,000가구가 1년 동안 사용할 수 있는 전력량이다. 이 발전소는 높은 생산성을 올리고 있지만 유지비가 너무 많이 들어, 장기적으로는 채산이 맞지 않을 것으로 전문가들은 진단하고 있다. 그럼에도 불구하고 노르웨이는 국내의 다른 빙하에도 개발 계획을 수립 중이다. 본스후드 빙하 발전소를 건설하면서 얻은 지식을 잘 활용하면, 다른 빙하의 경우 한층 더 효율을 높일 수 있다고 확신하고 있기 때문이다

한편 캐나다의 카로니 맥주와 코크니 맥주는 빙하를 녹인 물로 만든다고 한다. 또 빙하를 끌어다가 물이 부족한 중동에 식수로 사용하려는 계획도 세운 적이 있다. 뿐만 아니라 빙하 속에 잠들어 있는 47살짜리 매머드가 시베리아 북부의 타이미르 반도에서 원형에 가까운 상태로 발견되었는데, 이 매머드에서 DNA나 정자를 채취하여 멸종된 동물을 재현하려 하고 있다.

빙하는 이렇게 이용이 가능한 반면, 인류가 살아가는 장소로부터 너무 멀리 떨어진 고산이나 극지에 분포하므로 인간들이 활용하기에는 불편하다. 하지만 빙하는 육지 민물의 약 75%를 차지하고 있는 지구인의 공동 자산이기 때문에 활용보다는 보존에 더 힘을 기울여야 한다.

사람의 발길이 닿지 않는 강
- 아마존 강

  지구 상의 강 중에는 우리의 상상을 초월할 만큼 넓고 긴 강이 있는가 하면 송사리를 잡던 동네 어귀의 조그마한 강도 있다. 그 중에서 가장 긴 강은 나일 강(6,671km)이고 두 번째는 아마존 강(6,400km, 마라포 강의 원류부터)이다. 그러나 강의 길이는 측정 방법이나 시기에 따라 다소 차이가 있는데, 브라질의 과학자들은 아마존 강 길이에 대해서 문제를 제기하였다. 그래서 2001년 내셔널지오그래픽에서 재측정을 실시하였는데, 나일 강보다 더 길다고 하였고 세계 유수의 지리학회에서 동의를 얻었다고 한다. 그래서 현재 아마존 강의 길이는 7천 km를 조금 넘는 것으로 알려져 있다. 강의 유량은 아마존 강이 174,900m³/s로 가장 많으며, 두 번째인 콩고 강(39,000m³/s)보다 무려 5배나 많다. 아마존 강에서 1초당 흘려보내는 물의 양은 콩고 강이 4.5초, 미시시피 강이 10초, 나일 강이 56초 동안 흘려보내는 물의 양과 맞먹는데, 이 물은 지구 상의 민물 중 약 15%를 차지한다.

  아마존 강의 유역 면적은 6,915,000km²로 2위인 콩고 강(3,820,000km²)보다 2배나 넓으며, 남북으로는 북위 5°~남위 20°, 동서로는 서경 50°~78°에 걸쳐 있다. 그 대부분은 브라질 영토이며 주변의 베네수엘라, 콜롬비아, 에콰도르, 페루, 볼리비아, 파라과이 등에 떨어지는 빗물도 아마존 강으로 흘러든다. 결국 남미 대륙 면적(1780만 km²)의 1/3이 아마존 강 유역인 것이다. 그러나 기아나, 수리남, 가이아나에 내린 빗물은 분수령인 기아나 고지에 막혀 아마존 강

아마존_아마존 강 하구의 평균 깊이는 약 45m이지만 가장 깊은 곳은 90m 정도 되는 것으로 조사
되었다. 또 강 하구의 폭은 240km 정도 되며, 태평양으로부터 160km 떨어진 안데스 산맥 정상에
서 시작하여 대서양까지 약 7,000km를 동진하여 도달한다. 강의 대부분은 브라질을 통과하며 큰
지류만 해도 200개가 넘는다. 그중에서 17개는 길이가 2,000km 이상이며 본류와 지류를 모두 합
하면 5만km 이상이 된다.

으로 들어오지 않고 바로 대서양으로 흘러들며 칠레, 아르헨티나, 우루과이 등
세 나라는 아마존 강과는 직접적인 관계가 없다.

아마존 강은 내해라고 해도 과언이 아니다. 1,600km 떨어진 내륙의 중심(아
마존 분지) 도시인 마나우스에서 큰 배를 타고 대서양으로 나갈 수 있으며, 하구
에서 3,700km나 떨어진 페루의 이키토스Iquitos까지 대형 선박의 항행이 가능
하다. 1851년에 브라질과 페루 사이에 체결된 조약으로 양국의 아마존 항행이
자유로워졌으며, 1867년에는 브라질 정부가 미국·영국·프랑스 3개국의 요
청으로 아마존 본류와 지류인 토칸칭스Tocantins 강을 개방하였다. 또 1868년
에는 페루와 에콰도르도 자국 영내의 하천을 이용하는 외국 선박의 항행을 자
유화하였으며, 그 후부터 아마존은 완전한 국제 하천이 되었다. 하구와 가까운

벨렘Belem은 아마존 강 유역의 물자 집산지이고, 아마존과 네그로 강의 합류점 부근에 있는 마나우스는 아마존 제일의 항구이며, 이키토스는 페루의 항구도시로 발전하였다.

아마존 강은 페루 안데스 산맥에서 발원하여 처음에는 북쪽으로 흐르다가 나중에 동쪽으로 흘러 브라질 북부를 관통한 다음 대서양으로 흘러든다. 그러나 그 원천은 오랫동안 알려지지 않았다. 그러던 중 정확한 원천을 찾기 위하여 국제지리학회에서 연합 팀(미국, 폴란드, 페루, 캐나다, 에스파냐)을 구성하여 탐사를 하기로 계획을 세웠다. 수백 년간 베일에 싸여 있던 안데스의 고지 빙하에서 솟아나는 아마존의 원천을 찾아내는 일이었다. 탐사 팀은 GPS 장비를 이용해서 이 강의 원천이 페루 남부의 네바도미스미Nevado Mismi, 5,597m 산꼭대기의 바위틈에서 흐르는 물이라는 것을 확인하였다. 탐사 팀을 이끈 뉴욕의 수학교사인 앤드류 피토스키는 이 탐사를 통해 아마존의 원천뿐만 아니라 아마존의 상류에 대해 매우 정확한 지도를 얻을 수 있었다고 했다. 국내의 작은 강도 그 원류를 찾아내기는 결코 쉬운 일이 아닌데 약 7백만 km²의 유역을 가진 세계 최대의 강에 대한 원천을 찾아낸 것은 지도학적으로 큰 의미가 있다.

지옥에서 나오는 더운 물
– 온천

한때 온천을 발견하기 위하여 수많은 사람들이 광구를 등록하고 야단법석을 떤 일이 있었다. 온천의 발견은 복권에 당첨된 것과 마찬가지로 횡재이기 때문이다. 그러나 온천은 아무 곳에서나 발견되지 않는다. 그렇다고 여기저기 땅속을 파헤쳐 볼 수도 없는 노릇이어서, 온천이 나올 만한 곳을 연구하고 세밀히 관찰하는 수밖에 없다. 옛날 사람들은 눈이 왔을 때 눈이 바로 녹는 지역, 겨울에도 식물들이 무성한 지역, 동굴이나 갈라진 땅에서 김이 나오는 지역, 우물이나 계곡의 물에서 냄새가 나는 지역 등을 눈여겨 보았다. 우리나라 지형도를 자세히 살펴보면 온溫자가 들어간 지명이 많은데, 이런 곳에서도 온천이 발견될 확률이 높다. 실제로 온천을 발견하려던 사람들 중에는 1:50,000 지형도에서 '온' 자 지명을 찾아 전국을 헤맨 사람들도 많이 있었다.

온천은 일정한 수온 이상의 뜨거운 지하수이다. 차가운 느낌이 있는 일정한 온도 이하의 지하수도 온천이라고 하지만, 이때는 냉천이라고 하는 것이 더 어울린다. 온천의 한계 온도는 지역에 따라 다른데, 극한 지방에서는 저온의 온천도 많이 있다. 예를 들면 영국·독일·프랑스·이탈리아 등에서는 20℃ 이상, 미국에서는 21.1℃ 이상, 일본·남아프리카 공화국 등은 25℃ 이상을 온천으로 규정한다. 따라서 온천의 정의는 나라마다 차이가 있다. 우리나라에서는 '땅속에서 솟아나는 따뜻한 샘물'로서 25℃ 이상 되는 것을 온천이라고 한다. 이때 인체에 해롭지 않아야 되고, 용출 수량이 하루 300톤 이상 되어야

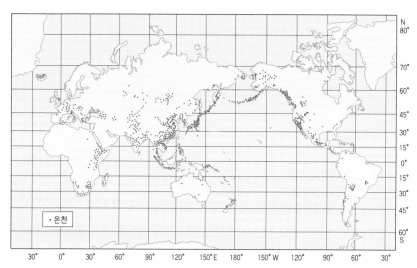

세계의 온천_지구 상에서 온천이 많은 곳은 북아메리카와 중앙아메리카의 태평양 쪽, 알류샨 열도, 쿠릴 열도, 한국, 일본, 필리핀, 인도네시아, 아프리카 동부와 남부, 지중해 연안, 아이슬란드, 뉴질랜드 등이다. 이들 지역은 대부분 화산대와 일치한다. 그리고 중국, 인도, 시베리아 남서부 등 화산 활동이 그다지 알려져 있지 않은 곳에도 온천이 분포되어 있다.

온천으로 규정한다.

또 온천물 속에는 여러 가지 광물질(나트륨, 칼륨, 탄산, 염소, 산화황, 알칼리 등)이 녹아 있으므로, 비록 온도가 조금 떨어진다고 해도 용해 물질의 한계값에 표시된 특정 물질 중 한 가지 이상이 함유(1/1000 이상의 광물질)되어 있으면 온천이라고 분류한다. 광물질은 반드시 뜨거운 물에만 함유되는 것이 아니므로, 물의 온도와 관계없이 찬물(냉천)에도 광물질이 들어 있으면 광천수라고 부른다. 광천수는 '광물성, 방사성 물질을 일정량 이상 함유하고 있는 샘으로 목욕, 음용, 치료 등에 이용되는 물'로 정의하고 있다. 그러므로 광천수는 곧 약수이며 이때 온천과 냉천을 포괄적으로 말할 수 있다. 초정리 약수(냉광천수)에 가서 물을 몇 사발 들이켜는 사람은 있어도 인근의 수안보 온천(온광천수)에 가서 물을 마시는 사람은 드물다. 이들은 둘 다 광천수이며 약수이지만 사람들은 온천수는 먹으면 안 되는 것으로 잘못 알고 있다. 현재까지 동력자원연구소의 수질 검사를 거쳐 공인된 온천은 약 220곳 이상이지만 이들 중 대부분은 약간의 광물질이 포함된 단순 온천이고, 10% 정도를 잘 알려진 특이 온천으로 분류할 수 있다.

우리나라의 온천 기록은 고구려 서천왕?~292의 아우가 온천에서 목욕을 했다는 『동사강목』의 기록을 필두로, 고려 선종은 병든 부모에게 온천 치료를 할 수 있도록 휴가를 주라는 명을 내렸다고 한다. 『경국대전』과 『대전회통』에는 온천지의 수령은 온천장 관리와 병자들의 구호에 힘쓰도록 온천 관리 지침을 만들었다는 기록이 있다. 그 외에 『삼국사기』, 『삼국유사』, 『동사강목』, 『세종실록지리지』, 『동국여지승람』 등에 온천이 질병 치료에 이용됐다는 기록이 나온다.

충남의 온양 온천은 뜨거운 물이 나온다 하여 백제 시대에는 탕정湯井군, 고려 시대는 온수溫水군을 거쳐 조선 시대에는 온창, 온천, 온양으로 불리었고, 동래 온천은 신라 31대 신문왕 때의 재상 충원공忠元公이 목욕했다는 기록을 시작으로 조선 현종 9년에 온정을 돌로 짓고 지붕을 얹었다는 기록이 나온다. 또 백암 온천은 한 사냥꾼이 창 맞은 사슴을 찾다가 발견했다는 설이 있으며, 이외에 세종의 옴을 치료했다는 부곡 온천을 비롯하여 도고 온천, 척산 온천, 유성 온천, 이천 온천 등이 유명하다.

온천은 대륙의 판 경계에서 생긴 지각 활동의 부산물이다. 지구의 중심 온도가 6,500℃이므로 지구의 표피 밑에도 상당히 뜨거운 물질이 있을 것으로 판단되며, 이것은 땅속에 보일러를 가동하여 지하에 온수를 저장해 두는 탱크가 있는 것과 마찬가지이다. 지역마다 약간의 차이는 있지만 땅 밑의 온도는 km당 25℃ 정도 높아지기 때문에 지각 밑 부분의 온도는 대략 800~1,200℃로 추정된다. 이 뜨거운 물질들은 지하에서 대규모 화산 분출을 일으킬 때 지하 100~300km 깊이로 올라와서 다시 지각의 틈새로 나오게 되며, 이 뜨거운 물질들이 온천물의 근원이다.

 ## 온천의 이용

온천은 고대부터 목욕이나 음식의 조리 등에 이용하였고, 유럽에서는 가정의 온수·난방 등에 이용하였다. 또 온천 열을 채소·화초·열대 식물 등의 온실 재배, 양계 난방, 목재의 처리, 발효 양조, 종자의 발아, 열대어의 사육, 지열 발전 등에 이용해 왔다. 특히 빙하와 화산의 나라 아이슬란드에서는 온천 열을 이용하여 온실 재배는 물론 대다수의 가옥을 난방한다. 1904년 세계에서 최초로 지열 발전에 성공한 이탈리아는 약 35만 kw를 발전하고 있고, 뉴질랜드도 약 20만 kw, 미국 캘리포니아에서는 약 8만 kw, 일본에서는 3만여 kw의 지열 발전을 하고 있다. 온천은 고대로부터 알려졌는데 특히 로마인들은 온천을 즐겨 호화스러운 욕탕을 설치하여 사교의 장소로 삼았다고 한다. 유럽에서 온천 이용이 성행하게 된 것은 중세 이후로, 십자군 원정에 참전한 병사들이 서아시아의 입욕 풍속을 배운 데 기인한다고 한다. 중국에서는 양귀비가 목욕하였다고 전해지는 산시 성의 리산 산록에 있는 화칭(華淸) 온천 등이 유명하고, 일본은 온천 천국으로 약 16,000곳의 온천이 전국에 널리 분포되어 있다.

지구에 마실 물이 없다
– 물의 부족

 지구의 인구가 앞으로 몇 십 억이 더 늘어난다면 먹을 물은 충분한가? 물이 많아서 '축축한 행성'이라고 불리는 지구에 왜 물이 부족하다는 것일까? 호수, 강, 빙하 등지에 담수가 충분히 있지만 정작 필요로 하는 사람들에게는 물이 없기 때문이다. 일부 아프리카 국가에서는 청결한 식수를 구할 수 있는 방법이 없다고 한다. 또 산유국에서는 기름을 팔아 물을 만들어 쓰고 있다. 즉, 해수를 담수화하여 수영장이나 먹는 물로 사용하고, 물이 없어 농사를 못 지으면 식량을 수입한다. 돈의 위력으로 댐을 건설한다든지 깊은 대수층(지하수를 함유하고 있는 지층)에서 물을 퍼 올릴 수도 있다. 그러나 가난한 나라에서는 상상도 할 수 없는 일이다.

 21세기에 인류가 직면하고 있는 환경 재앙은 무수히 많지만 그 중에서도 가장 큰 문제는 바로 담수의 부족이다. 특히 개발도상국들의 담수 실태는 아주 심각하다. 한 달이 멀다 하고 경종을 울리는 연구 논문들이 속속 발표되고 있는 가운데 세계은행의 한 전문가는 향후 담수 사용량이 가용량을 훨씬 초과할 것이라고 경고하고 있다.

 최근 유엔은 담수 소비량이 현재 추세대로라면 2025년경에는 27억의 인구가 심각한 물 부족 사태를 겪게 될 것이라고 경고했다. 이렇게 우려하는 근거는 현재 62억이 넘은 세계 인구가 2025년에는 대략 90억에 달할 것으로 예상되는 반면, 담수량은 증가하지 않을 것이라는 데 있다. 그런데 이러한 물 부족 현상이 미래의 일만은 아니다. 지금도 대략 12억의 사람들이 더러운 물을 마시고, 25억가량은 제대로 된 화장실이나 하수 시설 없이 생활한다. 또한 해마다 500만 명 정도가 콜레라나 이질 같은 수인성 질병으로 사망하고, 세계 곳곳에서는 우물에 지하수가 다시 채워지기도 전에 물을 퍼 올리고 있다.

담수가 남용되고 있다는 사실은 의심의 여지가 없다. 특히 전체 사용량의 70%를 차지하는 농업 분야에서 더욱 심하다. 세계 인구 증가로 식량 수요가 폭증하면시 농업용 관개용수를 무제한으로 끌어다 쓴 결과 하천·습지·호수 등에는 거의 물이 말라 있다. 물이 부족한 지역에 사는 사람들은 지하의 대수층에서 올라오는 물이 탱크로 콸콸 쏟아져 들어가는 소리가 어느 음악 소리보다 더 정겹게 들릴 것이다.

그렇다면 지구에서는 사용 가능한 물은 얼마나 될까? 물은 많이 있지만 실용성이 없는 바닷물이 대부분이다. 또 물이 있다고 해서 무조건 사용할 수 있는 것이 아니다. 지하 대수층에는 호수들과 강들에 있는 물을 모두 합친 것보다 100배나 더 많은 물이 있지만, 대부분 너무 깊은 곳에 있어서 퍼 올릴 수가 없다. 얕은 대수층의 물은 각 나라에서 너무 빨리 그리고 너무 많이 뽑아 올리고 있다. 또 비가 많이 와서 강으로 물이 흘러가거나 큰 호수에 물이 가득 담겨 있어도 물을 필요로 하는 사람들과는 거리가 먼 장소에 있다. 한 예로 캐나다에는 세계 담수의 10%나 되는 많은 양이 있지만, 인구는 세계 인구의 1%도 되지 않는다. 또 전 세계 담수의 70%는 빙하, 만년설, 얼음, 영구 동토대(툰드라)에 얼어 있는 상태로 존재하며 이것들은 우리의 주거지와 너무나 먼 거리에 있다.

말라 버린 우물 속으로 양동이를 내린다. 새로 건설된 댐 때문에 자기 집이 수몰된다. 물이 없어 황폐화되고 있는 농토를 발로 차고 싶다. 이렇듯 세계 각지에서는 물로 인한 고통을 겪고 있다. 이용 가능한 물 중에서도 이미 절반 정도는 끌어다 썼다고 한다. 뿐만 아니라 전 세계의 대규모 강 유역 중 상당 지역은 오염과 지나친 개발, 정치적 분쟁으로 물을 쓸 수가 없는 실정이다. 그러니 지구의 물 사정이 좋을 리가 없다.

물은 인류의 공동 관심사이다. 하지만 지구 상에서 물이 동나는 것은 아니다. 넘쳐날 만큼 풍부한 물이 있으며 태곳적부터 일정한 양의 물이 끊임없이 순환되고 있다. 지구 상의 흙, 진흙, 늪지, 생물들에도 많은 물이 함유되어 있으며 대기의 구름과 수증기에도 상당량의 물이 있다. 이 물을 이용할 수 있는 제4의 방법이 나오길 바란다.

 중동의 물 전쟁

지구에서 물 부족이 가장 심각한 지역은 중동과 아프리카 북부 지역이다. 이 지역의 물 부족은 국제 분쟁이 일어날 정도로 심각하다. 특히 이 지역에는 모로코 · 알제리 · 튀니지 · 리비아 · 모리타니를 비롯하여 이집트 · 수단 · 레바논 · 이스라엘 · 요르단 · 이라크 · 시리아 · 사우디아라비아 · 쿠웨이트 · 바레인 · 카타르 · 아랍에미리트 · 오만 · 예멘 · 터키 등 수많은 사막 국가가 있다. 각국은 저마다 물을 확보하기 위하여 묘수를 짜내고 있다. 사막 지대인 이들 나라에서는 물이 관개용으로 가장 많이 사용되고 있으며, 앞으로도 계속 증가할 것으로 예측된다. 특히 사막의 녹화라는 지역적인 이유로 이용 가능한 물을 너무 많이 끌어 썼기 때문에 물 부족이 더 심각하다. 공업용도 만만치 않은데 오히려 관개용보다 더 빠른 속도로 증가하고 있다. 요르단 · 이스라엘 · 이집트 등은 이용 가능한 최대 총량을 거의 전부 사용했다고 한다. 어쩌면 다음 중동전의 원인은 물이 될지도 모른다.

인류가 처음 자리 잡은 도시들
- 고대 도시

예나 지금이나 사람들은 양지 바른 곳을 좋아한다. 그곳은 바람도 덜 불고 따뜻하기 때문이다. 구석기인들이 추위를 피할 동굴을 정할 때에도 햇볕이 어느 정도 비치는 곳을 선택했을 것이다. 그리고 물이 있는 곳을 선택했을 것이다. 마실 물은 생명을 유지시켜 주는 영양소나 마찬가지이기 때문이다. 양지바르고 물이 있는 장소에 사람들이 하나 둘 모여들어, 집도 짓고 길도 내며 촌락의 형태를 이루기 시작하였다. 오늘날에도 마찬가지이다. 가까이에 강이 흐르고 뒤에 산이 가려 따뜻하고, 야트막한 언덕이 있고 농사가 잘되는 장소를 골라 집을 짓고 길을 내고 촌락을 만든다.

고대 문명이 발달한 4대 문명지를 오늘날 용어로 '양택지陽宅地'라고 할 수 있다. BC 6000경 메소포타미아에 첫 농부가 있었고, BC 4500년경에는 조그마한 마을을 형성하였을 것으로 추정하고 있다. BC 3500년경에 도시의 형태가 이루어졌고, BC 2700년경에는 메소포타미아에 왕들이 지배하는 도시들이 생겨났다. 바빌론을 비롯한 키시, 이신, 움마, 우루크, 라르사, 우르, 라가시의 도시들이 홍해 입구(지금의 쿠웨이트 부근)까지 자리를 잡고 발달했다. BC 1800년대부터는 두 강(티그리스 강, 유프라테스 강)의 상류 지역에 아시리아 문명을 가진 님루드, 니네베, 아슈르라는 도시들이 생겨났고, 이스라엘(예루살렘, 라키시) 지역에도 도시들이 형성되었다.

나일 강 유역에서도 BC 6000년경부터 농사를 짓기 시작했고, BC 3500년경

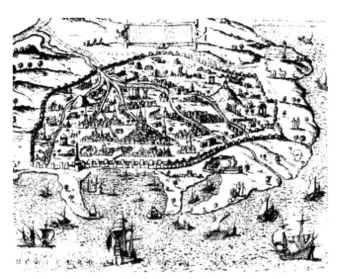
16세기 무렵 알렉산드리아의 시가지_알렉산더 대왕에 의해 이집트 나일 강 하구에 세워진 도시로, 기원전 3~4세기부터 마을이 생겨났다. 지금은 인구 350만의 이집트 제2의 도시로 카이로 북쪽 180km 지점에 위치한다.

에는 마을이 생겨나기 시작하였다. BC 2686~BC 2181년에는 나일 강 하류에 고대의 왕이 이끄는 부족이 형성되었고, BC 2181~BC 2041년에는 초보적인 피라미드의 형태가 만들어졌다. 그때부터 도시들이 형성되었는데 하류의 타니스, 기자, 멤피스, 사카라를 비롯하여 상류에는 티니스, 테베, 룩소르가 나일 강을 무대로 발달되었다. 나일 강 하류의 지중해 연안에 발달된 알렉산드리아는 BC 331년에 건설된 고대 도시로서 현재도 번창하고 있는 이집트 제2의 도시이다. 그 후 메소포타미아의 아랍인들이 우르에서 출발하여 두 강의 상류에 있는 아시리아의 하란까지 갔고, 거기서 다시 가나안 땅 예루살렘을 거쳐서 히브리인들과 같이 이집트로 모여들어 도시를 형성하였다.

유럽도 BC 6200년경 남이탈리아에 농사를 지을 줄 아는 사람들이 있었고, BC 5000년경에는 프랑스 남부에서도 농사가 시작되었다. 지중해의 그리스와 크레타에도 많은 고대 도시들이 형성되었다. 그리스의 아테네를 비롯하여 레프칸디, 테베, 글라, 미케네, 티린스, 필로스, 메넬라이온이 번성하였고, 미노아 문명국인 크레타의 크노소스, 말리아, 자크로, 파이스토스 등도 형성되었다. 이후 페르시아가 나타나 이 일대를 점령하였고 알렉산드로스 대왕의 동방 진출, 그리고 로마 제국의 제패 등 국제적인 변화로 많은 고대 도시들이 쇠퇴하고 또 새롭게 태어났다.

남미의 멕시코 고원과 페루 고원 일대에도 많은 고대 도시가 발달되었고, 인더스 문명이 일어난 인더스 강 유역에도 BC 3000년경부터 하라파와 모헨조다로를 비롯하여 마투라, 바리가자, 메르가르, 로탈 등의 도시들이 형성되었다.

황하 문명이 일어난 중국에서도 BC 6500년경부터 양쯔 강 주변에서 쌀농사가 시작되었다. 고대 중국에서는 일찍이 대규모의 도시가 건설되었는데, 그 중에서도 특히 당나라 장안의 도성제都城制는 당시 신라가 삼국을 통일한 후에 세운 금성(金城: 경주)에 영향을 끼쳤다고 한다. 고대 중국에서 동남아로 넘어온 이주자들은 파간, 치앙마이, 아유타야, 앙코르, 믈라카, 스리위자야, 보로부 등 동남아시아의 고대 도시를 세웠다.

도시의 발달

도시는 촌락과 더불어 거주 형태가 밀집되어 있는 곳으로 사회적 · 경제적 · 정치적 활동의 중심이 되는 장소이다. 고대 도시는 왕궁을 중심으로 한 도읍과 상업을 중심으로 한 저자(시장)가 함께 성장되어 왔다. 이 때 성장한 고대 도시는 주로 성곽 도시로 형성되었으며 아테네와 로마가 이런 도시에 해당한다. 미국과 같은 역사가 짧은 나라의 도시들은 자본주의의 원리에 의하여 새롭게 발달한 도시이기 때문에 기존의 고대 도시와는 입지 · 형태 · 기능 등 여러 측면에서 다르게 발달하고 있다.

도시를 촌락과 구별하는 인구 기준은 나라마다 조금씩 다르다. 인구가 워낙 적은 덴마크, 스칸디나비아 3국, 아이슬란드의 경우는 250~300명 정도라도 도시라고 분류한다. 프랑스 · 독일 등에서는 2,000명 이상, 미국 2,500명 이상, 일본과 한국에서는 1만 명 이상 등 나라마다 기준이 천차만별이다. 1850년 이전에는 인구 1백만 이상이 넘는 도시가 런던과 파리뿐이었지만, 20세기에 접어들면서 1백만 명이 넘는 도시는 240개를 헤아리고 있다. 물론 과거에 1백만 명이 넘었던 로마, 장안, 바그다드, 경주 등의 고대 도시들은 쇠퇴하였고 산업혁명으로 도시 인구가 잠시 1백만 명이 넘었던 도시들도 곧 쇠퇴하였다.

시간이 멈춰 버린 적색 평원
- 사하라 사막

대부분의 사막 지역은 열풍으로 기온이 올라간다. 게다가 사막에는 강우가 적기 때문에 잡초를 제외하고는 수목이 자랄 수 없어 일반적인 땅보다 더 더울 뿐만 아니라 거의 모든 생물이 살아갈 수 없다. 사막 중에서 가장 규모가 큰 사막은 아프리카 대륙 북부에 있는 사하라 사막이다. 사하라 사막의 '사하라'라는 말은 아랍어 '사흐라(Sahra: 불모지)'에서 유래되었으며, 이것은 식생이 없는 적색 평원을 뜻하는 '아샤르'와도 연관이 있다고 한다.

세계에서 가장 광대하고 가장 건조한 이곳은 나일 강 동쪽의 누비아 사막과 나일 강 서쪽의 아하가르 산맥 부근까지의 리비아 사막을 합친 동사하라와 아하가르 산맥 서쪽의 서사하라로 크게 구별하여 부른다. 또 동서 사하라는 다시 여러 개의 사막으로 나누어지는데 이기다 사막, 세시 사막, 엘주프 사막, 테네레 사막, 리비아 사막, 누비아 사막, 동부 대사구, 서부 대사구 등으로 구분된다.

사하라 사막도 한때는 아프리카의 다른 지역과 마찬가지로 다양한 동식물이 서식하던 곳이었다. 이는 사하라에서 발견된 동굴 벽화에 그려져 있는 코끼리와 기린 같은 동물의 모습과 사람들이 들판에서 가축을 기르는 모습으로 알 수 있다. 그렇지만 지금은 이들 지역 대부분이 사구나 암석으로 변해 있다. 보통 사막이라고 하면 모래로 이루어진 평지이거나 얕은 모래 언덕을 생각한다. 그러나 사하라에는 타하트 산, 티베스티 산과 같이 해발 3,000m에 이르는 산도

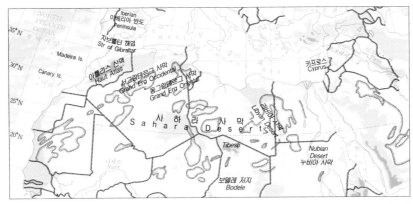

사하라 사막_사하라의 면적은 860만 km²(미국: 906만 km²)이고 북쪽으로는 지중해, 서쪽으로는 대서양, 동쪽으로는 홍해와 접해 있다. 동서 길이는 약 5,600km이며 남북 길이도 1,700km 정도 된다.

北回歸線. tropic of cancer. 북위 23°27´의 위도선. 하지선이라고도 하며, 북반구에서 열대와 온대를 구분하는 경계선이기도 하다.

있다. 또 북회귀선• 북쪽에 있는 1,000m 이상의 산에서는 겨울철에 영하로 내려가는 경우도 있다. 그러므로 사막이라고 해서 다 평평하고 날씨가 더운 것만은 아니다.

사하라의 연평균 기온은 27℃이지만 별 의미가 없다. 왜냐하면 사막이 워낙 넓기 때문에 어느 한 지역의 온도 분포로 설명하기는 곤란하기 때문이다. 리비아의 알아지지야 지역에서 기온이 최고 58℃까지 올라간 기록이 있으며 낮에는 보통 40~50℃까지 올라가고, 야간에는 10~20℃ 이하로 내려간다고 한다. 이와 같이 기온이 급변하는 기후의 특징 때문에 암석이 빠르게 붕괴되어 모래가 만들어지고 사막이 점점 확대되고 있다.

사하라 사막을 국가별로 나누면 서사하라, 모로코, 알제리, 튀니지, 리비아, 이집트 등의 북부 사하라와 모리타니, 니제르, 차드, 수단 등의 남부 사하라로 나뉜다. 역내의 국가 중 건조 지역이 차지하는 비율을 기준으로 할 때 리비아99%와 이집트98%가 사하라 국가라고 할 수 있다. 사하라 전역에 걸친 주민의 총수는 약 250만 명으로 추정되며, 이 중 약 200만 명은 사하라 북단의 아틀라스 산맥, 지중해 인접 지역, 나일 강 유역 등에 거주한다. 내륙 지대에는 티베스티·아하가르 산의 기슭과 페잔, 그 밖의 큰 오아시스에 인구가 집중되어 있는 편이다.

사하라 내의 도시 중 리비아의 사바Sabhah는 11세기부터 오아시스에 발달한 도시인데, 1943~1963년에는 페잔Fezzan 주의 주도로 성장하였다. 순백색 빌딩과 넓은 거리로 정돈된 지금의 시가지와 토담집과 비좁은 골목길이 들어찬 구시가지로 나뉘는데, 한때 이탈리아의 기지였던 엘레나 요새는 현재 사무실·상점·병원 등으로 이용되고 있다. 지금도 이 도시는 사하라 사막에서 무역과 교통의 중심지로서, 튀니지와 차드로부터 자동차 편으로 오는 무역상들이 모이는 곳이다. 지중해 연안 지방과는 도로나 항공 편으로 연결되는데 리비아 정부에서는 농업 진흥 계획에 따라 이 도시 인근에 관개 시설을 조성 중이다.

아프리카 전 대륙을 식민지로 삼기 위한 제국주의의 경쟁이 19세기 말부터 20세기까지 치열하게 전개되었는데 사하라 사막도 예외는 아니었다. 프랑스는 사하라의 서반부를, 영국은 동반부를, 이탈리아는 리비아 지역을 각각 식민지화하였다. 이는 주로 지하자원을 캐내 가기 위함인데 사막이라는 지형상의 특수성(수송 문제) 때문에 대부분의 강국들은 중도에 포기하고 말았다. 이 틈을 이용하여 전 사하라를 통째로 삼키려던 프랑스의 야심 찬 계획은 착착 진행되고 있었다. 비록 이집트의 혁명1952과 리비아의 독립1951을 계기로 잠시 주춤하였지만 알제리의 석유, 모리타니의 철광석, 리비아의 유전, 니제르의 우라늄 광산이 개발되자 프랑스는 영유권을 강화하고 식민지 제국 건설에 박차를 가했다. 그 결과 사하라 사막의 대부분은 프랑스에 귀속되었다. 사하라 지역의 국가들이 독립하기 시작한 것은 제2차 세계 대전 이후부터이며, 1964년까지 사하라 지역의 모든 국가들이 독립하였다.

인도가 밀어 올린 세계의 지붕
– 히말라야와 에베레스트

 '훌륭한 사람은 히말라야처럼 멀리 있어도 빛나고 몹쓸 사람은 밤에 쏜 화살처럼 잘 보이지 않는다' 라는 법구경이 있다. 그만큼 히말라야를 신성하게 여긴다는 뜻이다. 원래 히말라야라는 말은 고대 인도의 산스크리트어로 눈雪을 뜻하는 히마Hima와 '보금자리' 또는 '집' 을 뜻하는 라야laya의 합성어로 '눈의 집', 즉 '만년설의 집' 이란 뜻을 가지고 있다.

 히말라야는 약 7,000만 년 전(백악기 말)에 남위 20~40°에 있던 인도가 7,000km 이상 북상하면서 로라시아 대륙에 속해 있던 티베트 고원과 부딪혀 생겨났다. 그 범위가 인도 대륙 북쪽에서 티베트 고원 남쪽까지 동서로 길게 뻗어 있는 큰 산맥이다. 그 중에서 동쪽 부탄의 남차바르와에서 서쪽 파키스탄의 낭가파르바트까지 이어지는 산맥이 가장 정통한 히말라야 산맥이며, 이 지역을 대히말라야Great Himalaya라고 부른다. 보다 넓게 생각하면 만년설을 이고 있는 중앙아시아의 모든 고봉군을 히말라야라고 일컬을 수 있다. 아무튼 지구상에 있는 8,000m 이상의 고봉 14개 모두가 히말라야에 있고, 그중 가장 높은 산이 에베레스트 산8,848m이다.

 히말라야가 워낙 높기 때문에 겨울에는 북쪽의 찬 기류가 이 산맥을 넘지 못하고, 여름에는 남쪽의 남서 무역풍이 북으로 올라가지 못하여 대기의 대순환에 장애가 되고 있다. 대히말라야 남북 간의 너비는 200~400km이고, 전체 면적은 594,400km² 정도 되며 산맥 중간에 네팔 및 부탄 왕국이 있다. 이들 국가

히말라야 산맥_인도 대륙과 중국 티베트 고원 사이에 형성된 대습곡 산맥. 서쪽의 낭가파르바트 산 (8,125m)에서 동쪽의 남차바르와 산(7,756m)까지 약 2,500km쯤 뻗어 있다. 해발 7,300m를 넘는 고봉이 30여 개나 분포하는 세계에서 가장 높은 산맥이다.

가 차지하고 있는 몇몇 부분을 제외한 나머지 지역은 대부분 인도 영토에 속한다. 전체적으로 히말라야 산맥은 활처럼 굽은 산호를 형성하고 있다. 남쪽은 급경사를 이루어 힌두스탄 평원과 높은 고도차를 보이는 반면, 북쪽은 티베트 고원과 연결되어 남쪽보다 고도차가 적다. 눈 덮인 가파른 봉우리, 깊게 팬 계곡, 곡빙하가 발달되어 있고, 풍부한 난대 식물과 고산 식물이 자라고 있는 히말라야는 오늘날 세계 등산가들의 발길을 가장 많이 끄는 장소이다.

히말라야에서 가장 높은 에베레스트 산도 예로부터 여러 가지 이름으로 보고되고 있다. 티베트에서는 초모룽마(Chomo Lungma: 세계의 어머니 또는 성스러운 어머니)라는 이름으로 불리어 왔고, 네팔에서는 '하늘의 여신'이란 뜻을 가진 사가르마타Sagarmatha라고 불렀다. 프랑스 예수회의 스벤 헤딘은 '초모룽마'라는 명칭이 오랫동안 사용되어 왔음을 확인하고 1733년에 자신이 발간한 지도에 '초모룽마'라고 기록하였다. 그러나 이 이름은 이웃 중국의 동의를 받지 못하였을 뿐만 아니라 세상에는 이미 에베레스트라는 이름으로 굳어져 가고 있었기 때문에 강하게 밀어붙일 수가 없었다.

　인도의 측량국장 앤드루 워는 1846년부터 1855년까지 히말라야의 고봉 79개에 대한 삼각 측량을 실시하였다. 이때 그가 Peak-15(인도 측량국에서 붙인 번호)라고 부르던 산이 세계 최고봉임을 확인하고, 전임자인 영국의 조지 에버리스트(George Everest, 1830~1843년에 인도의 측량국장으로 재임)의 공적을 기려 에베레스트 산이라고 명명하였다고 한다.

　1852년에 실시된 에베레스트 산의 높이 측량은 수백 km나 떨어진 벵골 평야의 6개 기점에서 실시되었는데, 1954년에 가라티Gulatee가 측량한 8,848m를 현재까지 공식 높이로 삼고 있다. 에베레스트 산의 높이는 강설량, 인력引力의 변화, 빛의 굴절에 따라 달라지기 때문에 지금도 정확한 고도에 대해 논쟁이 벌어지고 있다. 뿐만 아니라 판의 움직임에 의해 지금도 매년 1cm씩 올라간다고 한다. 이런저런 이유에도 불구하고 에베레스트 산의 높이는 공식적으로 8,848m이며 북위 28°, 동경 87°에 위치하고 있다.

 에베레스트 산의 키

에베레스트 산의 높이 8,848m는 해수면에서부터 잰 높이이다. 그런데 티베트 고원을 기준하면 그 키는 3,600m밖에 되지 않는다. 반면에 하와이의 마우나케아 산은 해저 6,000m 바다 밑에서부터 솟아 있어, 비록 해수면에서부터는 4,205m밖에 되지 않지만 해저에서부터의 키는 1만 m가 넘는다. 그러므로 바다 밑에 서 있는 마우나케아 산의 키가 고원 지대에 서 있는 에베레스트 산보다 훨씬 크다고 할 수 있다. 만약 해발(해수면)이라는 수식어가 앞에 붙지 않는다면 에베레스트 산은 최고봉의 자리를 내놓아야 한다. 지구 중심에서부터 계산하면 에콰도르의 침보라소(Chimborazo, 6,310m) 산이 세계에서 제일 높기 때문이다. 그 이유는 지구의 적도 부분이 원심력에 의해 침보라소 산이 더 볼록하기 때문이다. 지구의 중심에서부터 침보라소 산 정상까지는 6,384.45km이고 에베레스트 산은 6,382.25km라고 한다. 해발고도로는 침보라소 산이 에베레스트 산보다 2,538m나 낮지만 오히려 지구 중심에서의 거리는 2.2km 정도 더 멀리 떨어져 있다.

막일꾼들이 만든 콘크리트 무지개
– 교량

사람이 살아가면서 필요에 의해 만들기 시작한 물건들 중에서 규모나 이용 측면에서 다리만큼 중요한 시설물도 드물다. 다리는 교통 소통이 주목적이지만 만들어진 후의 아름다움도 무시할 수 없다. 그래서 최근에는 다리를 만들 때 예술 작품을 만들 듯이 정성을 들인다. 옛날부터 이름 있는 다리로 알려진 것 중에는 단지 모양이 아름답기도 하지만 구조적으로 명교名橋라 불릴 만큼 가치가 있는 곳도 많다. 또 수백, 수천 m에 걸쳐 있는 웅장한 다리의 모습은 인간의 힘을 상징하기 때문에 크기에서 오는 압도적인 모습도 중요하다. 그러나 다리의 기능은 무엇보다도 그 편리성에 있다.

다리(bridge, 교량)는 하천 · 호소• · 해협 · 만 · 운하 · 저지 · 강 · 개천 · 길 · 골짜기 또는 바다의 좁은 해협 등에 가로질러 놓은 토목 구조물이다. 일반적으로 다리는 고급 두뇌를 가진 사람이 계획과 설계를 하고 현장에서 시공 지시를 한다. 그 분야의 전문가들이 지휘를 하고 최종 작품을 만드는 것이다. 그러나 다리 만들기의 대부분을 차지하는 일(땅파기, 철근 조립, 콘크리트 치기 등)은 막일꾼들이 한다. 다리 전체를 따지고 볼 때는 이들이 차지하는 공헌도가 매우 크다고 할 수 있다.

> 湖沼, lake. 내륙의 와지 (오목하게 패어 웅덩이가 된 땅)에 괴어 있는 호수의 총칭. 늪·소택·습원으로 분류된다.

사람들이 다리를 만들게 된 정확한 기원은 알 수 없다. 아마도 하천 근처에 살던 사람이 물을 건너기 위하여 나무로 가로지른 것이 그 시작일 것이다. 그러다가 차츰 불편함을 느끼고 개량해 나갔을 것으로 짐작된다. 처음에는 하나

인천 대교

로 건너다가 나중에는 여러 개를 나란히 연결하고, 또 손잡이를 만들거나 하며 개량해 나갔을 것이다. 처음에는 나무로 만든 다리를 이용하다가 나중에는 석재를 사용한 아치교가 생겼다. 현재 우리가 볼 수 있는 최고의 다리는 낡아서 썩지 않는 재료, 즉 석재를 사용한 아치교이다. 고대 로마 시대에 만들어진 석조 아치교 중에 기원전에 가설된 몇 개의 다리가 아직도 남아 있다. 또 수도水道를 끌기 위한 연속 아치형의 유적도 이탈리아와 프랑스, 에스파냐 등에 남아 있다.

　세계적으로 유명한 다리는 이루 헤아릴 수 없을 정도로 많다. 그 중 영국의 런던교는 템스 강을 가로지르는 다리로 처음 건설된 올드런던브리지(Old London Bridge, 1176~1209년에 건설)는 웨스트민스터교가 완공되기 전(1740년대)까지는 템스 강을 가로지르는 유일한 교량이었다. 그 후 1750년대에 대대적인 보수 공사가 있었으며, 1820년대에 이르러 예전의 구조를 완전히 헐어내고 새로운 뉴런던브리지New London Bridge로 변신했다. 미국의 금문교는 1937년에 완공되었는데 지금도 그 웅장하고 화려한 경관은 어느 것과도 비교가 되지 않는다. 뉴욕의 조지워싱턴교는 1927년부터 6년에 걸쳐 만든 현수교로 브루클린교 이후 최대 규모의 다리이다.

또 일본의 아카시 해협 현수교, 덴마크의 그레이트벨트이스트 현수교, 영국의 험버교, 중국의 장안교, 홍콩의 칭마교 등은 현수교로 그 아름다움을 빛내고 있으며 이탈리아의 메시나 해협에 세계 최장(주 경간 길이 3,300m)의 현수교가 계획 중이다. 그 외에도 뉴질랜드의 하버브리지나 시드니의 하버브리지도 우리가 익히 들어온 다리이다. 이들 모두는 막일꾼들이 만들어 낸 작품이다.

 우리나라의 다리

서울에서 가장 먼저 생긴 다리는 한강 대교(구교, 신교) 중 한강 인도교이다. 이 다리는 1916년 3월에 착공하여 이듬해인 1917년 10월에 준공되었다. 1984년 한강 대교로 이름이 바뀐 이 다리는 중지도~노량진 간의 대교(440m)와 중지도~한강로 간의 소교(188m)로 나누어져 완성되었다. 당시 교통 편의는 말할 것도 없고 서울의 명물로 장안의 화제를 독점하였는데, 여름철 야간에는 조명을 화려하게 해 놓고 산책객들을 불러들이기도 하였다. 신교는 1936년에 완공 후 1950년 6·25 전쟁으로 파괴되었던 것을 1958년에 복구했다. 그 후 양화 대교, 한남 대교, 마포 대교, 잠실 대교, 영동 대교의 순서로 개통되었다. 우리나라에서 가장 긴 다리는 2009년 10월 개통된 인천 대교이며, 영종 대교, 서해 대교, 광안 대교 등과 더불어 단순 구조물을 넘어 하나의 예술품이자 관광 상품으로 변신해 있다.

한반도 면적의 10배까지만 섬이다
- 섬

바다로 둘러싸여 있으면서 독립된 땅인데 오스트레일리아는 왜 섬이라고 부르지 않을까? 대양이 모든 땅덩어리를 둘러싸고 있는 것이라면, 지구 상의 모든 육지는 섬이라고 해야 옳지 않을까? 지리학에서는 대륙보다 작고 바다로 둘러싸인 땅덩어리를 섬이라고 한다. 그렇다면 오스트레일리아 같은 경우는 섬이라고 불러도 되고 대륙이라고 불러도 되지 않을까? 그러나 지리학적으로는 그린란드 이하를 섬이라고 한다. 즉 한반도 면적의 10배까지만 섬인 것이다.

섬은 대양·내해·호소·대하 등의 수역에 둘러싸인 육지의 일부분으로, 지구 상에는 그린란드·뉴기니·보르네오·수마트라 등의 큰 섬을 비롯하여 불과 몇 평도 안 되는 작은 섬들까지 헤아릴 수 없이 많은 섬들이 있다. 이들의 생성 원인에는 여러 가지가 있지만 지각 운동에 의하여 해저의 일부가 융기하거나, 육지의 일부가 침수하여 고지대가 해면 위에 남겨져서 섬이 생겼다. 또 해저 화산이 분출하여 해면으로 솟아오르거나, 해안 지역의 일부가 파도나 빙하의 침식을 받아서 육지에서 분리되어 섬이 생기는 경우도 있다. 뿐만 아니라 강 하구의 모래가 퇴적되어 생기는 삼각주도 일종의 섬으로 분류하고 있다.

섬은 대륙에서 떨어져 나온 대륙섬(육도), 해저에서 생긴 화산섬, 그리고 산호초로 이루어진 산호섬으로 대별된다. 대륙섬에는 영국의 그레이트브리튼 섬과 뉴욕의 맨해튼, 아프리카의 마다가스카르 섬 등이 해당된다. 화산섬에는 대륙붕•에서 분출한 화산섬인 티라 섬·크라카타우 섬과 심해저에서 분출한 하와이 제도·세인트헬레나 섬 등이 해당된다. 한국의 제주도와 울릉도도 화산섬에 속한다. 세계의 화산섬은 대체로 환태평양 화산대, 히말라야 및 알프스 화산대에 따라 분출한 것이 많고, 남극 대륙 부근에도 화산섬이 있다. 산호섬은 따뜻한 바다에서 사는 바다 생물들이 자라서 죽고 그 위에 또 자라고 죽기를 수백만 년 거치는 동안 큰 덩어리가 되어 바다 위로 올라와 섬으로 형성된다. 가장 유명한 산호섬은 1946년부터 1958년까지 20여 차례의 원자 폭탄 실험을 한 마셜 제도의 비키니 섬이다.

大陸棚, continental shelf, 대륙 주변의 평균 수심 200m까지의 경사가 완만한 해저

　바다에 있는 각종 섬들은 위치하고 있는 장소와 관계없이 통치국에 따라 소속이 달라지기도 한다. 그린란드의 경우는 북미에 속하지만 유럽의 덴마크 자치령이기 때문에 유럽으로 취급될 때도 있다. 그리스계와 터키계가 분할 통치하고 있는 키프로스 섬은 아시아의 일부로 보지만 유럽에 속해 있다. 북대서양 꼭대기 부분에 있는 아이슬란드 섬도 북미에 가깝지만 유럽 국가에 속한다. 태평양 한가운데의 하와이도 오세아니아 대륙에 속하지만 모든 통계는 미국에 속한다. 태평양의 수많은 섬 중에 독립하여 주권이 있는 섬도 상당수 있지만 미국, 영국, 프랑스 등의 속국이 많기 때문에 이들 나라의 통계 수치는 하와이와 마찬가지로 통치국에 속하는 게 대부분이다. 세계에서 두 번째로 큰 섬인 오스트레일리아 북쪽의 뉴기니 섬은 1973년에 독립한 파푸아뉴기니와 인도네시아의 이리안자야 주로 나누어져 있어 한 섬에 두 나라가 공존하고 있는 꼴이다. 영국과 일본은 수천 개의 섬으로 이루어진 전형적인 섬나라이다.

49번째 미국 땅이 된 빙토
- 알래스카

알래스카는 알류트Aleut어로 '거대한 땅'을 의미하는 인디언 말이다. 북위 60°~70°에 위치한 알래스카는 이름에 걸맞게 미국 면적의 약 1/5이나 된다. 1867년 미국의 국무 장관이었던 윌리엄 수어드William Herry Seward, 1801~1872가 러시아 정부로부터 720만 달러에 구입한 이 빙토는 1959년에 49번째 주로 편입되면서 정식으로 미국의 영토가 된 것이다.

tundra. 극지대나 고산 지대의 나무가 없고 평평하거나 기복이 완만한 땅. 사철 거의 얼음으로 뒤덮여 있고, 여름철에 지표의 일부만 겨우 녹아 지의류나 선태류가 자랄 뿐이다. 동토대라고도 한다.

알래스카라고 하면 에스키모, 이글루, 알래스칸 맬러뮤트, 빙하, 오로라, 백야, 연어, 툰드라•, 원유, 수상 비행기, 호수, 매킨리 봉6,194km 등의 단어가 떠오른다. 그리고 1년 내내 눈으로 덮여 있을 거라고 생각한다. 하지만 알래스카 최대 도시인 앵커리지는 숲이 많고 경치가 좋으며, 겨울에도 비교적 따뜻해서 일본의 홋카이도 지방과 비슷하다고 한다. 그리고 온화한 봄, 시원한 여름, 쌀쌀한 가을, 추운 겨울로 나뉘는 사계절이 있다. 다만 겨울과 여름이 길고 봄과 가을이 짧다. 여름은 매년 6월부터 9월까지이고, 겨울은 12월부터 이듬해 3월까지이다. 10월과 11월은 가을이고, 4월과 5월이 봄이다.

알래스카의 원주민은 그린란드와 마찬가지로 17,000~30,000년 전쯤에 베링 해협을 넘어 온 황색계의 몽골 인종이며, 그들의 후손이 지금의 이누이트족과 알류트족이다. 시베리아와 중국 대륙에서 말을 타고 유랑 생활을 하던 이들이 얼음판을 넘어 사람이 없던 이곳에 처음으로 온 것이다. 이들의 뿌리가 우

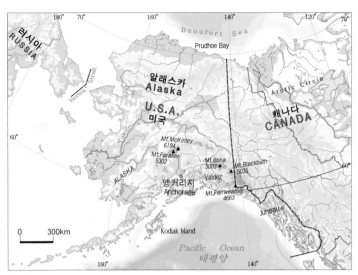

알래스카 면적은 153만 694km²로 한반도의 7배이고, 전체 인구는 약 60만 명이다. 그린란드와는 달리 대다수의 주민은 백인이며, 원주민은 13%(6만 5천 명) 정도 된다.

리와 같은 몽골계이기 때문에 생김새가 우리와 비슷한 면이 많으며, 남미로 내려간 인디언도 이들의 후손일 것이라고 추측한다.

미국 정부는 1982년부터 원주민은 물론 1년 이상 거주자에게 해마다 2천 달러씩의 배당금을 나누어 주고 있다. 왜냐하면 이곳에서는 천연가스와 원유(미국 전체 생산량의 25%)가 생산될 뿐만 아니라 비록 돈을 주고 샀지만 거저 얻은 것과 다름없기 때문이다. 원주민들은 태어나서 죽을 때까지 이 금액을 받는다. 나이도 관계없고 직업이 있건 없건 무조건 머릿수를 기준으로 평생 동안 받는 것이다. 원주민들이 국제결혼을 해서 혼혈아를 낳을 경우 그 아이에게는 이 돈의 50%에 해당하는 금액이 평생 지급된다. 주 정부는 매년 10월이면 이 돈을 원주민들에게 나누어 주는데, 4인 가족의 경우 연간 약 1천만 원에 상당하는 돈을 배당받는다.

연어잡이는 알래스카 수산업의 근간이자 관광 산업의 중요 상품이다. 연어는 알을 낳고 나면 반드시 죽게 되는데 알을 낳는 장소로 시원한 민물 냇가가 있는 이곳을 많이 찾아온다. 이곳에는 겨울에 쌓인 눈이 녹아서 찬물(얼음물)이 많이 흐르기 때문에 연어가 알을 낳기에 적당하기 때문이다. 또 알래스카는 늑대를 비롯하여 갈색곰, 바다수달, 물개, 바닷새 등 야생 동물들의 천국이다. 알래스카 연안의 수많은 바위섬은 세계 최대의 바닷새 및 물개 서식지로서 태고의 자연 속에 간직되어 있는 바다 동물원이나 마찬가지이다.

알래스카에는 깨끗한 공기, 맑은 물, 수려한 경관 그리고 일년 내내 흥미와 스릴과 모험을 만끽할 수 있는 오염되지 않은 곳이다. 뿐만 아니라 알래스카에는 미국에서 가장 규모가 큰 산들과 빼어난 국립공원들이 많다. 랭걸-세인트 일라이어스Wrangell St, Elias 국립공원은 5만 3천 km²나 되기 때문에 항공기를 이용해야 둘러볼 수 있다. 알래스카 반도로부터 시작한 알래스카 산맥에는 북미 최고의 매킨리 봉이 자리 잡고 있으며, 여기서부터 미국의 로키 산맥을 거쳐 남미의 안데스 산맥까지 남북미를 이어 주는 등뼈 역할을 하는 거대한 산세가 형성되어 있다. 회색 바위, 푸른 얼음, 중중첩첩의 봉우리와 계곡들은 세계 어느 곳과도 비길 수 없는 모험과 흥미를 제공한다. 겨울철이면 세계의 어느 곳에서도 경험해 보지 못하는 구경거리를 찾아 많은 사람들이 이곳에 온다. 오로라를 보거나 빙하 위에서 스키를 타거나 또는 때 묻지 않은 자연 속 오두막 집에 머무르며 알래스카를 체험해 보기 위해서다.

하루에 봄, 여름, 가을, 겨울이 다 있는 나라
- 칠레

지구 상에 칠레처럼 길게 생긴 나라도 없다. 동서로는 좁고 남북으로 길게 뻗은 칠레의 국토는 전체 길이가 약 4,300km로, 남반구 길이의 42.7%나 차지하고 있다. 칠레 국민들을 가장 북쪽부터 일렬종대로 세운다면 전체 인구1550만 명를 세울 수 있는 길이이다. 또한 남북 간의 위도 차이가 38°30′이나 되기 때문에 하루에 봄, 여름, 가을, 겨울이 다 있다. 북쪽은 남위 17°30′쯤 되는 지역으로 세계에서도 손꼽히는 건조한 기후대이고, 수도 산티아고(남위 33°)가 있는 중부는 온화한 날씨대이며, 남쪽은 남위 56°쯤으로 지구 상에서 남극에 가장 가깝고 추운 지역이다. 그러므로 칠레에서는 시원하고, 덥고, 선선하고, 추운 날씨를 하루에 경험할 수 있다.

칠레는 이웃 나라인 아르헨티나와 6,000m급의 안데스 산맥이 경계를 이루고 있다. '안데스'는 원래 잉카어로 구리copper를 뜻하는 말로 예로부터 이곳에 구리가 많았음을 알 수 있다. 세계 최대의 구리 광상●이 분포하고 있는 칠레에는 전국적으로 약 40개의 대규모 구리 광산이 있다. 구리 광상은 태평양 쪽의 나스카 판이 남아메리카 판을 아래로 파고들 때 두 판 경계면의 마찰에 의해 수~수십 km 되는 거대한 마그마 저장고가 생성되면서 구리의 농축과 생성이 이루어진 것이다. 아마 지금도 안데스 산맥 밑에서는 구리가 만들어지고 있을 것이다.

칠레의 최남단 해안에는 피오르● 해안과 수천 개의 섬으로 이루어진

鑛床, ore deposit, 유용한 광물이 지표 또는 지하에 이용이 가능한 상태로 많이 묻혀 있는 곳

Fiord, 빙하의 침식에 의해 형성된 해안의 높은 절벽 사이에 깊숙이 들어와서 생긴 좁고 긴 만

칠레_면적이 75만 7,000km²로 남한의 7,6배이고, 평균 폭은 약 177km이다. 특히 안데스 산맥을 경계로 서쪽에 위치하고 있기 때문에 전 국토가 산을 뒤로하고 태평양과 마주한 형국이다. 그러므로 칠레의 어느 곳에서든 바닷가까지는 자동차로 2시간 이내에 도착할 수 있다.

마젤란 해협이 있다. 이곳은 거센 바람과 차디찬 비가 내리는 지구 상에서 가장 위험하면서도 가장 아름다운 지역이다. 안데스 산맥의 끝자락에 위치한 이곳에는 석회암으로 이루어진 카르스트 지형이 세찬 비바람에 깎인 대리석들로 장관을 이루고 있다.

또 여기에는 남극으로 향하는 전진 기지인 푼타아레나스Punta Arenas가 있다. 칠레의 초대 대통령인 오이긴스1778~1842는 1820년 남극과 이 일대를 칠레 영토로 선언하고, 1843년 23명의 자국인을 상륙시켜 도시의 터를 마련하였다. 지금은 인구 12만 명의 지구 최남단 도시로, 칠레 공군의 수송기와 민간 비행기가 남극으로 출발하는 곳이기도 하다.

서울에서 칠레의 푼타아레나스까

지 민간 항공기로 가려면 서울–뉴욕 14시간, 뉴욕–산티아고 12시간, 산티아고–푼타아레나스 5시간이 소요된다. 이곳은 비행기뿐만 아니라 남극으로 향하는 모든 선박이 집결하는 교통의 요충지로, 남극 반도 쪽으로 가는 사람들이 모두 모이는 곳이며 한마디로 남극의 모든 정보를 구할 수 있는 곳이다. 남극을 오가는 일은 문명 세계처럼 정확한 예약에 의해 이루어질 수는 없으며, 인간의 의지나 계획보다는 기상에 더 좌우된다. 즉, 출발지(푼타아레나스)나 남극의 칠레 공군 기지 또는 우리나라의 세종 기지가 있는 킹조지 섬의 일기에 따라 좌우된다.

 마젤란 해협

남아메리카 대륙 끝과 티에라델푸에고(Tierra del Fuego) 섬 사이에 있는 마젤란 해협은 아르헨티나와 접하는 동쪽 끝부분을 제외하면 해협 전체가 칠레 영해 안에 있다. 길이는 약 560km, 너비는 3~32km인 이 해협은 비르헤네스(Virgenes) 곶에서 우측으로 꺾어 해협 쪽으로 들어간다. 마젤란 해협(Magellan Strait)은 에스파냐의 후원을 받아 세계 일주를 하던 포르투갈인 마젤란이 최초로 이 해협을 통과(1520. 10. 21~11. 28)했는데, 이를 기념하여 붙여진 이름이다. 이 해협은 수많은 섬과 수로 사이를 굽이쳐 흐르며 춥고 안개가 많이 끼어 항해에 어려움이 많다. 해협 안에는 푼타아레나스라는 항구가 있지만 지금은 남극으로 가는 전진 기지로 이용되고 있을 뿐이다. 1914년 대서양과 태평양 간의 수로를 단축시킨 파나마 운하가 완공되기 전까지는 가장 중요한 항로였다.

전화기는 없지만 와인과 야일라가 있다
– 흑해 연안 사람들

험준한 산맥이 자리 잡고 있는 터키 동부와 그루지야의 오지는 까마득히 먼 과거에 머물러 있다. 외딴 골짜기와 가파른 돌투성이의 길을 지나노라면 현대 문명의 자취는 사라져 버리고, 푸르른 하늘과 엉겅퀴 그리고 잡초만 무성한 황량한 비탈이 나타난다. 그곳에는 어두운 협곡을 세차게 흐르는 빙하의 물소리와 초자연적인 기운만이 존재할 뿐이다.

BC 6세기경에 만들어 낸 신화로 그루지야의 스바네티 사람들이 태양과 숫양을 숭배하면서 양털 가죽으로 사금을 채취하는 관습 때문에 비롯된 이야기라고 한다.

그리스 신화에 나오는 '황금 양털●' 이야기의 무대인 흑해黑海 연안에는 전통을 고수해 온 민족들이 살고 있다. 터키의 라즈족 · 헴신족 · 쳅니족 · 룸족에서부터 그루지야의 스반족 · 투시족 · 헤브수르족에 이르기까지 이곳 산악 지방에 사는 민족들은 언어와 의복은 서로 다르지만 역사의 뿌리는 같다. 이들 세계에서는 아직도 신성한 명예, 희생 제물, 복수 따위가 엄연히 존재하며 여성의 육체 노동이 일상화되어 있다.

180만 년 전부터 사람들이 살았다고 전해지는 그루지야의 서부(흑해 연안)에는 다양한 관습과 문화가 혼재되어 있다. 주민은 페르시아인, 메소포타미아인, 아랍인, 로마인, 러시아인 등으로 구성되어 있고, 기독교도와 유대교도, 이슬람교도가 공존하고 있다. 1991년 소련 붕괴 직후 각 민족들이 분리주의 운동을 겪으며 심한 홍역을 치르기도 했다. 그리고 세월과 더불어 현대화되고 사고 방식도 바뀌긴 했지만, 높은 산맥 때문에 아직도 과거의 모습을 간직한 채 살고 있다.

흑해(黑海)_유럽 남동부와 중앙아시아 사이에 있는 내해. 면적은 42만 km²로 한반도의 2배 정도이
며 지중해와 동부 에게 해까지 연결되어 있다. 해양학적으로는 지중해의 부속해로 다루어진다.

그루지야 사람들은 손님을 신이 보낸 신성한 존재로 여기기 때문에 지극 정
성으로 대한다. 양을 잡아 접대하고 온 가족이 동원되어 손님을 보호하며, 만
약 전쟁이 났을 때도 '손님은 최후에 죽는다'고 한다. 오랜 역사를 가진 성 게
오르기우스(St. George: 그루지야의 수호신) 축제는 여성들의 입장이 금지되어 있고
양을 제물로 바치고 있다.

그루지야에서 와인은 그루지야의 영혼이고 건배는 와인의 영혼이라고 한다.
그래서 건배를 아무렇게나 농담을 던지면서 하지 않는다. 마치 사제가 의식을
거행하듯이 엄숙하게 진행한다. 우선 하느님께 건배한 다음 천사장 미카엘, 성
게오르기우스, 그리고 조상의 순으로 진행한다. 이런 관습은 정신을 통일시키
고 영혼에 안식을 준다고 생각하기 때문에 아무리 간단한 건배도 신성시한다.
'자손도 없이 죽고, 집은 잡초로 무성해진 투시족 사람을 위하여!' '타지에 나
가 고향을 그리워하는 모든 젊은이를 위하여!' '다시 돌이킬 수 없는 지난 시절

을 위하여!' '형제자매들을 위하여!' 'ㅇㅇ의 두 자매를 위하여!' '자네에게 형제자매나 다름없는 사람들을 위하여!' 등의 말을 하며 건배를 한다. 뿐만 아니라 와인은 죽은 사람의 무덤에서 문상객들이 건배의 형식을 취할 때도 이용되는데, 와인으로 무덤의 흙을 촉촉이 적시고 기도한다. 그루지야에서 와인은 신에게 인간들의 안녕을 바랄 때 쓰는 신성한 제물이기도 하다.

그루지야인들이 사는 흑해 연안(폰틱 산맥 북쪽)은 터키 전체를 놓고 보면 일부분에 지나지 않지만 이곳에는 고유한 관습이 살아 숨쉰다. 많은 종족들 중 특히 라즈족(약 20만 명) 사람들은 독립심이 매우 강하고 웃음이 많으며 사냥을 좋아하고 춤과 음악에 대한 열정도 대단하다. 이들도 현대 생활에 많이 동화되었지만, 그래도 전통을 지키겠다는 생각만은 확고하다.

그 중 산악 지대의 여름 목장인 야일라(Yaylaa; 작은 집 또는 오두막집)는 이들의 마음 속 깊은 곳에 자리한 때 묻지 않는 전통이다. 봄이 되면 저지대 주거지에서 소 떼를 몰고 올라와 산속의 야일라에서 여름 한철을 보낸다. 이것은 수세기 동안 이어져 온 전통으로 여기에서 겨울을 대비해 소젖을 짜고 치즈와 버터를 만들며 마음의 풍요를 즐긴다. '야일라'라는 말에는 '지평선' '넓은 공간' '평화' 등 좋은 의미가 함축되어 있다. 어떤 이는 별 다섯 개의 호텔보다 야일라에서 지내는 것을 더 행복해한다고 한다. 아랫마을에 살면 몸에서 에너지가 빠져나가지만 여기서는 에너지가 축적된다고 생각하고 있다. 그러나 현대화의 물결로 나무 대신 콘크리트 야일라가 생기고 젊은이들은 야일라 대신 해변이나 해외로 여행을 떠나는 등 많은 변화를 겪고 있다.

아오테아로아는 이렇게 태어났다
- 뉴질랜드의 탄생

    뉴질랜드를 마오리 말로 '아오테아로아'라고 부른다. 뉴질랜드의 원주민인 마오리족이 태평양의 파도를 헤치고 가면서 멀리 보이는 모습이 '길고 흰 구름' 같다고 해서, 그들의 말로 아오테아로아Aotearoa라고 붙였다고 한다. 1642년 네덜란드의 아벨 타스만이 뉴질랜드에 처음 도착하였고, 이후 영국의 제임스 쿡에 의해 1772년 영국령으로 선포되었다. 영국인들의 이민으로 처음에는 원주민들과 다소간 충돌이 있었지만, 와이탕기 조약1840년, W. 홉슨 경을 체결한 이래 오늘날까지 큰 충돌 없이 평화적인 공존을 지속해 오고 있다.

    뉴질랜드는 지질학상 및 지형학상 5억 7천만 년 전인 선캄브리아대●에 생성되었다고 한다. 이때 뉴질랜드의 땅덩어리는 남아메리카, 아프리카, 중국, 인도차이나와 함께 곤드와나 대륙에 붙어 있었다. 곤드와나 대륙이 동쪽으로 이동하던 트라이아스기와 쥐라기에는 남극으로부터 더 멀리 떨어져서 남반구의 중위도50°까지 올라오게 된다. 인도가 북쪽으로 움직이기 시작한 백악기에 곤드와나 대륙에서 분리된 시기에 남극해와 뉴질랜드도 남쪽으로 이동하기 시작하였는데, 이러한 움직임은 데본기에도 계속되어 뉴질랜드는 아시아와 점점 멀어지게 되었고, 이첩기에 현재의 위치인 남극 부근까지 밀려나게 되었다.

    뉴질랜드와 오스트레일리아 사이의 태즈먼 해와 남쪽 해저에 위치한 캠벨 고원은 지금으로부터 약 8천만~6천만 년 전에 생겼다. 이때 뉴질랜드 주변 바

先一代. Precambrian Eon. 지질 시대 중 고생대 최초의 시대인 캄브리아기에 앞선 시대

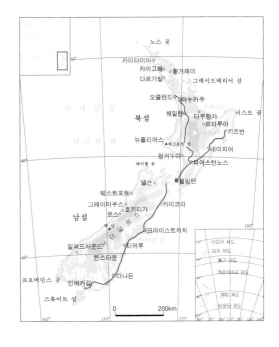

뉴질랜드_오스트레일리아 대륙 남동쪽 약 2,000km에 위치하며, 면적은 약 27만km²이다. 북섬(11만 4천 km²)과 남섬(15만 4천 km²) 두 개의 큰 섬으로 된 본토와 남쪽의 스튜어트 섬, 캠벨 섬, 오클랜드 제도, 동쪽의 채텀 제도 등의 부속 도서로 이루어져 있다. 태평양 상의 케르매덱, 쿡 제도, 니우에 섬, 라울 섬, 토켈라우 제도를 통치하고 남극 대륙의 로스 속령도 뉴질랜드 땅이다.

다에는 추위에 잘 견디는 토종 조개류와 육지의 식물들이 뿌리를 내리기 시작하였으며, 마침내 기후가 온화해져 곤드와나 시기의 식물들과 전래되어 오던 토속 동식물(카우리, 고사리, 뉴질랜드산 도마뱀과 곤충들, 토종 개구리, 타조 같은 새, 키위새)들의 움직임이 활발해지고 토지가 유용하게 변하게 되었다. 남아메리카를 디딤돌로 건너온 유용한 동식물들이 오스트레일리아와 뉴질랜드까지 확산되었으며, 이 시기에 뉴질랜드 특유의 동식물들이 자리를 잡게 되었다. 그 외에 태평양의 다른 지역이나 마오리들이 이민 올 때 가져온 부속물과 함께 여러 종류의 동식물이 들어오기도 하였다.

　뉴질랜드의 자연 지형 중에 빼놓을 수 없는 것은 남섬의 빙하와 높은 산으로 형성된 단층이다. 이들 단층은 1억 4천만~1억 1천만 년 전에 생성되었는데, 주로 남섬의 서부 지역에 위치하며 거대한 피오르 지형을 하고 있다. 또 거대한 빙하들은 세월이 흐르면서 암석 부스러기와 얼음 덩어리를 이동시켜 U자 협곡을 만들고 길쭉한 호수를 탄생시켰다. 대표적인 호수로는 테이카포Tekapo 호, 오하우Ohau 호, 푸카이Pukaki 호 등이 있고, 이들 호수의 깨끗한 빙하물은 퇴적물과 함께 와이마카리리Waimakariri 강, 라카이아Rakaia 강 등을 흘러나와

크라이스트처치의 캔터베리 평원을 형성하였다.

뉴질랜드의 북섬은 인도-오스트레일리아 판의 끝 부분과 태평양 판이 비스듬히 끼어 있는 관계로 제4기에 화산 폭발과 지진이 자주 발생하였다. 특히 루아페후 산, 에그몬트 산, 통가리로 산, 옹가우루호에 화산 등은 격렬한 화산 폭발로 생긴 산이다. 지금도 에그몬트 산은 지하 약 200km에서 연기를 뿜어내고 있으며, 중부 내륙의 루아페후 산도 약 75km 지하에서 열기를 내뿜고 있다.

특히 북섬 내륙에 있는 타우포 호는 엄청난 양의 가스와 바위가 산산이 부서지는 강한 폭발로 형성되었다고 한다. 인근의 땅이 무너지고 200m 두께의 화산재가 만들어졌으며 지금의 플렌티 만까지 흘러간 용암은 화산 평원과 타라웨라 산, 푸타우아키, 망가누이를 만들었다. 플렌티 만의 화이트 섬은 지금도 활동 중이다. 뉴질랜드의 최대 도시인 오클랜드에도 화산에 의한 분화구와 화산 원뿔들이 많이 분포되어 있다. 오클랜드 항 입구에 자리하고 있는 랭기토토 섬은 300년 전쯤에 화산 폭발에 의해 생겼다고 하는데, 언제 또 랭기토토 같은 화산섬이 오클랜드 앞바다에 솟아날지는 아무도 모른다.

우리와 얼굴이 닮은 사람이 산다
- 그린란드

덴마크어로 '그뢴란Grønland'이라고 하는 그린란드의 인구는 약 5만 명, 행정 중심지는 누크이고 전 국토의 약 85%가 빙상*으로 덮여 있다. 빙상의 높이는 내륙부로 들어가면서 점차 높아져 최고점은 3,300m에 달한다. 섬의 날씨는 빙하 지역에서 뿜어 나오는 차가운 공기로 언제나 서늘하다. 이곳에서는 영상 5~10℃까지는 따스한 기온이고, 영하 10℃는 그저 쾌적한 온도로 통한다.

氷床, ice sheet 표면의 요철과 관계없이 넓은 지역을 덮고 있는 지붕 모양의 빙체

대부분의 사람들은 그린란드라고 하면 얼음과 추위 그리고 어두움을 연상한다. 하지만 혹독한 추위는 그렇더라도 어두움의 경우는 잘못된 고정관념이다. 어두움이 전 지역을 오랫동안 지배하는 경우도 있지만, 여름철에는 약 3개월 동안 태양이 지지 않는 곳도 있기 때문이다. 그린란드의 기후는 꽤나 예측하기 힘들다. 각 지역마다 다르기도 하지만 갑자기 변하는 날씨는 기상대라고 해도 예측하기 힘들 정도다. 따라서 날씨에 관한 정보는 원주민에게 물어보는 것이 상책이다. 이렇게 불리한 기후 조건에도 불구하고 주민들의 교육 수준은 꽤나 높은 편이며, 이것이 그린란드를 현대적으로 성장시키는 원동력이 되고 있다.

그린란드(덴마크령)에 살고 있는 사람들은 대부분 이누이트Inuit이라고 불리는 에스키모인들이다. 아주 옛날에 시베리아를 비롯한 중앙아시아로부터 넘어온 그들의 선조는 우리나라 사람들과 얼굴이 닮은 몽골 인종이었다. 그 후 알래스카, 캐나다, 덴마크 등에서 이주해 온 서양 사람들과 섞여서, 1980년대에 이르

그린란드_캐나다 북쪽에 있는 세계 최대의 섬으로 남북 길이 2,670km, 동서의 최대 폭 1,200km, 면적 217만 km²이다. 노르웨이-덴마크-스웨덴 영토-미국 보호령으로 변해 오다가 지금은 덴마크 영토로 되어 있다.

러서는 북서쪽 끝의 툴레 주위와 동그린란드에서만 순수한 이누이트를 볼 수 있게 되었다.

에스키모인들은 그린란드의 전통을 지키려고 노력해 왔지만, 20세기 초부터 각 나라에서 유입된 서구 문화로 인해 전통적인 생활양식들이 많이 파괴되었다. 그러나 고유 언어인 이누이트어를 쓰며, 활석 조각과 북춤 같은 민속 예술은 그대로 남아 전해지고 있다. 대부분의 지역에서 모터스쿠터 사용을 법으로 금지하고, 대신 개 썰매를 이동 수단으로 권하고 있다. 세계 유일의 에스키모 자치 국가를 이루고 있는 그린란드 원주민들(약 2,500명)은 바다표범을 비롯한 고래와 해마 등을 사냥하며 자연과 함께 살아가고 있다.

그린란드 서해안 지역은 유럽인들과 수백 년 동안 복합 문화 사회를 이루면서 살아온 까닭에 유럽 문화의 흔적이 어우러져 있다. 전통적 민속 신앙 대신 기독교를 받아들인 에스키모들은 부활절 행사를 치르기도 한다. 6월 21일 하지는 그린란드의 국경일이다.

그린란드는 900년경 아이슬란드 사람 군뵤룬이 발견하였다고 하지만 정확하지는 않다. 그 후 985년경에 노르웨이의 에리크Erik Thorvaldson●라는 사람이 죄를 지은 아버지를 따라 고국에서 추방되어

Erik Thorvaldson. 노르웨이의 항해가로 그린란드에 도착하여 식민지 국가를 건설했다.

아이슬란드로 쫓겨갔다가 거기서도 죄를 지어 그린란드로 쫓겨 왔다고 한다. 당시에는 빙하도 지금보다는 많이 물러나 있었고 날씨도 지금보다는 따뜻해서 푸른 초원도 있었을 것으로 추정한다. 그래서 에리크는 좀 더 많은 사람을 불러들이기 위하여 푸른 초원의 뜻으로 그린란드라고 이름을 붙였다고 한다. 하지만 몇 백 년이 지난 후 날씨도 점점 추워지고 빙하의 세력도 넓어져 사람이 살아가기에 힘든 땅이 되어 버리자 약 3,000명으로 추정되던 이주민도 과거 속으로 묻혀 버렸다. 서부(지금의 고트호브)와 남부(지금의 율리아네호브)에 건설되었던 바이킹 식민지도 15세기경에 소멸되었다고 한다.

Treaty of Kiel, 1814년 나폴레옹 전쟁 후 덴마크 · 스웨덴 · 영국의 3국 간에 맺은 평화 조약

그린란드는 초기에는 노르웨이의 영토였지만 노르웨이가 덴마크의 속령이 되면서 덴마크의 영토가 되었다. 이어 1814년 킬 조약●으로 노르웨이가 그린란드와 분리되어 스웨덴 영토가 되면서 영유권 문제가 복잡하게 되었다. 1905년 노르웨이가 독립한 후에도 영유권을 둘러싼 다툼이 계속되다가, 1933년에 헤이그국제사법재판소의 결정으로 덴마크의 영토로 확정되어 현재에 이르렀다. 제2차 세계 대전 중에는 덴마크가 독일에 점령당한 동안 잠정적으로 미국의 보호령이 되었다가 1953년 덴마크령으로 복귀되었다. 현재 그린란드는 덴마크의 식민지가 아닌 본국의 일부로 되어 있으며, 선거로 뽑은 2명의 대표가 덴마크 의회에 참석한다.

'연가'를 만든 마오리
- 뉴질랜드 원주민

　　뉴질랜드 원주민을 마오리Maori라고 부른다. 이들은 폴리네시아계의 해양 종족으로 유럽인이 들어오기 전에 이미 뉴질랜드에 도착해 있었다. 당시 인구는 20~50만 명이었을 것으로 추정되나, 유럽인과의 접촉 이후(19세기 말) 약 4만 명으로 격감하였다. 마오리족은 1150년경부터 태평양의 어딘가(타히티?)에서부터 이주하기 시작해, 14세기에 대선단이 도착하면서 절정을 이루었다. 그러나 역사학적으로는 최소한 AD 800년경부터 뉴질랜드에 사람이 살기 시작하였을 것으로 추정한다. 아무튼 뉴질랜드는 지구 상의 땅 중에서는 가장 늦게 인류가 도착한 곳이다. 한편 뉴질랜드 채텀 제도의 원주민인 모리오리족을 마오리족보다 앞서 이 땅에 들어온 종족으로 보는 고고학적인 견해도 있다. 모리오리가 거대한 모아 섬에서 수렵을 하였다고 해서 이를 '모아헌터Moa-Hunter'라고 부르고, 마오리족 이전의 선주민으로 간주하기도 한다.

　　마오리족과 영국인들 간에 벌어진 마오리 전쟁은 1840년 영국이 뉴질랜드를 공식적으로 지배하게 된 뒤 벌어진 토지 쟁탈전이다. 1845년부터 1847년까지 벌어진 전쟁(제1차 마오리 전쟁, 1847~1860년에는 평화가 유지됨)과 1860~1861년에 일어난 제1차 타라나키 전쟁, 그리고 1863년 4월 식민지 총독 조지 그레이 경이 와이카토 지역에 공격용 도로를 건설하게 되자 일어난 제2차 타라나키 전쟁이 모두 토지 쟁탈전이다. 1863년 7월부터 시작된 와이카토 전쟁은 1864년 4월 초 오라카파가 점령되면서 사실상 끝이 났다. 마지막 마오리 전쟁은

1864~1872년에 일어났는데 양쪽 모두 지친 가운데 흐지부지하게 끝나고 말았다. 30년 가까이 전쟁이 계속되었지만 북섬 중서부에 있는 마오리 왕 지배 지역은 여전히 영국인들의 접근이 어려웠다. 지금도 이 일대에는 마오리 소유의 땅이 많이 남아 있다.

도시화가 진행됨에 따라 마오리들은 도시 문화에 완전히 노출되었다. 그중 가장 쟁점이 되는 것은 백인과의 결혼이 점차로 늘어난다는 것이다. 특히 마오리족 남자와 백인 여자의 결혼이 늘어나고 있다. 현재 뉴질랜드의 거의 모든 마오리족에게는 유럽인들의 피가 섞여 있다고 해도 과언이 아니다. 자신들을 마오리족으로 생각하는 사람들 가운데도 유럽인의 혈통이 훨씬 더 강한 마오리들이 있다. 하지만 마오리들은 유럽인들보다는 동양인과 더 많이 닮았으며, 그들도 서양인들보다는 동양인들에게 더 친근감을 보인다.

마오리들에게 마오리어를 가르치고 있지만 어린아이들에게는 점점 그들의 언어 문화가 외래어처럼 받아들여지고 있다. 그러나 마오리족의 문화 행사나 공식 행사에서는 마오리 어를 사용한다. 마오리어는 아우스트로네시아 어족의 폴리네시아 어파에 속한다. 자음은 p, t, k, h, w, r, m, n, ŋ이고, 모음은 i, e, a, o, u로 구성되어 있으며 음절은 모음으로 끝난다. 문법 구조도 간단하여 폴리네시아 제어와 마찬가지로 접속사, 전치사, 후치사가 중요한 역할을 하는데 얼핏 들어보면 일본어 발음과 비슷하게 들린다.

'포카레 카레아나'라는 마오리 노래는 우리나라에서도 '연가'라는 제목으로 유행했던 노래이다. 그런데 많은 사람들이 이 노래를 하와이 노래로 잘못 알고 있다. 이 노래는 마오리족인 히네모아와 투타네카이의 아름다운 사랑과 추억의 전설이 담긴 노래이다. 육지에 사는 아리와 부족의 족장 딸 히네모아가 타우포 호수 내의 모코이아 섬에 사는 훠스터의 아들 투타네카이의 피리 소리에 반하여 짝사랑을 하게 된다는 이야기이다. 당시 이 두 부족은 서로 사이가 좋지 않은 상태였다. 히네모아는 상사병을 앓다가, 어느 추운 겨울밤 섬으로 헤

'연가'의 배경이 된 타우포 호_뉴질랜드 북섬 중앙부에 있는 칼데라 호수, 면적 600km², 해수면 기준 높이 357m, 최대 깊이 159m. 뉴질랜드 최대의 호수이며 와이카토 강의 수원(水源)이다. 또한 관광 휴양 중심지이고, 인근에 세계 제2의 지열 발전소가 있다.

엄쳐 가 서로의 사랑을 확인하고 끝내는 결혼을 하게 된다. 이 일로 두 부락은 서로 화해를 하게 된다는 마오리판 '로미오와 줄리엣' 이다.

　이 노래는 6·25 전쟁 때 참전한 뉴질랜드 군인들에 의해서 우리나라에 전해졌고 '연가' 라는 곡으로 편곡되어 많은 사람들에게 애창되었다. 우리에겐 즐겁고 빠른 템포의 노래라고 알려졌지만, 원래는 마오리족 남녀의 슬픈 사랑 이야기를 담은 것으로 굉장히 느리고 아름답게 불러야 한다.

사막에 숨어 사는 애버리진
– 오스트레일리아 원주민

Sahul Shelf, 오스트레일리아 북쪽 해안에서 뉴기니아 섬까지 뻗어있는 해저의 대지(臺地)

CaucaSoide, 현생 인류의 분류 중 하나이나, 현재는 거의 사용하지 않음.

고고학자들에 의하면 25,000~40,000년 전부터 오스트레일리아에 사람들이 살고 있었다고 한다. 이들을 '애버리진'이라고 부르는데 정확한 용어로는 오스트레일리아 원주민Australian Aborigine이다. 이들의 원류는 확실치 않으나 지금은 물에 잠긴 '사훌 대륙붕•'을 통해 들어왔거나, 동남아·스리랑카·뉴기니 등에서 뗏목이나 카누를 타고 건너온 것으로 추측된다. 서유럽의 문명 사회와 접촉하기 전에는 30만 명1788 정도가 일정한 영역을 가진 500여 개의 부족으로 흩어져 살고 있었다고 전해진다.

애버리진은 오스트랄로이드에 속하는 종족으로 약간 곱슬머리에 얼굴이나 몸에 털이 많은 점은 코카서스• 계통을 닮았다. 1688년 오스트레일리아 북서부 해안을 탐사한 영국인 윌리엄 댐피어는 '그 곳에는 사람과 비슷한 유인원들이 살고 있다. 농사를 짓거나 가축을 키우지도 않고 자연이 제공하는 먹이를 찾아 이곳저곳으로 떠돌아다니는 동물과 비슷한 존재들이 있을 뿐이다'라고 본국에 보고했다. 댐피어의 보고서는 『종의 기원』을 쓴 찰스 다윈에게도 영향을 주어, 다윈은 인종 간의 우열을 가리면서 백인을 가장 우수한 인종으로 분류한 반면 애버리진을 가장 열등한 종족으로 분류하였다.

애버리진은 세계의 어느 종족보다도 얼굴이 못생긴 편인데 원숭이나 고릴라처럼 얼굴의 이마 부분이 툭 튀어나온 특징 때문에 진화가 덜 된 듯한 느낌을 준다. 초기의 영국인들은 이들을 인간으로 분류하는 것조차 주저해서 원숭이류 중 가장 많이 진화한 유인원인 오랑우탄 정도로 취급하였다고 한다.

영국은 미국 독립 전쟁의 여파로 더 이상 죄수들의 유형지로 미국을 활용할 수 없게 되자 자연스럽게 오스트레일리아를 새로운 유형지로 골랐다. 1788년 1월 초대 총독인 아서 필립이 11척의 선박에 759명의 죄수와 수백 명의 선원을 이끌고 도착한 것이 본격적인 오스트레일리아 이주 역사의 시작이었지만, 평화롭고 한적했던 애버리진의 생활 무대는 범죄자들의 유형지로 전락하고 말았다. 유럽인들이 정착하기 이전까지만 해도 원주민들은 주로 해안 지역에 집중적으로 거주했었다고 한다. 그러나 백인들에 의해 생활 근거지를 빼앗기고 내륙의 건조한 사막 지역으로 쫓겨 가고 말았다. 현대로 넘어오면서 안팎으로 인종 차별에 대한 비난을 받아오던 오스트레일리아 정부는 1967년 역사적인 투표를 통해 애버리진과 토러스 해협 일대의 원주민들에게 오스트레일리아 시민으로서의 자격과 오스트레일리아 대륙 어디에서든지 살 수 있는 권리를 내주었다.

4만 년 이상 오스트레일리아 대륙에서 살아온 원주민들은 소유라는 개념 자체가 없었기 때문에 그 땅을 내 땅이라고 주장할 사람도, 그것을 증명할 자료도 없었다. 영국은 땅을 빼앗기 위하여 전쟁을 할 필요도 없었고, 대가를 지불하고 구입할 필요도 없었다. 협상이나 조약 등은 더더욱 필요 없었다. 영국은 아무런 저항도 받지 않고 땅을 하나씩 점령해 나갔다.

최근 애버리진들은 자신들의 땅을 되찾기 위해 적극적으로 나서고 있다. 시위는 물론 법적 권리를 찾기 위한 소송도 마다하지 않는다. 원주민 '에디 마보 Eddie Mabo'가 낸 소송에서 1992년 대법원은 오스트레일리아 대륙에 주인이 없었다는 것은 잘못된 주장이라고 판결했다(마보 결정). 그들은 조상 대대로 이곳에 살면서 그들만의 문화와 전통을 지켜 왔으며, 비록 서구식 토지 소유 방식을 갖추지 않았다고 해도 그들의 삶의 터전으로 인정되기 때문에 토착민 토지 소유권이 인정된다는 것이다. 백인 국가 건설 200여 년 만에 애버리진이 인간으로 대접받았고 고유 문화와 역사를 인정받았다는 것이 판결의 핵심이다.

오스트레일리아 원주민 중 최초로 『우리는 간다We are Going』라는 시집을 출간한 오저루 누누칼은 "우리 민족My People"이라는 시의 첫머리에서 다음과 같이 썼다. '배가 부르면 더 이상 사냥하지 않았다. 노을 비낀 붉은 땅에 빙 둘러앉아 어린아이들에게 조상들이 전해 준 이야기를 들려주었다. 하늘은 우리들의 아버지이고 땅은 어머니 되시니, 우리는 그들의 축복으로 영원히 배가 고프지 않을 것이며….' 땅은 끝없이 넓고, 계절마다 온갖 열매들이 풍요롭게 맺혀 그들은 새로운 땅을 찾아 길을 떠날 필요가 없었던 것이다. 더 많은 수확을 위해 혹은 영토를 확장하기 위해 이웃 부족과 전쟁을 할 필요도 없었고, 여긴 내 땅이고 거긴 네 땅이라고 구획 지을 필요도 없었음을 이 시는 잘 보여 준다.

 검은 전쟁

백인들이 처음 들어올 당시 태즈메이니아 원주민들은 문화적 수준이 매우 낮아서 대륙(오스트레일리아 본토)에서 사용되던 부메랑도 몰랐다고 한다. 식민지 건설 초기에 백인들은 원주민을 사람 모습을 한 동물로 여겨 짐승을 사냥하듯 마구 살해하였다. 이는 19세기 초부터 약 30년 동안 영국인에 의해 자행되었으며, 이 때 태즈메이니아 섬에 사는 애버리진이 전멸되었는데, 이것을 검은 전쟁(Black War)이라고 부른다. 1876년 마지막 혈통을 가진 태즈메이니아 원주민이 죽음으로써 이 섬의 원주민은 대가 끊겼다.

가난과 내전으로 찌든 중앙아시아
- ~스탄 나라들

세계 각국의 나라 이름은 다양하지만 중앙아시아에는 '~스탄'이라고 끝나는 7개의 나라가 있다. 이들 스탄 국가들은 하나같이 내전으로 테러에 시달리고 가난하다. 또한 동부 히말라야 인근의 '~스탄' 나라들은 아직도 지도에 국경선이 그어져 있지 않을 만큼 혼란스럽다. 1917년 러시아의 볼셰비키 혁명 이후 중앙아시아의 5개 스탄 국가도 소비에트사회주의연방(소련, USSR)에 들어갔다. 한마디로 소련에 점령당한 것이다. 1991년 12월 31일 마침내 74년 동안 이어져 온 공산주의의 맹주 소련이 붕괴되고 스탄 5개국도 독립되었다. 하지만 그들 5개국은 독립국가연합CIS이라는 이름으로 옛 소련의 연합체에 다시 뭉쳤다. 물론 이 기구는 단지 소속된 국가를 의미하지 국가 상호 간에는 어떠한 규제나 연합적인 의미가 없다. 그 외에 아프가니스탄Afghanistan은 1919년에 영국으로부터 독립하였으며, 파키스탄Pakistan도 1947년에 영국으로부터 독립한 나라이다.

스탄-stan은 페르시아어로 ① 지역, 장소 ② 땅, 나라를 뜻한다. 중앙아시아의 몇몇 고대 왕국에서 사용되던 궁중어宮中語에서 파생되어 여러 나라 말에 사용됐는데, 아프가니스탄은 '아프간 사람들이 사는 지역이나 땅'을 의미한다. 국명이 '스탄'으로 끝나는 중앙아시아의 7개국은 카자흐스탄Kazakhstan, 우즈베키스탄Uzbekistan, 키르기스스탄Kyrgystan, 타지키스탄Tajikistan, 투르크메니스탄Turkmenistan, 아프가니스탄, 파키스탄 등이다. 하지만 투르키스탄(중국),

발루치스탄(파키스탄, 이란, 아프가니스탄 등), 다게스탄(러시아), 누리스탄(아프가니스탄, 파키스탄, 이란 등), 쿠르디스탄(이라크, 이란, 시리아, 아르메니아, 터키) 등 5개 지역은 아직 미승인(미독립) 지역으로 남아있다.

중앙아시아 스탄 5국 중 카스피 해 북동쪽에 위치한 카자흐스탄은 13세기경에는 몽골의 지배를 받았고, 15~16세기에 유목민 제국을 통합하고 세력을 키워 나갔다. 19세기 중반에는 러시아의 지배를 받았다. 탄전, 유전, 구리 광산 따위가 있어 공업이 발달하고 있으며 앞으로 경제적으로 전망이 매우 밝은 나라이다. 투르크메니스탄도 1925년에 정부가 수립되어 소련 연방에 속해 있다가 독립하였다. 카스피 해에 면하여 있는 나라로 면화, 포도, 벼 따위를 재배하고 지하자원(천연가스)이 많으며 방직과 식품 가공업이 발달하였다. 타지키스탄도 9~10세기에 민족이 형성됐으나 13세기에 몽골, 16세기에 우즈베크인의 지배를 받았다. 1880년 러시아에 점령되었으며, 1929년 정부가 수립되었다. 국토의 대부분이 파미르 고원에 속하여 산지가 많은 편이며, 농업과 축산업을 주로 하며 면화나 석유, 석탄 따위의 광물이 많이 난다. 키르기스스탄은 목축과, 곡물, 면화가 많이 생산된다. 또한 석유, 석탄, 수은, 안티몬Antimon이 많이 나는 곳으로 유명하다. 내전으로 정국이 항상 불안하다. 2010년에도 쿠데타로 집권하여 내전에 가까운 상황이다. 우즈베키스탄은 관개농업이 발달하여 대규모의 면화 지대가 있으며 밀, 쌀, 포도, 석탄, 철 따위를 생산한다.

앞서 말한 5개 국가들은 구소련에 속했을 때 대규모 집단농장에서 목화 재배를 할 수 있도록 아무다리야Amu Dar'ya 강과 시르다리야Syr Dar'ya 강의 물줄기를 끌어들였다. 하지만 그 후유증으로 농약에 오염되고 척박한 염습지로 변해버린 땅과 아직도 씨름하고 있다.

파키스탄은 남한의 8배나 되며, 서쪽은 이란, 북쪽은 아프가니스탄, 북동쪽은 중국, 동쪽과 남동쪽은 인도, 남쪽은 아라비아 해와 접해 있으며, 주산업은 농업으로 밀, 면화, 사탕수수가 많이 생산된다. 아프가니스탄은 1973년에 공

중앙아시아_1991년 이전까지만 해도 세계 지도상에 아프가니스탄과 파키스탄뿐이었고, 소련에 병합된 5개의 스탄 나라는 표시되지 않았다.

화국이 되었다가 독립한 나라로 주산업은 농업, 목축업이며 우리에게는 탈레반의 본거지로 잘 알려져 있다.

스탄 국가들은 대부분 광활한 사막 또는 거의 사막에 가까운 땅이다. 특히 이곳에는 힌두쿠시 산맥, 파미르 고원, 사페드코 산맥과 같은 거대 한 장애물이 놓여 있어 더욱 개발이 더디다. 뿐만 아니라 페르시아의 키루스와 다리우스, 알렉산드로스, 아틸라, 마무드, 칭기즈 칸, 티무르, 바부르와 같은 위대한 정복자들도 스탄 국가들을 거쳐 가면서 황폐화시켰다. 서기 700년경 이란으로부터 전해진 이슬람교는 7개 스탄 국가들에 전파되었다. 오늘날 스탄 국가들은 카스피 해의 푸른빛, 사막 모래의 황금빛, 그리고 유혈 충돌에서 나온 붉은 빛으로 짜인 카펫을 연상시킨다.

지구촌에는 오늘도 비바람이 분다

1마이크로의 물방울이 비를 만든다
- 강수

    지구의 바다 · 호수 · 하천 · 습지 등에 있는 물이 증발하여 수증기가 되고, 이 수증기가 응결하여 구름이 되었다가 다시 지표로 돌아오는데 이것이 비와 얼음(눈 · 우박 · 진눈깨비 · 싸라기눈)이다. 비는 소리 없이 내리는 이슬비를 비롯하여 억수같이 퍼붓는 소나기 등 여러 종류가 있지만 지상으로 떨어지는 비를 통칭하여 '강우'라고 하고, 강우 · 눈 · 우박 · 진눈깨비 등 모두를 '강수'라고 한다.

    강수의 원천이 되는 물방울의 크기는 생성 시간에 따라 구름 입자의 핵이 10 μ(10⁻⁶, micron)의 크기가 되려면 1초, 100μ가 되려면 2~3분, 1,000μ(1mm)가 되려면 3시간 그리고 3mm 정도의 크기가 되려면 24시간이 소요된다. 이렇게 만들어진 물방울(구름 입자)이나 빙정•들이 고공에서 낙하하는 과정에 이슬비, 소낙비, 눈송이, 우박, 진눈깨비로 변하여 지상으로 떨어진다. 그 외에 대기 중의 수증기가 응결되어 지표면에 나타나는 안개와 인공으로 구름을 만들어 강수량을 증대시키는 인공 강우도 강수에 포함된다.

    지상 기온의 상승으로 빙정들이 녹아내리는 것은 비의 온도와 관계없이 '한랭우'라고 하며, 상승 기류에 의해 오르락내리락하면서 많은 충돌과 분산을 반복한 후 내리는 비를 '온난우'라고 한다.

    기온과 습도 등의 대기 상태가 거의 같은 성질을 가지고 수평 방향으로 넓은 범위에 퍼져 있는 공기 덩어리(대기 덩어리)를 기단이라고 하는데, 우리나라에 영

氷晶, ice crystal. 수증기가 응결할 때 고도가 높아 기온이 영하로 떨어져 생긴 얼음 결정체

향을 주는 기단은 시베리아 기단(한랭), 북태평양 기단(온난다습), 오호츠크 해 기단(한랭다습), 양쯔 강 기단(온난건조), 적도 기단(고온다습) 등이다. 한편 비를 몰고 오는 저기압은 표준 대기압(1,013.25hPa, 760mmHg, 1atm)보다 낮은 것을 말하는데, 특히 아열대에서 발생하는 열대성 저기압(태풍)은 많은 비를 몰고 온다. 최근에는 비정상적인 대기 현상으로 기상 이변이 생기고, 예측하기 어려운 게릴라성 강우가 자주 발생하고 있다.

하늘에 떠 있는 구름의 기온이 낮을 경우 구름 속에 함유된 수분이 변하여 지표면으로 떨어지는 것을 눈이라 한다. 이때 빙점(0℃) 이하로 떨어진 물방울들이 액체 상태를 유지하다가, 초저온 상태에서 물방울들이 증발하여 미세한 얼음의 결정으로 변하게 된다. 이러한 '얼음의 결정'에 더 많은 수증기가 얼어붙음으로써 점차 커져서 눈송이를 이루게 된다. 눈송이의 모양은 대기의 기온과 수분의 양에 따라 각기 달라진다. 눈이 오면 주위가 고요하게 느껴지는데, 그 이유는 눈송이의 약 90%가 공기로 이루어져 있으며 눈이 뛰어난 방음 기능을 하기 때문이다.

지상으로 떨어지는 물방울들은 차가운 대기층을 통과하는 동안에 눈송이보다 더 단단해진 유리질의 얼음으로 변하여 진눈깨비나 우박이 만들어지기도 한다. 우박은 기류가 소용돌이치는 뇌운의 상층부에서 생기는데, 얼음덩이가 상승 기류와 하강 기류를 번갈아 오르내릴 때 얼음층이 덧붙여져서 점점 커지면서 생긴다. 이 과정에서 상승 기류가 약화되면 우박은 무게를 지탱할 수 없게 되어 땅으로 떨어지게 된다. 우박의 비중은 눈의 비중과 같이 0.85~0.93g/cm³ 정도이며, 크기는 구름 속에서 얼마나 오랫동안 오르내렸느냐에 따라 결정된다. 실제로 우박이 지표면으로 떨어질 때의 크기는 각기 다양한데, 작은 콩알만 한 크기로부터 테니스공만큼 큰 것도 있었다고 한다. 지금까지 기상으로 관측된 것 중 가장 커다란 우박은 지름이 약 14cm(무게 680g)였다. 이 정도의 우박이면 자동차의 지붕이 찌그러진다거나 건물의 유리창이 파

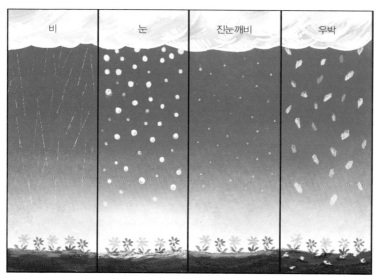

| 비 | 눈 | 진눈깨비 | 우박 |

강우의 종류

손되는 등 피해를 줄 수도 있다. 특히 최근에는 대형 우박을 맞고 사망한 사람
도 있었다고 한다. 만약 지름 2cm 이상의 우박이 30분 정도 내린다면 농작물
은 수확할 가치가 없어진다.

　비가 내리고 눈이 내리는 모든 것은 사람이 마음대로 할 수 없다. 그러나 사
람에게는 그것들을 슬기롭게 이용할 줄 아는 지혜가 있다. 만약 하늘에서 내리
는 강수가 없다면 우리들은 지구에서 살아갈 수 없다. 그런 의미에서 비, 눈,
우박, 진눈깨비 등 모든 강수는 하늘이 우리 인간들에게 내려 주는 '생명수' 나
다름없다.

바람을 타고 비행하는 거미
– 바람

바람이 생기는 원인은 기압 차 때문인데, 기압이 높은 곳에서 낮은 곳으로 향할 때 생긴다. 또 해안에서는 바다와 육지가 햇빛을 받을 때 따뜻해지는 정도의 차이, 즉 수열량●의 차이 때문에 바람이 생긴다. 태양열로 데워진 대기가 지구에 닿으면 지구가 따뜻해지는데 이때 따뜻한 공기는 위로 올라가고 그 빈 자리에 차가운 공기가 메워진다. 이 차가운 공기는 다시 데워져서 위로 올라가는데 이를 대류 현상이라고 한다. 이런 순환 운동이 반복되면서 바람을 만들어 낸다. 만약 지구가 돌지 않는다면 바람은 힘없이 제자리에 머물지도 모른다. 바람은 지구의 회전 에너지의 영향을 받기 때문에 어떤 위도에서는 규칙적인 흐름을 보인다. 유럽의 항해가들은 무역풍에 의해 아메리카 대륙에 닿을 수 있었는데 이것도 규칙적으로 부는 이 바람 덕택이었다.

아무도 '바람' 그 자체를 볼 수 없다. 그러나 바람을 느낄 수는 있다. 왜냐하면 바람은 보트를 움직이게 하고, 나뭇가지를 흔들며, 무더운 여름날의 더위를 식혀 준다. 그러므로 바람이 항상 존재함을 느낄 수가 있다. 바람을 느낄 수 없을 만큼 고요한 날에도 바람은 분다. 뇌운 속이나 높은 산을 넘는 경우를 제외하면 바람은 거의 수평 방향으로 흐른다. 바람을 가장 잘 이용하는 것이 새다. 새는 바람이 불지 않는 날에도 날개의 양쪽 끝을 완전히 펴서 활공하면서 날아다닌다. 높이에 따라 다르지만 100m 높이에서 활공하기 시작하면 수평으로 1,600m 정도를 날 수 있다고 한다. 대기 속에 약간의 바람만 있어도 새는 상승

受熱量. 어떤 물질이 바깥으로부터 받아들이는 열의 양. 반대 용어는 방열량(放熱量)

기류에 의해 비행을 계속할 수가 있다고 하니 바람은 새들의 동력이라고 할 수 있다.

바람을 이용하는 동물은 새 외에도 박쥐나 곤충이 있다. 그 중 거미는 날개를 사용하지 않고 긴 거미줄을 바람에 날리면서 이동하는데, 때로는 수백만 마리가 한꺼번에 날아다니는 장관을 이루기도 한다. 이것을 일명 '천사의 머리카락' 이라 부르는데 중국에서는 명주실이 날린다는 뜻으로 사유絲遊라 하고, 영어로는 gossamer(goose-summer의 준말로 거위여름)라고 부른다. 11월의 따뜻한 날 유럽에서는 성 마틴의 여름St. Martin's summer이라 하여 거위를 먹는 습관이 있는데, 마침 그 무렵에 거미가 하얀 줄을 날리면서 이동하기 때문에 붙여진 이름이다.

꽃가루도 바람에 의해서 이동된다. 어떤 것은 2개의 공기주머니에 의해서 바람을 타고 100km나 멀리 떨어진 곳까지 날아가는 것도 있다. 양귀비 씨도 바람을 타고 150km나 떨어진 곳까지 날아간다고 한다. 민들레 씨가 땅에 떨어지지 않고 바람에 의해 날아갈 수 있는 것은 씨를 감싸고 있는 가는 털이 햇빛을 받아 따뜻해지고, 이때 털을 둘러싸고 있는 공기가 가벼운 풍선과 같은 역할을 하기 때문이다. 이것들은 솜털 모양의 비행 기관을 가지고 있는 것과 마찬가지라고 보면 된다.

바람을 이용한 범선은 BC 4,500년경 이미 이집트에서 사용되었다. 또 14세기경에는 4각 돛과 3각 돛을 짝지어서 큰 범선을 만들었으며, 19세기 말에는 돛의 수가 40개나 되는 4,000톤 급의 거대한 범선을 만들어 계절풍•과 무역풍을 이용하여 해양을 누비고 다녔다. 그 후 증기 기관이 발달하면서 범선은 점차 쇠퇴하고, 현재는 레저용 요트(돛선)가 그 명맥을 유지하고 있다.

14~15세기경부터는 바람을 제분의 동력원으로 사용한 일이 있었지만, 바람이 일정하게 불지 않기 때문에 지금은 잘 사용하지 않는 편이

季節風, monsoon. 초기에는 아라비아 해역에서 겨울철 대륙에서 불어오는 북동풍과 여름철 해양에서 불어오는 남서풍을 가리킬 때만 쓰였으나, 현재는 지구 상의 어느 지역에서나 계절에 따라 같은 형태로 나타나는 바람을 일컫는다.

14세기 초의 풍차_수직 기둥에 얹혀진 목제 상자에 팔랑개비가 부착되어 있는 14세기 초의 풍차 모습으로 사람의 키와 비교하면 풍차의 규모가 작은 편이다.

다. 그러나 바람을 이용한 풍차는 네덜란드, 인도, 중국 등에서 탈곡이나 소금을 만들기 위해 물을 끌어올리는 도구로 사용해 왔다. 최근에는 전력의 공급이 곤란한 외딴 섬이나 산악 지대 등에서 풍력 발전용으로 이용하고 있다.

바람이 많은 제주도에는 섬 곳곳에 초속 7m가 넘는 바람과 태풍이 수시로 들이닥쳐 제주 사람들에게 고통과 불편을 주었지만, 지금은 이 바람이 수익 사업에 이용된다. 1998년 2기로 시작한 제주의 행원 풍력 발전 단지에서는 지금 15기의 풍차를 돌리고 있다.

비행기가 바람을 이용하는 것은 말할 나위도 없다. 고공을 비행하는 제트 비행기는 성층권• 부근의 강풍대에 진입하여 제트 기류를 이용해서 비행 시간을 줄일 수 있다. 행글라이더도 동력기에 끌려서 날지만 일단 하늘에 오르면 산악 파동 기류를 이용해서 높이 올라간다. 제2차 세계 대전 중 일본은 편서풍을 이용한 풍선 폭탄을 미국에 날려 보냈다.

이렇게 사람들은 무한 무상으로 바람을 쓰고 있다. 비록 눈에 보이지 않는 바람이지만 우리에게는 하루도 없어서는 안 될 귀중한 자원이다. 지금도 바깥에는 바람이 분다. 빨래를 말리고, 꽃씨와 연을 날리고, 벽난로를 피우며 바람은 늘 우리 곁에서 맴돌고 있다.

成層圈 stratosphere. 지구 대기에서 대류권 위의 고도 6~18km인 대류권 계면으로부터 고도 50~55km인 성층권 계면까지의 대기층

시베리아 고기압이 변했다
- 삼한 사온

　중국 북동부 지방과 우리나라를 중심으로 겨울철에 나타나는 기온 변화 현상으로 삼한 사온三寒四溫이 있다. 즉, 겨울철 3일은 추운 날이 연속되고, 4일은 포근한 날이 계속되는 것을 말한다. 이것은 대륙성 고기압이 발달했다가 쇠약할 때까지의 주기(7일)로, 발달 기간과 쇠약 기간의 비율이 3:4 정도 되었기 때문에 붙인 이름이다. 그러나 이것은 어디까지나 우리 선조들이 체험에 의해 얻은 비율이다. 고기압이 발달해서 확장해 오는 추운 기간보다는 확장되어 분리되면서 온화한 기간이 다소 길게 지속된다는 뜻이다. 시베리아의 찬 공기가 남쪽의 저위도로 빠져나가지 못하기 때문에 3일 동안은 춥다. 즉, 3한에 해당된다. 또 따뜻한 공기가 다시 쌓일 때까지의 기간은 4일이 걸리는데 이때가 4온이 된다.

　하지만 3한 4온은 반드시 3일이 춥고 4일이 따뜻하다는 의미가 아니고, 상대적으로 춥고 따뜻한 현상이 주기적으로 되풀이된다는 의미가 포함되어 있다. 이러한 기온 변화의 주기는 7일이지만 최근에는 지구의 기후 변화 이상으로 일정하지 않다. 대체로 시베리아 고기압이 강할 때 3한이, 약해질 때 4온이 나타나는데 이것은 정해진 법칙은 아니지만 겨울을 지내는 동안 중요한 정보로 활용된다.

　지구 온난화로 인해 겨울 온도가 급격히 상승하고, 기상 이변 때문에 당분간 삼한 사온은 기대하기 어렵다. 그러나 2000년에 들어 한파가 불어 닥친 뒤에 포근한 날씨가 이어지는 등 전형적인 겨울 날씨인 삼한 사온이 가끔 나타나고 있다. 삼한 사온이 뚜렷하게 나타나면 옷차림을 미리 준비할 수 있어 좋다. 요즘같이 추울 줄 알고 두껍게 입고 나갔다가 옷을 벗어 들기도 하고, 포근한 날을 기대하고 얇게 입고 나갔다가 매서운 추위에 감기 걸리기 십상이지는 않을 터이니 말이다.

지구 상에서 가장 강력한 시베리아 고기압은 중심 기압이 1,050mb까지 올라가며 7일 정도 주기로 확장과 위축을 반복한다. 시베리아 고기압을 일명 '아시아 고기압'이라고 하는데, 겨울 동안 북동 시베리아에 중심을 두고 나타나는 반영구적인 고기압 체계로서 여름철에는 그 세력이 약해진다. 이 고기압은 겨울철에 시베리아 대륙이 냉각될 때 더욱 강력해지는데 유라시아 대륙뿐만 아니라 히말라야 남부까지 뻗어 남쪽에서 올라오는 난기류의 유입을 저지한다. 고기압의 범위는 동서로 약 1만 km, 남북으로 약 5,000km에 달하는 광대한 규모이고 높이는 3km 정도 된다. 이 고기압권 내의 기온은 매우 낮으며 하층에서 뚜렷한 기온 역전 현상이 나타나고, 알류샨 저기압과 합세하여 극동 지방에 한랭 건조한 북서 계절풍을 강하게 형성하여 우리나라 서해안 지방에 눈발을 자주 날리게 한다.

요즈음은 한파가 너무 심한 것 같다. 2010년에는 영하 10도를 오르내리는 한파가 한 달 이상 이어지면서 삼한사온은 온데간데 없어졌다. 그런데 이런 한파가 일시적인 현상이 아니라고 한다. 즉, 한반도 겨울 기후에 구조적인 변화가 생긴 것이다. 1980년대까지는 시베리아 고기압이 한반도의 겨울 추위를 좌지우지 해왔지만, 1990년대부터는 북극이 따뜻해지면서 한반도가 추워지는 이른바 북극 진동Article Oscillation에 좌우된다. 과거 삼한사온의 반복적인 추위가 최근 들어 2주, 3주 이상 계속되는 긴 한파로 바뀌었다는 뜻이다. 북극 진동과 시베리아 고기압이 상승 작용을 일으키면 한파는 더욱 강하고 길어진다.

논바닥 스케이트장

1960~1970년대에는 추위 때문에 논에 얼음이 자연적으로 얼어서 아이들이 동네 인근의 논바닥에서 얼음지치기를 많이 했다. 물론 당시에는 실내 스케이트장이 거의 없었기 때문이기도 하지만, 있었다고 하더라도 가격이 비싸서 어린 아이들이 쉽게 이용할 수 없었다. 1980년 중반부터 삼한사온이 희미해지고 논바닥 스케이트장도 하나 둘씩 줄어들기 시작하여 1990년대 말경에는 거의 없어졌다. 약 10년 정도의 시간이 흐른 후 언제부터인가 모르지만 논바닥 스케이트장이 도시 근교에 하나 둘씩 생겨나고 있다. 도시민들이 옛 추억을 생각해 이용하고자 하는 욕구가 높아졌고, 인근 농촌 지역에서 관광객 유치로 농가 소득을 올리고자 하는 취지가 복합적으로 작용하여 야외 스케이트장이 하나 둘씩 생겨나고 있다. 지금은 인공적으로 물을 대어 강추위 때 얼음을 얼리고 비닐로 덮어서 분위기는 어색하지만 옛 추억을 생각나게 하는 논바닥 스케이트장이 다시 생겨난 것이 반가울 뿐이다.

물방울이 만들어내는 하늘의 색동 띠
– 무지개

어린이들이 명절에 입는 색동저고리처럼 하늘에도 색동 띠가 나타난다. 비가 내린 뒤 산 위에 걸쳐지는 일곱 빛깔 무지개가 그것이다. 어릴 적에는 종종 볼 수 있었지만 지금은 대기 오염으로 거의 볼 수가 없다. 무지개는 빛이 광원으로부터 어느 정도 떨어진 비·물보라·안개와 같은 물방울의 집합체를 비출 때 7가지 색채를 띤 동심호로 나타난다. 특히 태양이 소나기의 빗방울을 비출 때 태양과 반대 방향에서 가장 흔하게 관찰되는데, 비행기를 타고 하늘에서 바라보면 무지개는 동심원으로 보인다. 태양을 등지고 입에 물을 머금었다가 뿜으면 희미하게나마 일시적으로 인공적인 무지개가 만들어지기도 한다.

무지개의 색깔은 바깥쪽에서부터 안쪽으로 빨강·주황·노랑·초록·파랑·남색·보라색을 띠며 종류도 여러 가지가 있다. 무지개는 1개만 생기는 무지개와 그 바깥쪽에 하나 더 생기는 2차 무지개가 있는데 이것을 '쌍무지개'라고 부른다. 쌍무지개는 1차 무지개보다는 색이 희미하고 색 층이 반대로 되어 있다.

무지개라고 표현하지는 않지만 햇무리와 달무리도 대기 중에 있는 물방울이나 얼음 덩어리에 의해서 생기는 광학적인 현상으로 일종의 무지개이다. 이때 햇무리는 해에 생긴 무지개(일훈)이고, 달무리는 달에 생긴 무지개(월훈)를 말한다. 옛날에는 이런 현상이 나타나면 반드시 재난이 일어난다고 생각하여 아주 심각하게 여겼다. 달무리는 달 주위에 동그랗게 나타나는 빛의 띠로 호·기

무지개_비가 그친 뒤 물방울이 햇빛에 비칠 때 나타나는 일곱 색깔의 반원호이다. 우리나라에도 과거에는 자주 나타났으나 지금은 대기 오염으로 무지개가 생기면 방송에 나올 정도로 희귀한 기상 현상이 되었다.

등·점 등의 모양을 나타내기도 한다. 달무리가 나타나는 이유는 대기 중에 떠 있는 빙정에 의해서 빛이 굴절·반사되기 때문이다. 따라서 빙정으로 이루어진 엷은 권층운이 끼어 있을 때 나타난다. 흔히 달무리가 있으면 곧 비가 내린다고 알려져 있다. 또 태양 주위에 나타나는 햇무리는 빛이 구름의 얼음 조각을 통과할 때 회절하여 나타나는 현상이므로 엷은 권층운이 끼어 있을 때 나타난다.

『서운관지』•라는 책에는 일훈과 월훈 이외에도 이珥·관冠·배背·포抱·경瓊·극戟·리履 등 모양에 따라 여러 가지 무지개로 구분되어 있다. 특히 흰 무지개가 태양을 꿰뚫는 백홍관일白虹貫日과 흰 무지개가 달을 꿰뚫는 백홍관월白虹貫月은 지동지진地動地震이나 객성•과 같이 중요한 것으로 여겨 즉시 조정에 보고하도록 규정하고 있다.

'서쪽에 무지개가 나타나면 소를 강가에 매지 말라'는 속담을 보면 선조들의 지혜를 엿볼 수 있다. 이것은 서쪽에 무지개가 나타나면 서쪽에 비가 내리고 있다는 것으로, 얼마 지나지 않아 자기가 있는 곳에도 비가 내릴 가능성이 크기 때문에 예방 차원에서 했던 말이다. 이와 같이 선조들은 무지개를 보고 홍수를 예측했던 것이다.

書雲觀志. 조선 후기 정조 때의 천문학자 성주덕(成周悳, 1759~?)이 1818년(순조 18)에 엮은 천문학책(4권 2책, 고활자본)

客星. 육안이나 망원경으로는 잘 보이지 않을 정도로 어둡던 별이 갑자기 밝아져 광도가 수천~수만 배에 이르는 별. 서양에서는 '신성'이라고 불렀다.

세계의 무지개 전설

우리나라에는 선녀들이 깊은 산속 물 맑은 계곡에서 목욕하기 위하여 무지개를 타고 지상으로 내려온다는 전설이 있다. 중국에서는 무지개는 연못의 물을 빨아올려서 생기는 것으로 생각해 왔다. 아메리카 원주민들도 이런 것 때문에 가뭄이 든다고 생각했다. 동남아시아의 원시 민족들은 아침 무지개는 신령이 물을 마시기 위해 나타나는 것으로 여겼다. 무지개가 선 곳을 파면 금은보화가 나온다는 전설이 있는 나라도 있다. 그 예로 아일랜드에서는 금시계, 그리스에서는 금열쇠, 노르웨이에서는 금병이 무지개가 선 곳에 숨겨져 있다고 하였다. 무지개가 동반하는 소나기 때문에 고대 유적과 같은 곳의 겉흙이 씻겨져 금으로 된 유물들이 발견된 데서 이러한 전설들이 유래된 것이 아닌가 생각된다. 이 밖에 민족에 따라 하늘과 땅 사이의 다리(북유럽 신화), 뱀(아메리카 원주민) 등으로 해석하고 있다. 아프리카의 바이라족은 지상신, 말레이 반도의 원주민은 하늘나라의 거대한 뱀 또는 뱀이 물을 마시러 온 것이라고 생각했다. 동남아시아에서는 무지개를 신령이 지나다니는 다리라고 해석하기도 했다.

달이 바닷물을 밀고 당긴다
- 조수

바닷물은 하루에 두 번씩 오르락내리락한다. 이것을 조석 또는 조수라고 하며, 지구·태양·달 사이의 인력 작용으로 해수면이 하루에 2회(때와 장소에 따라 1일 1회) 주기적으로 오르내리는 것을 말한다. 만조 때에는 바닷물이 들어와 해수면이 올라가고, 간조 때에는 바닷물이 빠져나가 해수면이 낮아진다. 그렇다고 동해 바다에 물이 들어오면 서해 바다의 물이 빠지는 것은 아니다. 왜냐하면 바닷물은 물통 안의 물처럼 이리저리 쏠리는 것이 아니기 때문이다.

이렇게 엄청나게 많은 양의 바닷물을 밀고 당기는 힘을 기조력이라 하며, 달에 의한 기조력과 태양에 의한 기조력으로 나눌 수 있다. 태양은 워낙 먼 거리에 있기 때문에 기조력(달의 약 0.46배)이 약하고 주로 달에 의한 기조력으로 바닷물이 움직인다.

조수의 주기는 12시간 25분(달의 공전으로 늦어짐)이고, 만조와 간조 때의 해수면의 높이 차를 조차라고 한다. 조수는 가장 낮은 지점에서 높은 지점으로 올라가는 데 약 6시간이 걸리고, 다시 약 6시간 동안 서서히 빠져 나간다. 만조 중에서도 음력 보름날과 그믐날에 조수가 가장 높이 들어오며 이때를 '한사리(대사리, 큰사리, 대조)'라 한다. 또 조수가 가장 낮은 때인 매달 초여드레와 스무사흘을 '조금(소조)'이라 하는데, 이것은 달이 태양과 직각을 이룰 때 생긴다.

조석은 하루에 2회씩 일어나는 반일주조와 1회씩 일어나는 일주조로 나눈다. 이것은 달과 태양의 위치, 지구의 자전, 해안선의 모양 및 위도 등에 따라

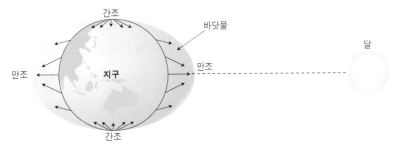

만조와 간조_달의 인력이 작용하는 방향인 달에 면한 지역에서는 만조가 된다. 반대쪽에서는 지구의 원심력이 달의 인력보다 크기 때문에 달과 반대 방향으로 힘이 작용하므로 역시 만조가 된다.

다르게 나타난다. 조석 관측을 하여 조차를 파악할 수 있는 관측소를 검조소 또는 험조장이라고 한다. 우리나라의 검조소는 26개 지역에서 매일 조위(수위)의 변화치를 측정하고 있다. 또 각 지역에서 조사된 조석 자료를 이용하여 주기를 예보할 수 있을 뿐만 아니라 미래의 조석을 예보하거나 과거의 조석 상황도 알아낼 수 있다. 이것을 조후예보기라고 하는데 1872년경 켈빈Kelvin of Largs, 1824~1907에 의해 처음 만들어졌다.

조차는 깊고 넓은 바다에서도 항상 일어나지만 대부분 1m 내외이기 때문에 알아차릴 수 없다. 그러나 좁은 지역의 바다에서는 조차가 미미하더라도 시각적으로 금방 알아볼 수 있다. 특히 좁은 해협의 얕은 바다에서는 엄청나게 크게 나타난다. 캐나다의 뉴브런즈윅 주와 노바스코샤 주 사이에 있는 펀디Fundy 만은 세계적으로 조차가 큰 곳이다. 대서양의 물이 좁은 바다로 빨려 들어오는 이곳의 조차는 무려 15m나 된다. 우리나라 서해안의 조차도 세계적이다. 아산만이 8.5m로 가장 크고 이곳에서 북쪽과 남쪽으로 갈수록 감소하여 인천 8.2m, 남포 6.2m, 용암포 4.9m, 군산 4.4m, 목포 3.1m, 여수 2.5m, 부산 1.2m의 순으로 조차가 줄어든다. 특히 인천만의 큰 조차 때문에 옛날에는 바닷물이 서울의 서빙고까지 올라왔으며, 홍수 때는 빗물이 빠지지 않아 대규모 수해를 당하기도 하였다. 이러한 바닷물의 역류 현상은 한때 간첩 침투에 이용되기도 하였다.

또 바닷물이 빠지는 썰물 때 발생하는 바다 갈라짐 현상을 일명 '모세의 기적'이라 부른다. 이것은 조석의 영향으로 바닷물이 빠지면서 주위보다 높은 해저 지형이 바다 위로 노출되어 바다를 양쪽으로 갈라놓은 것처럼 보이는 현상을 말한다. 주로 남해안 진도, 서해안의 무창포, 여수 사도, 제부도 등에서 나타난다. 특히 진도가 가장 먼저 알려져 '모세의 기적' 또는 '신비의 바닷길'로 유명해졌다. 진도의 회동과 모도 사이에 2.8km의 바닷길이 열리는 시기는 해마다 약간의 차이가 있지만, 대부분 음력 2월 말부터 4월 초에 일어난다.

조차는 재해성의 성격이 없지만 큰 피해를 줄 때도 있다. 얼마 전 태평양의 섬나라인 투발루는 대조 현상 때문에 평균보다 수위가 높아져서 전 국토의 상당 부분이 물에 잠기는 일이 있었다. 그래서 태평양의 일부 섬나라는 만약 자기 나라가 물에 잠기면 오스트레일리아나 뉴질랜드로 대피할 수 있도록 도움을 요청하고 있다. 그러나 전 지구적으로 피해를 주는 것이 아니기 때문에 우려할 만한 것은 아니다.

 갯벌

우리나라의 서해안에는 큰 조차 때문에 간석지가 넓게 발달되어 있다. 간석지는 다른 말로 갯벌, 개펄, 해택 등으로 불린다. 간석지는 조수가 드나드는 땅(갯벌)이고, 간척지는 간석지에 제방을 만들고 그 안의 물을 빼내어 경작지로 만든 땅을 말한다. 갯벌이 가장 넓은 곳은 경기만이고 천수만, 금강, 동진강 일대의 해안과 영산강 일대에도 상당한 규모의 갯벌이 형성되어 있다. 우리나라 서남 해안의 갯벌은 세계 5대(북해 연안, 아마존 강 유역, 미국 동부, 캐나다 동부) 갯벌 중 하나이다. 갯벌은 1970년대 이전에는 주로 지역 주민들의 생활 터전인 염전으로 많이 활용되었으나 최근에는 급속한 산업화로 국토 면적의 확장과 식량 증산이라는 전제하에 대규모 간척 사업(시화 지구, 새만금)을 벌여 농토의 확장뿐 아니라 공업 용지, 주거 용지로 이용되고 있다. 이것은 수면 아래 토지의 이용 가치를 높이기 위한 수단으로 갯벌에 토목 공사를 하여 새로운 국토를 조성하는 의미를 가진다.

북극에는 오로라와 백야가 꿈꾼다
- 북극의 기상

북극 지방의 기상 현상 중에 오로라(aurora, 極光)와 백야가 있다. 남극에도 오로라와 백야(白夜, white night)가 있지만, 그곳에 거주하는 연구원들 이외에는 오로라와 백야를 체험할 수 없기 때문에 북극에만 오로라와 백야 현상이 있는 것처럼 알려져 있다. 그린란드 원주민들은 오로라를 '공놀이'라는 뜻의 단어와 함께 쓰는데, 이것은 아마도 이곳의 전설에서 비롯된 말일 것이다. 오로라를 보면서 휘파람을 불면 오로라가 가까이 다가오고, 개처럼 마구 짖으면 오로라가 사라진다는 전설이다. 이런 전설을 통해 주민들은 오로라를 이리 굴려 왔다가 저리 튕겨 나가는 공으로 연상했음 직하다. 오로라는 가을 하늘에서 가장 선명하게 관찰되고 초여름만 되어도 잘 나타나지 않으며, 맑고 캄캄한 밤하늘에서 가장 잘 볼 수 있다.

알래스카의 페어뱅크스에서도 오로라를 자주 볼 수 있다고 한다. 별이 빛나는 밤하늘에 찬란히 빛나는 오로라는 사람들로 하여금 자연에 대한 경이로움을 느끼게 한다. 이누이트의 전설에 따르면 오로라는 저승에 영혼이 있다는 증거라고 한다. 즉, 이누이트들은 오로라가 횃불을 들고서 방황하는 여행자들을 최종 여행지까지 안내하는 영혼으로부터 나온다고 믿고 있다. 또 사금 채취꾼들은 오로라가 금광맥에서 나온 빛이 반사된 것이라고 믿고 있다. 이러한 오로라는 보통 8월 말부터 다음 해 4월까지 볼 수 있다.

오로라는 지구의 자극이 전기를 띤 공기의 입자들을 끌어당길 때 발산하는

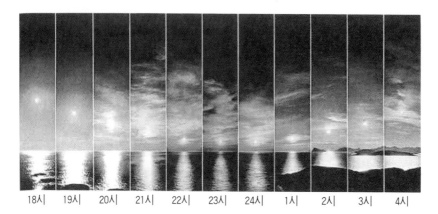

| 18시 | 19시 | 20시 | 21시 | 22시 | 23시 | 24시 | 1시 | 2시 | 3시 | 4시 |

백야 때의 태양_여름철 북극 지방에서 바라본 태양의 모습으로 밤 12시가 되어도 태양이 지지 않는 모습을 볼 수 있다.

빛이다. 즉 태양에서 방출된 입자인 플라스마가 지구 자기장의 영향을 받아 지구의 양극을 향하여 진입될 때 볼 수 있는 현상으로, 태양으로부터 날아온 입자들이 지구 대기와 부딪쳐 빛을 발산하는 것이다. 이러한 극광은 거대한 빛 커튼이 하늘을 가로질러 출렁이는 것처럼 보인다. 주로 위도 65°~70°에서 나타나며 지표로부터 65~100km 높이에서 많이 생긴다. 오로라는 녹색 혹은 황록색이 가장 많이 보이지만 때때로 적색, 황색, 청색, 보라색을 띠기도 한다.

북극(남극)의 낮과 밤은 다른 대륙처럼 해가 뜨면 밝아지고 해가 지면 어두워지는 낮과 밤이 아니다. 밤이 낮처럼 밝은 백야 현상이 6개월 정도 계속될 때도 있고, 6개월 동안 캄캄한 밤이 계속될 때도 있다. 이것은 지구가 23.5° 기울어진 채 자전과 공전을 하고 있기 때문에 일어나는 현상이다. 양력 6월 21일(하지)경에는 태양이 아주 큰 고도로 북반구를 비추게 되는데, 이때 북극에서는 백야 현상이 일어나고 남극에서는 밤이 계속된다. 12월 21일(동지)경에는 태양이 남반구를 비추면서 북극에는 밤이 계속되고 남극에는 낮이 계속된다. 북극 지방의 백야는 보통 5월 중순부터 7월 하순까지 나타나며, 태양으로부터 나오는 부드럽고 따스한 빛과 긴 그림자를 볼 수 있다.

불의 신이 다가온다
– 화산

화산volcano은 고대의 벽화나 그림에도 붉은 불기둥이 솟아오르는 모습으로 나타나는데 '불의 신vulcan'이라는 이름에서 유래되었다. 화산이 처음 생성될 당시에는 원뿔형으로 뾰족하게 생겼지만, 지각 변동과 삭박(지반이 깎여 평평해지는 일)으로 인해 넓고 둥그스름한 형상을 이룬다. 오늘날 우리가 볼 수 있는 화산은 제3기 말 이후에 일어난 화산 활동으로 만들어진 것들이 대부분이다.

화산의 일생에 대하여 처음부터 끝까지 관찰된 것은 없으나, 지질 현상(분출물의 종류, 화산의 활동상, 분화의 형식)을 종합적으로 검토해 보면 화산의 일생을 추정해 볼 수 있다. 목숨이 짧은 사람도 있고 긴 사람도 있는 것처럼, 화산도 한 번 폭발로 종말을 고하는 경우도 있지만 수천 년간 지속되는 경우도 있다. 장기간 지속되는 화산은 온천이나 가스 물질이 계속 나오는 것이 특징이다. 화산이 심하게 폭발할 때 다량의 수증기와 화산재를 뿜어내기 때문에 화산 부근에는 심한 비가 내리고 요란한 천둥 현상이 동반된다. 이때 분출된 가스와 화산재가 2차적으로 흙탕물을 만들어 근처에 있는 집과 논밭 등을 해치게 된다.

BC 4895년경에 미국 오리건 주에서 발생한 화산, BC 4350년경에 일본의 류큐 제도에서 발생한 화산, 기카이 화산 등 역사적으로 오래된 화산도 많지만 정확한 기록이 남아 있는 것은 흔치 않다. BC 1480년경에 지중해의 크레타 부근에 있는 테라 섬에서 분출된 산토리니 화산은 30~50m 두께의 화산재를 그 주위에 뿌려서 당시의 미노아 문명을 멸망시켰다고 전해진다. 이탈리아 시칠

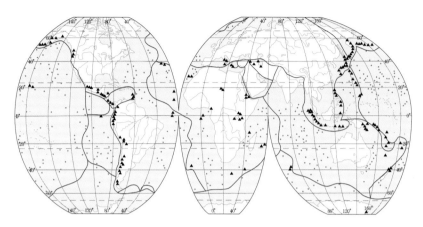

세계의 화산 분포도_지구 상의 화산은 주로 대륙의 판경계에 분포하는데, 이것은 지진대와 일치한다. 그중 활화산은 약 516좌에 달하고 사화산은 730여 좌이다.

리아 섬의 에트나 화산은 고대에 분출하여 최근까지도 분화하고 있어 항행의 표적으로 이용되어 왔다. AD 79년에는 베수비오 화산의 대폭발로 인해 로마 시대의 도시인 폼페이 전체가 매몰되었다. 180년경에는 뉴질랜드 북섬의 타우포 호가 화산 폭발로 형성되었으며, 그 영향으로 주변 일대의 16,000km²가 황폐화되었다고 한다.

비교적 최근인 1815년 인도네시아의 탐보라 화산(80,000명 희생), 1912년 알래스카의 오거스틴 화산, 1982년 멕시코의 엘치존 화산도 규모가 큰 편이다. 화산은 폭발할 때 화산재들이 지구를 둘러싸서 태양 광선을 차단하여 냉해와 기상 이변을 초래한다. 이때 성층권까지 올라간 미립자는 약 1~2년간 공중에 떠 있으면서 20% 정도의 태양광을 감소시키고 대류의 온도를 0.5℃ 하강시킨 것으로 조사되었다. 분화 초기부터 잘 관찰된 것은 멕시코시티 서쪽 약 300km 지점에 있는 파리쿠틴 산(1943년 2월), 필리핀에 있는 디디카스 화산(1952년 6월 17일), 대서양의 아이슬란드 남쪽 바다에서 분화한 쉬르트세이 화산(1963년 11월) 등이다. 오늘날 지구 상에는 1,000개 이상의 활화산이 있다. 그중 절반가량은 환태평양 화산대인 뉴질랜드, 인도네시아, 필리핀, 일본을 거쳐 알래스카, 미국 서부 연안, 남미의 끄트머리까지 이어진 곳에 위치한다.

지구 역사의 초기에는 바다 밑에 있던 땅이 화산의 폭발로 육지 위로 솟아오른 경우가 허다했다. 태평양의 하와이 섬은 해저 6,000m에서 솟아오른 땅이고, 우리나라의 울릉도도 해저 약 2,000m에서 솟아오른 화산섬이다. 오늘날 지상의 낙원이라 부르는 뉴질랜드의 북섬도 태평양 판과 인도 · 오스트레일리아 판 사이에서 솟아오른 화산섬이다.

새로운 땅을 만들어 내고 인간의 삶을 해치는 화산은 대륙 이동설과 해저 확장설에 그 근거를 두고 있기 때문에 어느 정도 예측은 가능하지만 막을 수는 없다. 지구 상에는 매년 50여 개의 화산이 폭발을 일으키고 있으며, 오늘도 소규모의 불기둥이 도처에서 솟아오르고 있다.

 베수비오 화산

서기 79년 베수비오(Vesuvio) 화산의 폭발로 로마 제국의 폼페이와 헤르쿨라네움의 시가지가 매몰되어 약 1만 6천 명의 주민이 미처 대피하지도 못한 상태에서 질식사했다. 이 폭발로 검은 구름이 8일 동안 이탈리아 전체를 뒤덮었으며, 폼페이에는 두께가 6m나 되는 화산재가 쌓였다. 이때 매몰된 폼페이 시가지에서는 한 무리의 사람들이 애타게 발버둥치는 모습으로 굳어진 채 발굴되기도 했다. 거의 200년에 걸쳐 계속된 유적의 발굴로 폼페이는 미술 공예품의 보고가 되었을 뿐만 아니라 세월을 고대 로마 시대로 돌려놓고 있다. 이 화산은 1631년에도 폭발하여 18,000여 명의 목숨을 앗아 갔고 1906년, 1929년, 1944년 등 50여 회 이상 폭발하며 오늘날까지도 건재하고 있다.

천지가 진동하고 땅이 갈라진다
- 지진

    땅속의 거대한 암석이 갑자기 부서지면서 그 충격으로 땅과 건물이 흔들리고 지표면을 거북 등처럼 갈라놓는 지진은 지각 변동으로 지층(단층)의 움직임을 동반한다. 이때 산 붕괴, 해안 붕괴, 땅 미끌어짐, 산사태, 땅울림(지진 굉음), 발광 현상, 지하수 및 온천수의 이동이 일어난다. 또 지진이 발생할 때 마치 천둥이나 포격 또는 먼 거리에서 들려오는 차량들의 움직임 같은 소리가 들린다. 이 소리는 실내에서는 건물에 매달린 물건들이 덜거덕거리는 소리와 겹쳐 잘 들리지 않지만 한적한 야외에서는 쉽게 감지된다.

    지진이 오기 전에 사람의 오감으로 느끼거나 눈으로 확인할 수는 없지만, 화산과 달리 지진은 세기(강도)를 측정하는 도구가 개발되어 있다. 지진이 일어날 때 분출되는 에너지의 양과 파괴력을 측정하는 이 기구는 1940년대 찰스 리히터Charles Richter와 베노 구텐베르크Beno Gutenberg에 의해 개발되었으며 '리히터 지진계'라고 한다. 리히터 지진계는 리히터 척도Richter scale로 흔들림의 정도 또는 진동의 세기를 계급화(수치 척도)한 것이다.

    지진은 화산과 더불어 매년 수백만 건이 일어나지만 대부분은 모르고 그냥 지나간다. 전 세계적으로 규모 3.0 이상의 지진이 연 10만 회 이상 발생하며, 건조물에 큰 피해를 줄 수 있는 5.0 이상의 지진만도 연 100회 정도 발생한다. 이 중 10회 정도는 큰 흔들림을 느낄 수 있고, 3~4회 정도는 큰 재앙을 불러일으킨다.

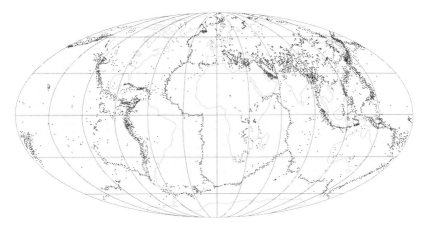

진원 분포도 지역적으로 볼 때 세계의 진원은 대부분 띠 모양을 이루는 지진대(地震帶)에 집중되어 있다. 지진 활동이 가장 활발한 지역은 태평양을 둘러싼 환태평양 지진대, 동남아시아에서 인도 북부와 중동을 거쳐 지중해로 이어지는 알프스 지진대이다.

지진도 화산과 같이 여러 가지 형태로 나타나는 판plate의 움직임 때문에 일어나지만, 때로는 다른 형태의 지진 에너지원에 의해 발생하기도 한다. 판들은 밑으로 파고들려는 힘, 좌우로 넓어지려는 힘, 그리고 지구 내부의 열대류(열에 의한 대류 현상)가 판의 밑 부분을 끌고 가는 힘 등으로 나눌 수 있다. 지진은 암석권●에 비해 좀 덜 딱딱하고 온도도 높아 쉽게 변형될 수 있는 부분(지표로부터 약 700km)에서 일어나며, 바다에서도 일어난다. 바다에서 일어난 지진으로 발생한 해일을 지진 해일(쓰나미)이라고 하는데, 특히 2004년 12월에 동남아시아에서 일어난 지진 해일은 그 일대에 엄청난 인명과 시설물에 피해를 입혔다.

> ●巖石圈, Lithosphere. 지각과 맨틀 최상부층의 일부를 포함하는 암석으로 된 부분(지표로부터 약 100km)

BC 1177년 이후부터 지진을 기록한 중국은 132년에 천문학자인 장형張衡이 세계 최초의 지진계를 만들었다는 것으로 보아 아득한 옛날부터 크고 작은 지진 피해를 많이 입은 것으로 판단된다. AD 365년에 크레타 섬의 크노소스에서 발생한 지진으로 약 5,000명이 죽었다고 기록되어 있으며, 최대의 인명 피해는

1556년에 중국 산시 성에서 발생한 지진으로 83만 명이 목숨을 잃었다고 한다. 1811~1812년에 미국 미주리 주 뉴마드리드에서 발생한 지진은 이 지역의 지층 일부를 융기시키고 일부는 침강시켰다. 이 때문에 이 일대가 3~6m씩 침강되어 영구 호수가 만들어지기도 하였다.

뉴밀레니엄을 앞두고 지구의 종말론이 한창이던 1999년에는 유난히 큰 지진이 많아서 정말로 지구가 어떻게 되는 것이 아닌가 하는 불안감을 자아내기도 하였다. 1999년 8월 17일 터키 이즈미트의 지진으로 16,000명이 사망하고 250억 달러의 물적 피해를 가져왔다. 그 해 9월 21일 타이완의 타이중에서 진도 7.6의 지진이 발생하여 2,474명이 사망하고 11,000여 명이 부상을 당하였으며 경제적인 손실도 엄청났다. 또 11월 12일 터키의 두즈체에서 발생한 지진은 진도 6.3에 834명이 사망하고 4,566명이 부상당한 20세기 마지막 대재앙이었다. 2011년 3월 11일 오후 2시 46분, 일본 도후쿠東北 지방에서 진도 9.0의 지진이 발생하였는데, 이 지진은 지금까지 지구 상에서 발생한 지진 중 5번째로 강력한 지진이었다.

지진으로 인한 피해는 태풍, 화산, 홍수 등 다른 종류의 재해 못지않게 자연과 인간 사회에 크나큰 영향을 미친다. 지진에 의한 건조물의 파괴는 거주자의 사상으로 이어지지만, 사상을 면한다 해도 집이나 직장을 잃게 된다. 또 지진이 있을 때에는 여러 지점에서 동시에 화재가 발생하기 때문에 소방 능력이 떨어져서 대화재로 발전하기 쉽다. 이러한 화재는 지진의 피해를 수십 배로 증폭시킨다. 특히 전력, 전화, 수도, 가스 등과 같이 국가 기간 시설에 큰 피해가 발생하며 도로, 철도, 다리, 터널, 공항, 항만 시설 등의 교통 시설에도 큰 피해가 발생한다. 교통 시설은 물자 공급의 지장을 초래하여 사회 전반에 걸쳐 대혼란을 야기한다. 그 외에 유해 물질의 유출이나 소문(관동 대참사) 등에 기인하는 혼란이나 그것에 동반하는 각종 사고도 생각할 수 있다. 따라서 지진은 여러 종류의 자연재해 중에서도 가장 격렬할 뿐만 아니라 지형적으로도 큰 변화를 가져온다. 지진이 예부터 인류의 관심을 끌어온 이유는 인간들에게는 예고 없이 쳐들어오는 전쟁이나 다름없기 때문이다.

 한반도의 지진

우리나라에서 발생한 최대의 지진 재해는 779년에 경주에서 발생했으며, 집들이 무너져 100여 명이 사망했다는 기록이 있다. 『조선왕조실록』은 1596년 강원도 정선 근처에서 '기와가 흔들려 떨어지는 정도'의 지진이 발생했고, 1682년 강원도 평창에서는 '강가가 함몰되는 정도'의 지진이 발생했던 것으로 기록하고 있다. 1996년 11월 17일 함경남도 원산 부근에서 규모 3.6의 지진이 발생했고, 같은 달 10일에는 서해 격렬비열도 부근 해상에서 규모 3.5의 지진이, 하루 전인 9일 밤에는 중국 상하이에서 발생한 규모 6.1의 강진이 감지되는 등 1996년 말의 한 달 사이에 규모 3.5 이상의 중진이 네 번이나 잇달아 발생하여 국민들의 불안감을 가중시켰다. 최근 한반도의 지진 빈발 현상에 대해서 극동 지역이 지진 활동기에 들어섰다고 설명하기도 하지만 관측 장비와 기술이 발달하면서 관측 횟수가 늘어났을 뿐, 지진 발생 횟수 자체가 늘어난 것은 아니라는 설명도 있다.

바다 밑바닥에서 올라온 웨이브
- 쓰나미

　　바다 밑에서 일어나는 지진이나 화산 폭발 등 급격한 지각 변동으로 인해 수면에 웨이브가 생기는 현상을 지진 해일 또는 쓰나미tsunami라고 한다. 2004년 12월에 발생한 인도네시아 근해의 쓰나미 때문에 각 국가마다 쓰나미에 대해서 많은 대비책을 세우고 있다. 2005년 3월 20일 일본 후쿠오카 부근 바다에서도 지진이 발생했는데, 이때 우리나라의 부산 등 경남 일대에서도 쓰나미 경보를 발령한 일이 있다. 그만큼 쓰나미에 대한 공포가 증대하였다는 증거이다.

　　바다 밑에서 파동이 일어나서 해안가에 큰 피해를 주는 쓰나미는 조석파, 지진 해파, 폭풍성 해파 등으로 분류하지만 지진에 의해 발생하는 지진 해파가 위험하다. 쓰나미가 발생했을 때 만에 하나 태풍과 겹치게 되면, 바다의 퇴적물을 내륙 깊숙한 곳까지 밀어 올려 많은 인명 피해와 재산상의 손실을 가져오기도 한다. 태풍의 힘만으로 밀려오는 단순한 해일과는 차원이 다르다.

　　쓰나미를 일으키는 지진의 진원지는 대개 30~50km 정도의 심도를 가지며 진도 7 이상으로 예측되는데, 육지에서 지진 때문에 암석이 부서지거나 화산이 폭발하면서 땅이 흔들리는 것과는 다소 개념이 다르다. 2005년 후쿠오카 근해에서 발생한 해저 지진은 지구의 판이 수평으로 움직였기 때문에 쓰나미에 의한 피해가 없었지만, 인도네시아에서 발생한 쓰나미는 지구의 판이 수직 방향으로 움직였기 때문에 많은 피해가 있었다고 한다. 그러므로 해저에서 지진이 일어났다고 해서 다 쓰나미를 동반하는 것은 아니다. 또 쓰나미와는 다르

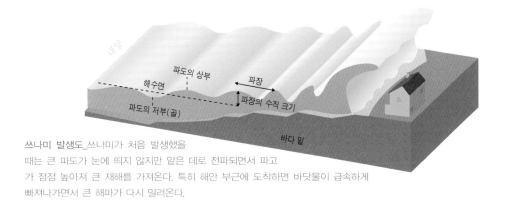

대양

파도의 상부

해수면

파장

파장의 수직 크기

파도의 저부(골)

바다 밑

쓰나미 발생도_쓰나미가 처음 발생했을 때는 큰 파도가 눈에 띄지 않지만 얕은 데로 전파되면서 파고가 점점 높아져 큰 재해를 가져온다. 특히 해안 부근에 도착하면 바닷물이 급속하게 빠져나가면서 큰 해파가 다시 밀려온다.

지만 해안의 붕괴나 해양에서 핵실험 등에 의해 발생되는 해파에 의해 피해가 일어나기도 한다.

지진의 발생 강도나 발생 지점, 또는 먼 거리에서 발생한 쓰나미가 도착하는 시간은 현재의 과학 기술로 어느 정도 예측이 가능하다. 그러나 그 규모에 대해서 분석하는 데는 상당한 시간이 걸린다. 지진 발생 후 지진 해일이 발생할 것인가에 대한 확실한 증거를 찾는 데 상당한 시간이 소요되므로, 해저에서 일정 규모 이상의 지진이 발생할 경우 주의보나 경보를 먼저 발령하는 것이 국제적인 관례이다.

1896년 일본 동해에서 발생한 지진 해일로 25~30m의 지진 해파가 발생하여 10,000채가 넘는 가옥이 떠내려갔고 26,000명이 죽었다고 한다. 또 1933년 일본의 산리쿠 쓰나미는 파고가 20m 이상 되었으며, 1972년 마유야마 산 지진으로 발생한 해일은 14,920명의 사망자와 함께 막대한 재산의 손실을 가져왔다. 1958년 알래스카의 리트야 만에서 발생한 산사태 때도 바닷물의 높이가 250m까지 치솟았다고 한다. 우리나라에서는 1741년 강원도 평해, 1940년 나진·묵호, 1983년 동해안 일대에서 지진 해일이 있었고, 1983년과 1993년에도 일본 근해에서 발생한 지진으로 인해 피해를 입은 사례가 있다.

2004년 12월 26일 인도네시아의 수마트라 섬 인근 해저에서 발생한 해저 지진 때문에 인도네시아는 물론 스리랑카와 인도, 타이 등 주변국 해안 지대에서 많은 피해가 발생했다. 멀리는 인도양의 섬나라 몰디브, 아프리카 동해안의 소말리아까지 쓰나미가 도달하였다. 진앙에서 2,000km 떨어진 타이 방콕의 건물이 흔들리고, 스리랑카에 10m 높이의 파도가 덮쳤다. 2011년 3월 11일 오후 2시 46분, 일본 도후쿠 지방에서 발생한 지진 해일로 4만 명 이상이 목숨을 잃고 35만 명 이상의 이재민이 발생하였다.

그렇다면 우리나라의 경우는 어떨까? 한반도는 판구조론의 측면에서 볼 때 환태평양 지진대에서 비켜나 있다. 그러나 동해나 일본 서안에서 지진이 발생한다면 1시간~1시간 30분 후에는 우리나라의 동해안에 영향을 미치기 시작한다. 우리나라 동해안 지형의 특성상 울진 근처로 지진 해일이 밀려올 가능성이 가장 높다. 게다가 울진 근방은 원자력 발전소 시설이 있기 때문에 근본적인 대책이 필요하다는 게 전문가들의 지적이다.

 해일

바닷물의 수위를 끌어 올리는 현상을 해일(海溢, overflowing of sea)이라고 하는데 이것은 주로 태풍에 의해서 일어난다. 해일은 농경지, 임해 공단, 해안, 항만 시설, 주택지 등에 피해를 주며 우리나라에서는 매년 2~3회 정도 발생한다. 이러한 해일을 일반적으로 폭풍 해일이라고 하며 달과 태양의 인력에도 영향을 받는데, 특히 사리 때에 발생하는 해일은 큰 피해를 입힌다. 해일의 원리는 의외로 간단하다. 폭풍 해일은 태풍이나 저기압에 의하여 바닷물의 수위가 올라가는데 대기압 1mb는 물을 1cm만큼 끌어 올리는 힘이 있다. 그러므로 만약 태풍의 중심 기압이 주위보다 30mb 낮다면 30cm 정도 수위가 올라가며, 이때 강한 폭풍우 때문에 더 많이 올라가는 것처럼 보인다. 『증보문헌비고』에 1088년 해일이 처음 발생했다고 기록되어 있으며, 『조선왕조실록』에도 1392~1903년에 모두 44회의 해일이 발생하였다고 한다.

서해 상공에 댐을 쳐라
- 황사

봄철이 되면 한반도의 하늘은 온통 뿌옇다. 중국 대륙에서 불어오는 누런 먼지 바람(황사)이 마치 한반도를 삼킬 듯한 기세다. 이러한 황사 현상은 주로 몽골이나 중국 북부의 고비 사막에서 발생한다. 강한 소용돌이 바람을 타고 고공으로 올라간 미세한 모래 먼지가 대기 중에 넓게 퍼져 떠다니다가 한반도 부근으로 서서히 하강하면서 나타난다. 황사는 저기압이 만주 북부로 이동할 때인 3~5월에 자주 일어나는데 특히 한랭 전선이 통과하고 난 후 더욱 뚜렷하게 나타난다. 이때 태양은 빛을 잃어 뿌옇게 보이고, 시정•이 1~2km로 악화되며, 노출된 지면이나 농작물에 흙먼지가 쌓이기도 한다. 황사 입자의 크기는 주로 0.25~0.5mm이며 주성분은 석영 · 장석 · 운모 · 자철석 등으로 눈병이나 호흡기병을 유발시키기도 한다.

視程. visibility. 대기의 혼탁도를 나타내는 척도. 시정은 0~9(50m 이하~50km 이상)까지 10등급의 계급으로 나뉜다.

삼국 시대에도 '흙 비' 또는 '붉은색 비'가 내렸다는 기록이 나타나는 것으로 보아 황사의 역사는 꽤 오래된 듯하다. 1998년과 1999년의 황사 발생 횟수는 3회였고 그 이전에도 1년에 3~4회에 불과했으나, 2000년에는 6회(10일)로 늘어난 데 이어 2001년에는 7회(27일)나 나타났다. 2002년 3월 21일에는 시정이 1~3km 정도인 재해성에 가까운 황사 때문에 큰 혼란을 겪기도 했다. 이 황사로 항공기가 결항하고, 유치원과 초 · 중 · 고교가 휴교를 하고, 사람들이 호흡기 계통의 질병을 호소하는 등 심각한 후유증을 앓았다.

1971년 이후 20년간 서울의 황사 발생 건수는 총 169일(8.4회/년)이었으나,

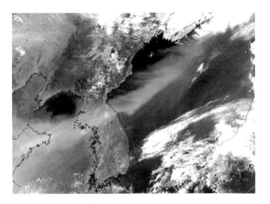

황사 위성사진_우리나라를 가로지르는 누런 띠 모양이 황사로, 높이는 약 4km에 이른다. 주로 편서풍을 타고 우리나라를 지나 멀리 북태평양까지 날아간다.

1991~2001년에는 105일(9.5회/년)로 증가하였고 결국 황사가 매년 늘어나는 추세이다. 이제는 황사가 기상 재해로 자리 잡았다고 해도 과언이 아니다. 또 '봄철 황사'라는 말이 무색할 정도로 계절을 가리지 않는 점도 특이하다. 이 누런 먼지 바람을 막을 수 있는 방법은 없는가? 서해 상공에 담을 칠 수도 없다. 지구를 반대로 돌리지 않는 이상 영원히 피할 방법이 없다.

우리나라에 누런 먼지를 날려 보내는 고비 사막은 알타이 산맥 동단에서 싱안링 산맥 서쪽 기슭에 걸친 동서 1,600km, 남북 500~1,000km의 범위로 알려져 있다. '고비'란 몽골어로 '풀이 잘 자라지 않는 거친 땅'으로 이 지역의 암석에 모래가 섞여 있음을 알 수 있다. 황사의 최대 피해자는 황사의 발원지인 중국과 몽골이다. 중국에서는 '자연현상 아닌가? 우리는 더 죽을 지경이다'라고 말하지만 우리도 심각하긴 마찬가지다. 1957년부터 1996년까지 중국과 몽골에서 발생한 황사는 무려 184건이나 되는데, 이 같은 모래 폭풍이 갈수록 빈번해지고 농도도 짙어진다고 한다. 2006년 4월 중국 베이징에서는 황사로 내린 먼지를 씻어내고 황사를 좀 줄여 볼 계산으로 인공 강우를 시도했다고 한다.

황사는 발생국 자체 피해로 끝나는 것이 아니라 인접국인 우리나라에도 막대한 피해를 입히는 것이 문제이다. 황사가 심해지는 까닭은 중국의 급속한 산업화 때문이다. 산림 개발로 인해 사막화가 급격히 진행되고 있는 것이다. 또 오랜 가뭄으로 인한 사막화 현상도 무시할 수 없다. 최근에 우리나라에 직접 피해를 주고 있는 황사는 주로 고비 사막의 사막화로 말미암은 것이다.

따라서 황사 피해를 줄일 수 있는 최선의 방법은 황사 발원지의 생태계를 복원하는 것이다. 사막화된 땅에 풀을 나게 하는 것, 즉 조림 사업이 필요하다. 이를 위해 범국가적으로 사회 단체와 전문가들이 머리를 맞대야 한다. 우리나라는 2000년 한·중 정상 회담에서 중국 서부 지역 개발 사업 중 조림 사업을 지원하기로 합의하고, 2004년부터 5년간 총 500만 달러를 지원하기로 하였다. 뿐만 아니라 중국도 초지를 복원하고 황무지에 나무를 심는 등 사막화 방지에 박차를 가하고 있다. 국내에서도 대책 없이 있을 것이 아니라 황사의 관측 예보 기능을 강화하는 한편 장기적으로 황사의 발생 및 이동 경로에 대한 연구도 병행되어야 한다.

바다가 태풍을 잉태한다
- 태풍

태풍은 발생 지역에 따라 다른 이름으로 불린다. 태평양 남서부에서 발생하여 우리나라 쪽으로 불어오는 것을 태풍, 대서양 서부에서 발생하는 것을 허리케인, 인도양에서 발생하는 것을 사이클론, 오스트레일리아 북동부에서 발생하는 윌리윌리가 있다. 또 미국 중남부에서 많이 발생하는 소용돌이 바람인 토네이도는 태풍이라고 할 수는 없지만 태풍에 버금가는 피해를 발생시킨다. 세계기상기구World Meteorological Organization, WMO는 열대 저기압 중에서 중심 부근의 최대 풍속이 33m/초 이상인 것을 태풍TY, 25~32m/초인 것을 강한 열대 폭풍STS, 17~24m/초인 것을 열대 폭풍TS, 17m/초 미만인 것을 열대 저압부TD로 구분하였다. 이렇게 4단계로 분류된 태풍 중 우리나라와 일본으로 오는 태풍은 두 번째인 열대 폭풍 이상을 일컫는다.

태풍의 '태颱'라는 글자가 처음 사용된 예는 1634년에 중국에서 간행된 『복건통지福建通志』 제56권 토풍지土風志이다. 중국에서는 옛날에 태풍과 같이 바람이 강하고 빙빙 도는 풍계를 '구풍颶風'이라고 했는데, 이것을 광둥어로는 '타이푼'이라고 한다. 영어의 'typhoon'이란 말은 1588년에 영국에서 사용한 예가 있으며, 프랑스에서도 1504년 'typhoon'이란 용어를 사용하였다.

태풍은 수온 27°C 이상의 해면에서 주로 발생하지만 가끔 온대 저기압에서 발생하는 경우도 있다. 태풍은 우리에게 큰 피해를 입힐 때도 있지만 늘 해로운 것만은 아니다. 왜냐하면 태풍은 중요한 수자원의 공급원으로서 물 부족 현

우리나라에 영향을 주는 태풍의 진로_우리나라로 불어오는 태풍은 일반적으로 발생 초기에는 서·서북서·북서 방향으로 이동하다가 점차 북상하여 편서풍 지역에 이르면 진로를 북동쪽으로 바꾸어 진행한다.

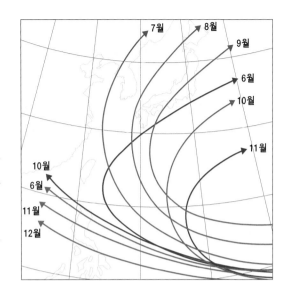

상을 해소시키기 때문이다. 또한 태풍은 저위도 지방에 축적된 대기 중의 에너지를 고위도 지방으로 운반하여 지구 상의 남북 온도를 유지시켜 주고, 해수를 뒤섞어 순환시킴으로써 바다의 적조 현상을 소멸시키는 역할을 한다. 이렇듯 태풍은 대기의 폭군인 동시에 유용한 면도 함께 가지고 있다.

　우리나라에 영향을 주는 태풍은 북위 5°~25°, 동경 120°~170° 지역에서 자주 발생하는 편이다. 주로 북위 5°~25°, 동경 130°~145°에서 가장 많이 발생하고, 계절적으로는 7~10월에 가장 많이 발생한다. 또한 계절에 따른 발생위치의 변화를 보면, 봄에서 초여름까지는 북위 10°~20° 부근에서 많이 발생하고, 7~8월이 되면 북위 20°~30° 부근으로 북상하며, 10~12월이 되면 다시 저위도로 남하하게 된다.

　태풍은 육지에 상륙하면 급격히 쇠약해진다. 태풍의 에너지원은 따뜻한 해수로부터 증발되는 수증기가 응결할 때 방출되는 잠열•이기 때문에, 동력이 되는 수증기(바닷물)의 공급이 중단되면 점점 약해진다. 즉 해수면 온도가 낮은 지역까지 올라오면 그 세력이 약해지며, 육지에 상륙하면 더욱 수증기를 공급받지 못하는 데다가 지면 마찰 등에 의한 에너지 손실이 커져서 빠른 속도로 약화되어 그 생을 마감하게 된다. 한편 태풍의 중심 부근에는 날씨가 맑고 바람이 약한 구역이 있는데 이 부분을 '태풍의

潛熱. 물질이 온도·압력의 변화를 보이지 않고 평형을 유지하면서 한 상(相)에서 다른 상으로 전이할 때 흡수 또는 발생하는 열. 숨은열(latent heat)이라고도 한다.

눈'이라고 한다.

태풍의 진로는 매우 다양해서 어떤 태풍은 지그재그로 움직이는가 하면 제자리에 멈춰 서 있기도 하고, 고리 모양의 원을 그리기도 해서 그 진로를 예측하기 어렵다. 태풍이 이동하고 있을 경우, 진행 방향 오른쪽의 바람은 강해지고 왼쪽은 약해진다. 그 까닭은 오른쪽 반원에서는 태풍의 바람 방향과 이동 방향이 같아서 풍속이 커지는 반면, 왼쪽 반원에서는 그 방향이 서로 반대가 되어 상쇄되므로 상대적으로 풍속이 약화되기 때문이다.

태풍에 이름을 붙이기 시작한 것은 1953년부터인데 1978년까지는 여성의 이름을 붙였다가 그 이후부터 남자와 여자 이름을 번갈아 사용하였다. 1999년까지는 미국 태풍합동경보센터에서 정한 이름을 붙였지만 아시아 각국 국민들에게 태풍에 대한 관심을 높이기 위하여, 새 천년부터는 서양식 태풍 이름 대신 아시아(14개국) 각국의 고유 이름으로 변경하여 사용하고 있다. 이것은 일본 동경태풍센터에서 부여하며, 각 국가별로 10개씩 제출한 총 140개를 5개씩 28조로 편성하여 순차적으로 사용하게 된다. 2000년 1월 1일부터 시행하고 있는 태풍의 이름에는 북한과 남한에서 제출한 이름도 각각 10개씩 들어 있다. 북한에서 제출한 기러기, 도라지, 갈매기, 매미, 메아리, 소나무, 버들, 봉선화, 민들레, 날개, 그리고 남한에서 제출한 개미, 나리, 장미, 수달, 노루, 제비, 너구리, 고니, 메기, 나비 등이다. 그 외에 타이, 미국, 캄보디아, 중국, 홍콩, 일본, 라오스, 마카오, 말레이시아, 미크로네시아, 필리핀, 베트남 등 주로 동남아시아와 동북아시아에 위치한 태평양 주변 국가들의 고유 명사가 붙여진다.

하늘에서 내려오는 게릴라들
– 홍수

　　대부분의 홍수는 사람과 재산에 피해를 주게 되는데, 세계적으로 가장 대표적인 홍수 피해는 중국 양쯔 강 유역에서 발생하는 홍수이다. 이 홍수는 워낙 규모가 크기 때문에 조절이 불가능하며, 강의 유로를 수시로 바꾼다거나 단기간에 수십만 명의 인명을 앗아 가거나 이재민을 발생시켜 왔다. 반면에 이집트의 나일 강에서 발생한 홍수는 피해를 준 적도 있지만 강 주변의 농토를 비옥하게 하여 사람들을 모이도록 한 이점이 더 많았다. 오늘날에는 아스완 댐이 완공되어 피해는 줄었지만 토양의 순환되지 않는 등 단점이 더 많다고 한다.

　　홍수는 한꺼번에 수많은 인명을 앗아 가는 무서운 재해로 매년 증가하고 있는 것이 문제이다. 최근 들어 집중 호우와 게릴라성 호우가 더욱 심해져 홍수의 피해가 급증하고 있다. 1970년대에는 가뭄·기근으로 이재민이 많이 발생하였으나, 1980년대 후반부터는 홍수로 인한 이재민이 전체 이재민의 60% 이상을 차지했다. 1990년대 중반부터는 홍수로 인한 이재민 수가 점점 더 늘어나 그 비율도 약 75%까지 증가했다. 다른 자연재해는 이재민 수가 감소하는 반면, 홍수에 의한 이재민 수는 계속 증가하고 있는 것이다.

　　삼국 시대에는 홍수를 대수大水, 대우大雨로 기록하였는데 『삼국사기』에 기록된 대수, 대우 또는 수해를 일으킨 폭우가 모두 40여 회에 달하고 있다. 고려 시대에도 물난리가 극심했다. 『고려사』를 살펴보면 대수가 19회, 대우가 85회로 도합 104회나 된다. 그러므로 고려조 474년 동안 매 5년에 한 번 꼴로 대홍수가 있었음을 알 수 있다. 조선 시대의 『승정원일기』 및 『조선왕조실록』에 의하면 정종 이후(1400년 이후) 약 450년간 서울을 중심으로 발생한 홍수는 총 176회에 달했다. 인명 및 재산 피해가 컸던 것은 순조 때(1823년 7월 5일) 낙동강 대홍수로 3,800여 호나 떠내려갔고 64명이 희생되었다. 그 해에는 전국적으로 7,671호나 떠내려갔고, 압사자가 293명에 달했다. 수리 시설이 제대로 되어 있지 않은 당시의 실정으로 볼 때 엄청난 참상이었음을 짐작할 수 있다.

단시간에 많은 비를 가져와 홍수를 일으키는 기록적인 집중 호우는 우리나라는 물론 전 지구촌에서 발생하고 있다. 집중 호우란 명확한 기준은 없으나 일반적으로 하루 강수량이 연 강수량의 10% 이상일 때를 일컫는다. 최근에는 1일 강수량이 300mm를 넘는 경우도 많았고, 1시간 동안 100mm가 넘는 호우도 곳곳에서 기록되고 있다. 1996년 7월 경기 북부 지역(파주, 문산, 연천)과 1998년 8월 서울·경기 지역에 내린 게릴라성 호우는 재산과 인명에 큰 피해를 주었다. 특히 2002년 9월 1일부터 3일까지의 태풍 루사로 인한 집중 폭우는 기상 관측 이후 최대의 홍수로 기록된다. 중앙재해대책본부의 최종 집계를 보면 사망·실종이 246명, 건물 피해 27,562동, 농경지 피해 143,261ha, 경제적인 손실은 5조 1479억이었다. 당시 폭우로 인한 직접 피해도 많았지만 2차적으로 발생된 홍수 피해가 더 컸다.

세계적으로 큰 피해를 입은 홍수는 로마 홍수1530, 1557, 파리 홍수1658, 1910, 바르샤바 홍수1861, 1964, 프랑크푸르트암마인 홍수1854, 1930가 대표적이다. 또한 과거에 홍수가 빈번했던 도나우 강1342, 1402, 1501, 1830과 네바 강1824은 큰 홍수가 일어날 수 있는 잠재력을 지니고 있다. 왜냐하면 이곳에는 기온이 상승하는 봄철이 되면 북극에서 흘러오는 대량의 빙하 얼음들이 녹아 큰 홍수가 일어날 수 있기 때문이다. 1099, 1953년에는 영국·벨기에·네덜란드 해안에는 폭풍 고조로 바닷물에 의해 홍수가 일어났고, 리스본1755, 하와이1946, 일본2011 등은 대형 쓰나미에 의해 홍수가 일어났다.

비교적 최근에도 세계적으로 많은 홍수 피해가 있었다. 2000년 가을 영국에서는 200년 기상 관측 사상 가장 많은 비가 내렸다고 한다. 같은 해 2월에는 아프리카의 모잠비크에서 100만 명의 수해자를 낸 대홍수가 일어났으며, 2월에는 오스트레일리아 동부에서 1주일이나 호우가 계속되어 퀸즐랜드 주의 1/3분이 수몰하였다고 한다. 그리고 1999년 12월, 베네수엘라에서는 대홍수로 인해 2만 5000명이 사망한 것으로 집계되었고, 같은 해 11월에 베트남 중부에서는 1년 동안의 강수량에 필적할 만한 집중 호우가 단기간에 발생하여 600명 이상의 사망했다고 한다. 2011년 1월 중순에 호주의 퀸즐랜드 주(브리즈번 인근)를 휩쓴 1백여 년 만의 대홍수로 기록적인 피해가 발생했다. 이와 같이 홍수 피해는 해가 갈수록 더 심각해지는데 아마도 지구 오염이 큰 원인이 아닐까 생각한다. 그렇다고 가만히 앉아서 기다릴 수는 없다. 큰 재해를 줄이기 위해선 홍수 예방 시스템과 방안이 연구·개발될 것으로 믿는다.

기차도 들어 올리는 회오리바람
- 토네이도

　미국 중남부 지역에서 자주 일어나는 강렬한 회오리바람인 토네이도tornado
는 특히 봄에서 여름에 걸쳐 많이 발생한다. 일명 "깔때기 바람"이라고 하는 이
"회오리바람"은 성격이 다른 두개의 기단(공기 덩어리)이 만날 때 주로 발생한다.
토네이도는 물체를 튕겨 버리는 성질이 있으며 내부 기압이 낮아 회오리바람
안에 들어간 물체는 무엇이든지 위로 날려 버린다. 토네이도는 남극을 제외한
모든 대륙에서 발생하지만, 특히 미국 중남부 지역에서 빈번히 만들어진다. 그
이유는 이 지역의 환경 조건 때문이다. 미국 중남부 지역은 로키산맥에서 불어
오는 차고 건조한 북서풍과 멕시코 만에서 불어오는 따뜻하고 습한 바람이 만
나서 잘 만들어진다고 한다.

　토네이도의 크기와 위력은 천차만별이지만 일반적으로 초당 100~200m(시속
300~800km)의 풍속을 나타내 태풍보다 빠르다. 또한 이동 거리는 보통 5~10km
정도 이지만 300~400km까지 움직이는 경우도 있었다고 한다. 미국 역사상
가장 큰 피해를 낸 토네이도는 1925년 3월 미주리 주 등에서 발생한 것으로
747명이 숨졌다. 또 1974년 4월에는 모두 148개의 토네이도가 미 중부 등의
13개 주를 16시간 동안 덮쳐 330명이 죽고 5484명이 다쳤다. 최근인 2011년 5
월에도 앨라배마주에서 사망자가 305명에 달한 토네이도가 지나갔다. 넘어진
나무가 송전선을 덮쳐 24만 5000가구에 전기 공급이 끊기고, 이 지역의 원자
력발전소가 일시 가동 중단되었다. 2011년 5월 27일 하루 동안 토네이도가

151개나 발생했고, 이달 들어 미국 전역에서 모두 900개 이상의 토네이도가 만들어졌다. 이에 대해 기상전문가들은 동태평양 해역의 수온이 평년보다 0.5도 낮은 현상이 5개월 이상 지속되는 라니냐La Nina 현상이 토네이도를 키우기 때문이라고 설명한다.

토네이도는 F0~F5로 나눠지는데 최저 등급인 F0은 나뭇가지를 부러뜨리거나, 간판을 부수는 정도지만, 최고 등급인 F5는 자동차를 들어 올리거나, 기차를 감아올릴 정도로 강력한 파괴력을 갖고 있다. 실제로 1931년, 미국 미네소타 주에서 발생한 토네이도는, 83톤의 기차를 들어 올렸다고 한다. 토네이도가 지면에 도달하여 지나갈 때는 소용돌이가 강하여 제트기가 날고 있을 때와 같은 굉음을 내며, 나무를 뿌리째 뽑아 쓰러뜨리고, 지붕이 벗겨져 나가고, 자동차가 날려가는 등의 엄청난 피해를 준다. 토네이도는 연평균 기온이 10~20℃ 사이에 있는 온대 지방에서 발생하는 경우가 많으며, 열대 지방에서는 발생할 확률이 극히 적다. 토네이도는 규모가 작기 때문에 사람이 살지 않는 곳에서 발생한 경우에는 기록에 남지 않는다. 그렇기 때문에 연간 몇 개 정도나 발생하는가 하는 것도 인구 밀도에 따라 다르며, 주민들이 어느 정도 토네이도에 관심이 있는가에 따라서도 달라진다. 1960년 이후 미국의 통계에 의하면 연간 500~900개 정도가 발생하고 있다고 한다. 아무튼 지상에서 가장 빠르고 강한 바람인 토네이도의 발생 빈도나 위력으로 보아 지진이나 화산 등과 같은 자연 재난으로 보아야 할 것이다.

정어리 떼를 쫓아낸 아기 예수
- 엘니뇨 현상

지구가 태양으로부터 받는 복사 에너지는 인간이 살아가기에 적당한 반면에, 인간이 만들어 내는 공해로 인해 지구의 기상이 변하고 있다. 즉 바람, 일사량, 일조 시간, 구름·비·눈·이슬·서리·얼음 등의 증발량, 빛의 현상 등 많은 기상 요소들이 정상적이지 못하다는 말이다. 이렇게 지구의 기상 상태가 예전 같지 않은 시점에 '엘니뇨'라는 기상 용어가 탄생되었다.

엘니뇨el Niño는 페루와 칠레 연안에서 일어나는 해수 온난화 현상이다, 보통 이상의 따뜻한 해수 때문에 정어리가 잘 잡히지 않는 기간에 일어나는 엘니뇨는 에스파냐 어로 '어린아이(아기 예수)'라는 뜻인데, 이 현상이 12월 말경에 발생하기 때문에 크리스마스와 연관시켜 아기 예수의 의미를 가진 엘니뇨라고 부르게 된 것이다. 오늘날에는 장기간 지속되는 전 지구적인 이상 기온과 자연재해를 통틀어 엘니뇨라 한다.

1966년에 캘리포니아 대학의 대기 과학자인 야곱 비야크니스Jacob Bjerknes는 엘니뇨를 태평양 적도 지역의 기압이 동부와 서부 지역 사이에서 일진일퇴하는 변화, 즉 남방진동•으로 설명하였다. 이렇게 동·서태평양 사이의 기압 차가 발생하면 무역풍을 약화시키고 대기의 변화와 해류의 방향을 바꾸며, 바다 표면 온도를 변화시킨다고 한다. 광활한 태평양 적도 상의 해양과 대기의 관계는 매우 밀접하여, 어느 한쪽의 변화는 다른 한쪽에도 영향을 준다. 따라서 어느 한쪽의 바람이 약해진다든가 동서 간의 수온차가 생

南方震動, southern oscillation, 인도양과 남반구의 적도 태평양 사이의 기압 진동

엘니뇨_적도 서태평양의 바람이 강해지면 동태평양의 무역풍이 약해져서 엘니뇨가 발생하고, 동태평양의 무역풍이 강해져서 서태평양의 약한 바람과 마주치면 엘니뇨가 종식되거나 라니냐가 발생한다. 라니냐(la Niña)는 엘니뇨의 반대 현상으로 적도 무역풍이 평년보다 강해지고 태평양 중동부의 해면 온도가 낮아지는 현상이다.

기면 연쇄 반응으로 다른 쪽의 대기와 해양이 변화를 일으켜 엘니뇨 현상이 발생한다.

남반구에서 부는 남동 무역풍은 바다의 따뜻한 표층수를 서쪽으로 이동시킨다. 이때 표층수가 이동한 자리에는 200~1,000m 깊이에서 상승(용승)하는 영양분이 가득한 찬 해수가 올라와 대체된다. 비록 상승이 일어나는 지역은 200km 미만으로 좁지만 이때 올라온 풍부한 영양분은 부유성 생물의 빠른 성장을 도우며, 활발한 어업 활동을 가능케 한다. 이러한 기상 조건이 정어리(멸치)를 잘 자라게 하기 때문에 한때 페루에서는 세계에서 정어리가 가장 많이 잡혔다고 한다. 물론 어부들의 무절제한 남획도 한몫을 하였지만 엘니뇨 현상으로 지금은 어족 자원이 거의 고갈되었다고 한다. 이러한 기상 현상은 정상적인 수온과 정상적인 어업 활동으로 되돌아갈 때까지 보통 1~3개월 정도 지속되며 길게는 1~2년이 걸리기도 한다.

엘니뇨의 피해는 1950년부터 총 13회가 발생하였으며, 최근에는 1982~1983년, 1991~1993년, 1994~1995년 그리고 1997~1998년에 나타났다. 엘니뇨의 영향은 기상, 어업, 경제 등 여러 방면에 영향을 주지만 특히 홍수나 가뭄을 야기한다. 1982~1983년에 발생한 엘니뇨로 인해 에콰도르에서 홍수로 600명의 인명 피해가 있었고, 로키 산맥에는 폭설이 내렸으며, 캘리포니아에서는 대형 허리케인이 발생하였다. 또한 타히티에는 강력한 사이클론이, 오스트레일리아에서는 건조한 모래 폭풍이 일어났고, 필리핀 · 볼리비아 · 페루 등지에는 심각한 가뭄이 있었다. 1998년에 발생한 엘니뇨는 인도와 오스트레일리아의 동부 지역을 심한 가뭄으로 강타하였으며, 인도에서는 40℃ 이상의 고온으로 말미암아 약 2,500명이 목숨을 잃었다. 우리나라의 경우도 1998년 1월 영동 지역의 폭설과 영남 지역의 폭우가 엘니뇨 현상 때문이라고 추정되며, 2002년 여름에 김천 · 강릉 등에 내린 게릴라성 폭우도 엘니뇨의 여파일 것으로 추측한다.

한편 다우 지역은 소우 지역으로 소우 지역은 다우 지역으로 바뀐다던가, 태풍의 발생 지역이 적도 중앙으로 옮겨 가고 발생 빈도나 태풍의 위력이 더 강해지는 현상도 일어난다. 인도네시아에서 바람의 방향은 주로 바다에서 육지 쪽으로 불기 때문에 평소에는 많은 비가 내리지만, 엘니뇨 기간에는 육지에서 바다 쪽으로 불어서 인도네시아의 날씨가 건조해져 큰 산불이 일어나기도 한다. 또 남아메리카 서해안의 정상보다 따뜻한 해수는 대기의 대류를 촉진시켜 평상시 건조한 해안 평야 지대에 많은 비를 내리게 하여 홍수를 일으키는 반면에 식물들을 무성하게 해준다. 엘니뇨 현상으로 멕시코만 연안 지역의 겨울은 평상시와 달리 자주 비가 내리며, 캐나다의 서부 지역과 미국의 북서부 지역은 유달리 온화해진다. 이러한 이상 기후로 인해 농산물의 공급이 불안정해져 가격이 폭등하고, 계절상품의 생산이나 유통 업체 등 거의 모든 산업과 경제 활동에 막대한 피해를 주고 있다.

하늘에 구멍이 뚫렸다
- 오존층 파괴

태양의 복사열은 지구에 도달한 후 일부는 우주로 되돌아가고 일부는 지구에 남는다. 빛이 원래의 방향으로 되돌아가는 것을 반사 작용이라고 하고, 진행 방향을 벗어나서 다른 방향으로 빠져나가는 것을 산란 작용이라고 한다. 또 공기 중의 산소, 오존, 수증기 등에 의해 지구로 빨려 드는 것을 흡수 작용이라고 한다.

성층권의 대기 중에 있는 오존은 산소 원자 3개로 구성된 비교적 불안정한 분자로서, 독성이 강해 공기 중에 극소량만 섞여 있어도 인간에게 치명적인 해를 입힌다. 반면에 오존은 태양에서 오는 자외선을 차단해 주기 때문에 없어서는 안 될 중요한 기체이다. 만약 오존층이란 차폐막이 없어지면 자외선이 지표까지 도달하여 지상에서 생물이 살 수 없게 된다. 특히 오존층을 통과한 자외선은 사람들에게 피부암, 백내장, 면역 결핍증 등을 유발시킨다.

오존 홀ozone hole은 1982년에 처음으로 그 존재가 확인되었는데 그 때는 아주 먼 장래의 일이라고 여겼다. 그 원인에 대해서는 여러 가지 학설이 있지만 첫째는 남극의 특이한 기상 조건 때문이고, 둘째는 인간들이 너무 많은 프레온 가스•를 방출했기 때문이다. 남극은 겨울에서 이른 봄까지 강한 제트류가 남극 대륙을 둘러싸고 있기 때문에 주변의 다른 공기가 들어오지 못한다. 그래서 남극 겨울의 극저온 성층권에는 진주운(구름)이 생긴다. 이 구름에 포함된 클로로플루오르카본(프레온 가스)에서

Freon gas. 오존층을 파괴하는 원인 물질로 알려져 있는 염화불화탄소(CFCs)의 상품명. 1930년대 미국의 듀퐁사에 의하여 개발된 프레온 가스는 탄소, 수소, 염소, 불소로 이루어진 화합 물질이다.

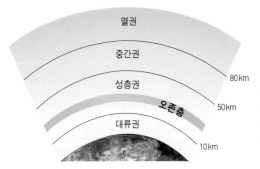

열권

중간권

성층권

80km

오존층

50km

대류권

10km

오존층_오존층은 해수면을 기준으로 10~50km(주로 25~30km) 상공에 위치한다. 1996년 7월 NASA에서는 오존층을 조사하기 위하여 TOMS (Total Ozone Mapping Spectrometer) 위성을 발사하였다.

생긴 염소가 햇빛에 비칠 때 구름 입자의 표면에서 오존과 접촉하여 오존층을 파괴하는 것으로 알려져 있다. 날씨가 따뜻해져서 제트류가 없어지면 주변의 공기가 흘러들어와 오존 홀은 자연적으로 메꾸어진다.

인간들이 무한정 방출하는 프레온 가스는 냉방기나 냉장고의 냉매•와 발포성 단열제의 충전제로 이용되어 왔다. 프레온 가스가 대기류의 이동으로 성층권까지 올라가서 강한 자외선에 의해 염소를 방출하고, 이들 염소가 화학적인 반응을 일으켜 수만 개의 오존 원자를 파괴하여 오존층을 얇게 하거나 구멍을 낸다고 알려져 있다. 특히 남반구의 봄철인 9월과 10월 사이에 오존층이 많이 얇아지며 11월경이 되면 오존층은 다시 원상태로 회복된다. 이렇게 오존층에 구멍이 생기는 면적은 대략 미국 면적 정도라고 생각하면 된다. 캐나다 대기환경청AES의 발표에 의하면 1989~1993년의 하절기 동안 자외선 양이 7%가량 증가했고 겨울철에는 매년 약 5%씩 증가되었다고 경고한다.

冷媒. refrigerants. 저온의 물체에서 열을 빼앗아 고온의 물체에 열을 운반해 주는 매체의 총칭. 즉, 냉동제를 말한다.

1987년 9월 캐나다 몬트리올에서 전 세계 23개국 대표들이 모여서 1998년 6월까지 프레온 가스의 생산과 사용을 1986년의 50% 수준으로 줄이기로 합의하였으나 그 후에도 오존층 파괴는 줄어들지 않고 점점 늘어나고 있다. 프레온 가스는 약 100년 동안 대기 중에 머물러 있을 것으로 추정되므로 방출을 줄이는 수밖에 달리 도리가 없다. 그래서 1992년 11월 전 세계의 절반 가까운 국가의 대표들이 다시 모여 1990년대 중반까지 프레온 가스를 포함한 모든 오존층 파괴 물질의 생산과 사용에 대해 강력히 규제하기로 하였다.

점차 파괴되어 가는 오존층을 보호하기 위해 1994년 제49차 유엔 총회에서 몬트리올 의정서• 채택일인 1987년 9월 16일을 '세계 오존층 보호의 날'로 지정하였고, 유엔 총회는 모든 회원국이 국가 차원에서 몬트리올 협약의 목적에 상응하는 구체적인 행동으로 이 날을 특별히 지킬 것을 요구하고 있다. 우리나라에서도 '세계 오존층 보호의 날'을 기념하여 민간 환경 단체인 그린스카우트와 환경운동연합에서 오존층 보호 캠페인 등을 벌였다.

아무튼 오존층 파괴에 대해 관심을 가지고 국제적으로 규제가 철저히 지켜진다면 물질 순환 원칙으로 오존의 파괴가 점점 줄어들 것으로 기대하고 있다. 아직까지 우리나라의 하늘에 구멍이 났다는 소리는 들리지 않지만, 남극의 블랙홀처럼 언젠가 구멍이 뚫릴지 알 수 없는 노릇이다.

Montreol Protocol, 1985년 체결된 비엔나 협약을 바탕으로 1987년 체결된 의정서. 오존층 파괴 물질인 프레온 가스의 생산 및 사용의 규제를 주된 내용으로 한다.

온실에서 시들어 가는 인간들
- 지구 온난화

채소나 꽃을 기르는 온실은 대부분 유리나 비닐로 되어 있다. 태양 광선은 이 유리를 통과해서 온실에 들어갈 수 있지만 바람은 차단되어 들어갈 수 없다. 그래서 온실 내부의 온도가 올라가서 식물을 성장시키고 외부와는 다르게 적정 온도가 유지된다. 식물을 키우는 온실이 얼마나 더운지 봄철에 야외의 참외밭이나 딸기밭에 가 보면 알 수 있다. 또 한여름에 땡볕 아래 주차한 차 안에 들어가 보면 이해가 된다. 후끈거리는 열기는 물론 핸들은 뜨거워서 만질 수도 없고 시트는 엉덩이가 따끔거릴 정도로 뜨겁다. 이것이 온실이다. 좀 과장된 얘기일 수 있지만 만약 우리의 지구가 이렇게 더워진다면 사람이 살아갈 수 있을까?

지구 온실 효과는 지구를 감싸고 있는 대기에서 수증기를 비롯한 온실 기체(이산화탄소, 오존, 메탄, 산화질소, 프레온 가스)가 적외선에 의해 흡수되고, 그에 따라 지구의 온도가 올라가는 현상을 말하며 통칭 '지구 온난화'라고 한다. 그렇다면 지구 온난화는 시작되었는가? 대기 과학자들은 최근의 기상 이변이 지구 온난화의 징후라고 경고하고 있다. 1980년 이후 약 10년간 기온의 최고치가 경신되고, 1980년과 1994년 사이에 기상 이변 발생 빈도가 특히 높으며, 적도나 고위도 지방에 있는 만년설의 높이가 낮아지고 있다고 우려하고 있다.

비록 몇 가지의 징후가 지구 온난화 모형과 비슷하다고 해서 지구 온난화가 다가왔다고 단정지을 수는 없다. 반면에 이러한 기후의 변화는 화산의 활동,

온난화_미국의 세계자원연구소(WRI)는 온난화가 가속되면 겨울이 짧고 따뜻하게 되어 적설량이 줄고 눈이 쌓이는 고도가 올라갈 것으로 예견되어, 동계 스포츠에도 큰 영향을 미칠 것으로 내다보고 있다. 20세기 초부터 지난 100년 사이에 지표면 온도가 평균 0.5℃($1°F$) 올라갔으며, 21세기 중반 무렵이 되면 대기 중 이산화탄소의 농도가 두 배로 증가할 것으로 예측하고 있다. 또 2020년경에는 1.5℃($3°F$)로 올라갈 것이고 다음 세기 말인 2100년경에는 대기의 평균 온도가 3.5℃(1.4~5.8℃)까지 올라갈 것이라고 전망하고 있다.

해수 온도의 변화 등 다양한 요소들의 영향을 받을 수 있기 때문에 온난화가 일시적 현상이라고 말하기도 한다. 또 이런 요소들은 자주 발생하는 것이 아니며, 과학적으로 감지가 가능하기 때문에 지구 온난화의 이유가 되지 못한다고 반론을 제기하는 학자도 있다.

역사적으로 보면 지구가 지난 1만 년 동안 따뜻한 상태로 지속되어 왔지만, 갑자기 한파가 몰아닥쳤던 9만 년 전의 상황과 비슷하다고 얘기하는 사람도 있다. 또 대부분의 과학자들은 지구의 온도가 높아지고 있다는 데 동의한다. 여름철에 일시적으로 나타나는 더위도 문제가 되지만 전 지구적으로 온도가 올라간다고 야단이다. 이러한 온도 상승의 주범으로 온실 가스를 배출하는 자동차와 발전소를 비롯한 각종 공장들을 지목한다. 또 산업 혁명 이후 화석 연료의 사용이 급증하고 도시화에 따른 산림의 황폐화가 온실 기체를 증가시켜 지구 온난화가 가속되고 있다고 추정하고 있다.

이산화탄소는 지구 대기에 비록 0.03%밖에 존재하지 않지만, 태양 에너지를 흡수하여 지구 표면을 따뜻하게 덥혀 주는 온실 기체의 역할을 하므로 지구에 없어서는 안 되는 요소이다. 이때의 이산화탄소는 자동차의 유리와 같은 역할을 한다. 만약 이산화탄소가 없어진다면 지구의 온도는 지금보다 30℃ 정도 더 내려갈 것이다.

또 온도 상승에 따른 환경 변화 때문에 많은 종류의 생명체가 사라지게 될 것이고 북방 침엽수림과 단풍나무들이 사라지게 될지도 모른다고 한다. 적도 지방을 기준으로 고온 지역이 남북으로 좀 더 확대되면 더운 공기를 좋아하는 모기의 번성으로 수백만 명의 말라리아 환자가 생기고 각종 해충이 확산될 것이라고 우려하고 있다.

농업의 경우는 지구 온난화에 대한 영향이 유리한 면과 불리한 면이 같이 나타난다고 한다. 우선 기온이 올라가면 식물의 성장 기간이 짧아지기 때문에 수확이 빨라지는 이점이 있는 반면에, 새로운 농사법을 개발하거나 배워야 하며 이에 익숙지 못한 농민들은 수확의 감소를 감수해야 한다. 겨울철에는 난방에 필요한 연료가 감소되는 반면에 여름철에는 냉방기 사용이 증가할 것으로 예상된다. 한 연구에 따르면 겨울 난방비가 45% 줄어드는 반면에 여름에 냉방비에 소요되는 비용이 7% 정도 증가할 것이라고 전망하고 있다. 따뜻한 겨울은 운송에도 영향을 준다. 즉, 결빙 기간이 짧아 호수, 바다, 강 등에서 운송할 수 있는 기간이 길어지고, 반면에 더운 날씨 때문에 호수나 강의 물이 마르거나 줄어들 수 있으므로 유리한 것만은 아니라고 덧붙인다.

지구의 얼음이 녹아내린다
– 빙하의 용융

　유엔은 지난 1백 년간 해수면이 10~25cm 정도 높아졌기 때문에 2100년경에는 해수면이 지금보다 50cm 이상 더 높아질 것이라고 경고하고 있다. 미국 콜로라도 대학의 마크 메이어Mark Meier 교수도 최근 수년간 녹아내린 빙하는 지난 5천 년간 녹은 양보다 많으며, 2100년쯤에는 빙하가 녹는 것만으로도 수면이 크게 상승할 것이라고 예상하고 있다. 여기에 다른 요인들까지 합치면 위험 지역이 한두 군데가 아니라고 한다. 만약 어떤 요인으로든 해수면이 지금보다 50cm 이상 높아진다면 산호섬의 80%가 물에 잠기고, 방글라데시의 10%, 네덜란드의 6%가 침수될 것이라고 경고한다. 실제로 해발 2m 정도의 산호섬인 인도양의 몰디브는 수면 상승으로 이미 네 개의 작은 섬이 침수되었고, 2004년 12월에는 인도네시아의 지진 해일로 전 국토가 초토화되었다.

　지구 상 얼음 총량의 90% 정도가 남극에 있다고 하는데 남극의 빙하가 녹아내리면서 빙하의 범위도 많이 축소되었다고 한다. 지구 온난화 현상이 줄어들지 않는다면 남극 빙하가 계속 녹아내릴 것으로 과학자들은 우려하고 있다.

　빙하가 녹아 해수위가 상승되고 한사리 때 해일까지 발생한다면 해수면의 높이는 상상 외로 많이 올라갈 것이다. 빙하가 녹고, 해일과 한사리가 한꺼번에 겹치면 지구촌의 저지대 가옥이나 시설물들은 모두 초토화될 것이다.

　빙하가 녹는 것은 고래의 생태로 어느 정도 파악이 가능하다. 고래들은 먹이가 풍부한 빙하의 가장자리를 자주 찾는데 최근에는 고래들의 회유가 줄어들었다고 한다. 하지만 다른 한편에서는 남극 빙하의 90% 이상이 해수면 아래에 있기 때문에 더 이상 큰 문제가 발생하지 않을 것으로 낙관하기도 한다. 아무튼 지구 온난화로 계속 빙하가 녹는다면 생태계에도 많은 변화가 있을 것으로 판단되기 때문에 지구인에게 이로울 것이 없다.

빙하는 크게 대륙 빙하, 곡빙하, 산록 빙하로 나눌 수 있다. 대륙 빙하는 광대한 지역에 연속해서 발달하는 것으로 남극 대륙과 그린란드(160만 km²)를 들 수 있다. 대륙 빙하 중 규모가 작은 것을 빙모•라고 하는데, 이는 아이슬란드와 스피츠베르겐 제도 등지에 분포하고 있다. 곡빙하는 산지의 골짜기를 흘러내리는 빙하로, 알프스 · 로키 · 안데스 · 히말라야 등의 고산 지대에 분포하고 있다. 산록 빙하는 곡빙하가 산록에 이르러 그 너비가 넓어지는 것으로 알래스카의 베링 빙하 · 말라스피나 빙하가 좋은 예이다.

氷帽, ice cap. 산꼭대기 부근이나 고원을 덮은 돔 형의 얼음 덩어리로 빙관(氷冠)이라고도 한다.

미국 몬태나 빙하 국립공원의 경우 1850년에 150개의 빙하가 있었으나 2030년에는 모두 없어질 것으로 전망되고 있다. 2002년 1월부터 3월까지 테라 위성이 찍은 사진에 의하면 남극의 거대한 빙붕(라르센-B)•이 지구 온난화로 서울시 면적의 5배에 해당하는 3,250km²가 무너졌다고 한다. 알래스카의 베링 빙하도 지난 1백 년간 면적이 약 130km²나 줄었으며 길이도 10~12km 정도 줄어들었다. 극지방의 영구 동토층이 녹아내리고 있다는 연구 결과도 있다. 6년간 서부 캐나다의 매켄지 강 유역을 조사한 지리학자 래리 다이크(Larry Van Dyke)는 이 지역의 영구 동토층의 경계가 지난 한 세기 동안 북쪽으로 100km가량 이동했으며, 두께가 계속 얇아지고 있다고 밝혔다. 이로 말미암아 동토층 위에 건설된 송유관, 건물, 도로 등 사회 간접 시설의 안정성에 심각한 우려가 제기되고 있다고 한다.

빙붕(氷棚, ice shelf) 주로 육지에 접해 있지만 바다로 흘러들어온 거대한 얼음 덩어리.

불모의 땅이 넓어진다
– 사막화 현상

사막화를 일으키는 자연적 요인으로는 극심한 가뭄과 장기간에 걸친 건조화 현상이 있고, 인위적 요인으로는 식물 벌채, 과도한 경작, 관개 시설 부족, 산업화, 노천 채굴, 지표수나 지하수 고갈 등이 있다. 이러한 이유로 가뭄과 건조화 현상이 나타나며 더불어 엘니뇨 현상과 지구 온난화에도 영향을 미친다. 사막화되어 쓸모없게 된 땅이 늘어나면 관개지에 물이 말라 농경지의 생산력이 떨어지고 수확이 감소되며, 건조 또는 반건조 지역의 생명체들은 생명 유지력이 없어진다. 또한 지하수면의 하강, 표토수의 염류 축적, 지표수의 감소, 침식의 증가 및 토착 식생의 멸종으로 이어진다. 이러한 징후들이 한 가지만 나타나도 사막화가 진행된 것으로 판단한다. 특히 사막화 현상은 전 지구에 황사 현상을 유발시킬 뿐 아니라 전 지구적인 기후 변화를 야기한다.

사막화로 숲이 점차 사라지게 되면 지표면의 태양 에너지 반사율이 증가하고, 이에 따라 지표면이 냉각되면서 온도가 낮아진다. 차가워진 지표면에는 건조한 하강 기류가 형성되고 강우량이 감소하여 토양의 수분이 적어지므로 사막화는 더욱 빠른 속도로 진행된다. 이로써 지구는 점차 산소가 부족해져 야생동물은 멸종 위기에 이르고, 물 부족 현상으로 작물 재배가 불가능해 극심한 식량난에 빠지게 된다. 유엔 사막화 대책 협의회UNCOD의 자료에 따르면 사하라 사막 주변은 연평균 10km²의 속도로 사막이 확장되고 있으며, 해마다 전 세계적으로 600억 km²의 광대한 토지가 사막화되고 있다고 한다.

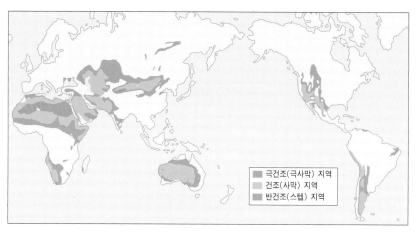

사막 분포도_사막이 점점 늘어 가고 있다. 반건조 지역이 건조 지역으로 변하고 다시 극건조 지역으로 변해 간다. 몇 세기 후에 사막을 피해서 거주지를 정하려면 날씨는 춥지만 시베리아 쪽으로 이동해 가는 수밖에 없다.

　　근래 세계의 사막이 확대되어 간다는 보고가 수시로 전해지고 있는데, 특히 서아프리카의 경우 지하수도 말라붙었고, 풀은 마치 태워 버린 것같이 말랐으며, 많은 수의 가축이 떼죽음을 당했다고 한다. 이와 같은 경우는 비단 서아프리카뿐만이 아니다. 브라질 북동부의 반건조 지역이나 중앙아시아 몽골 등지에서도 그 규모는 작으나 같은 현상이 나타났다. 1968년부터 5년간에 걸친 극심한 가뭄으로 아프리카의 사헬Sahel● 지역이 점차 사막화하면서 이에 대한 국제적 인식이 증대되어 사막화 대책 협의회를 중심으로 그 대책이 논의되고 있다. 또한 1977년 케냐의 나이로비에서는 국제 연합 기구인 사막화 대책 협의회가 개최되어 사막화 방지에 관해서 검토하고 세계적인 규모로 방지책을 추진하기에 이르렀다. 그러나 이 회의에서도 특단의 처방은 없었다. 다만 지속적으로 관개 시설을 건설하고 지하수를 개발하여 사막 지대를 녹화하는 길밖에 없다고 제안하고 있다.

●사하라 사막의 경계를 뜻하는 용어로, 사하라 사막에서부터 남쪽 수단에 이르는 영역

　　사막화 현상은 기존의 사막이 점점 넓어지는 경우보다 가뭄과 기상 이변으

로 경작하던 농토가 사막으로 변하는 경우가 더 많다. 후자의 경우는 농사가 가능한 땅이 점점 줄어드는 데 문제가 있다. 이런 현상은 앞으로 점점 늘어날 것으로 예상되기 때문에 걱정이 아닐 수 없다. 사막화 진행 속도도 1960년대 이전에는 매년 1,560km² 정도였지만 1970~1980년대에는 2,100km², 최근에는 서울 면적의 4배인 2,460km²로 넓어지고 있다. 매년 2% 정도의 초지가 사막으로 변하는 셈이다. 지구 상에는 육지 면적의 10%를 웃도는 약 1,600만 km²의 사막이 있다.

사막화를 방지하기 위해서는 녹지화가 시급하다. 삼림 파괴, 과잉 벌채 등으로 황폐해져 가는 사막에 나무를 심는 일이 바로 사막 녹지화이다. 세계 인구 증가에 대응할 식량 공급과 사막 녹지화는 범국가적으로 추진하여야 할 과제이다. 사막 녹지화 구상은 기술적인 문제뿐만 아니라 많은 비용이 필요하기 때문에 단시일 내에 실행하기는 어렵다. 세계는 사막 녹지화를 위한 노력의 일환으로 1994년 제49차 유엔 총회에서 '사막화 방지 협약'을 채택하였으며, 6월 17일을 사막화 방지의 날로 정하여 협약 당사국들은 이 날을 기념하는 행사를 한다.

우리나라의 황사와 관련이 있는 중국의 사막화도 심각하다. 중국 네이멍구(내몽골) 자치구의 언거베이는 구부치 사막 동쪽 끝에 있는 작은 마을로 몽골어로 '길상평안吉祥平安'이라는 뜻을 가진 삶의 터전이다. 그러나 이 터전이 사막화로 없어질 지경에 처하고 말았다. 그래서 약 12년 전 한 일본인 교수가 이곳에 나무를 심기 시작한 이후로 지금은 포플러 숲을 이루고, 변모된 사막 숲에 관광객이 다녀가고, 마을 사람들이 다시 모여 인구도 1,000명 정도로 늘어났다고 한다. 이 지역은 전 세계 사막 녹지화 사업의 표본이 되고 있으며 이제는 중국 정부뿐 아니라 영국, 독일, 우리나라도 지원하고 있다. 언거베이처럼 사막이 집어삼키는 마을은 한두 군데가 아니며 중국 영토의 18.2%(174만 km²)가 이미 사막으로 변했고 해마다 서울시의 4배나 되는 면적이 사막으로 변하고 있다. 아무튼 사막 녹지화 사업은 하루아침에 이루어지는 것이 아니다. 시간이 많이 걸리더라도 꾸준히 투자해야 할 것이다.

지구가 대머리 된다
– 산성비

비가 오면 옷이 젖지 않도록 우산을 쓰지만 언제부터인가 비를 맞으면 대머리가 된다는 말에 더 신경이 쓰인다. 오염된 비(산성비) 때문에 그런데 이것은 지구 온난화 및 오존층 파괴와 서로 관련이 있다. 대기 중의 비는 원래 약산성을 띠고 있다. 이런 비가 산성을 띠는 아황산가스나 질소 산화물과 접촉하여 산성이 강하게 나타나서 산성비를 만든다.

비나 눈에 섞인 산성은 호수나 강 속의 물고기들에게 피해를 주며 특히 농작물이나 삼림에 심각한 피해를 준다. 또 땅 밑에 있는 수도관을 부식시켜 중금속 오염을 일으키기도 하고 자동차도 빨리 부식시킨다. 철근 콘크리트 건물이 내구 연한을 지탱하지 못하고 재건축 내지 철거당하는 것도 오염된 산성비가 나쁜 영향을 끼쳤을 것으로 추정하고 있다.

1980년대에 들어서는 산성비뿐만 아니라 산성 안개나 산성 구름에 대해서도 우려를 하고 있다. 보통 산성비의 기준은 pH(수소 이온 농도) 5.6이다. 그 이유는 대기 중의 이산화탄소(약 350ppm)와 평형 관계에 있는 빗물의 pH가 5.6이기 때문이다. 따라서 pH 5.6의 빗물을 자연 상태의 pH라고 하며 그 이하가 되는 빗물을 산성비라고 한다. 1992년 1년간 우리나라에서 측정한 산성비의 산성도는 pH 4.7~6.4였다고 한다. 쌓인 눈을 치우고 보니 도로 차선이 보이지 않더라는 신문 기사를 보면 좀 과장된 면도 없지 않지만 산성비의 악영향을 일깨우는 대목이다.

그렇다면 산성비를 많이 맞게 되면 정말 대머리가 될까? 그것은 '아직' 미지수이다. 왜냐하면 사람들이 지속적으로 산성비를 맞아 보지 않았기 때문이다. 그러나 장기간 산성비에 노출된다면 머리카락이나 눈썹이 탈색될 수도 있겠지만 지구(땅)의 경우는 쉬지 않고 맞을 수밖에 없기 때문에 대머리가 될 가능성이 많다. 특히 전 세계적으로 산성비의 분포가 넓어지고 농도도 갈수록 높아지고 있는 것이 문제이다.

산성비는 선진 공업국에서 더 문제가 되고 있다. 네덜란드와 스칸디나비아 반도의 남부, 미국의 북동부에서 캐나다에 걸치는 넓은 지역에서도 pH 3~5의 산성비가 항상 관측되었고, 스웨덴의 9만 개의 호수 중에 1/4 정도가 산성화되었다고 한다. 노르웨이의 호수와 하천 가운데는 사실상 죽은 것이 많다고 하는데, 영국에서 날아오는 오염 물질이 그 원인이라고 한다. 미국 동부의 호수들은 물고기가 살지 못할 정도로 산성화되었으며, 캐나다에서도 더 이상 송어나 연어들이 자라지 못한다고 한다. 이집트의 고대 유물들이 산성비의 피해로 부식이 진행되고 있고, 독일의 쾰른 성당의 벽돌도 부식되었다고 한다. 세계 곳곳의 나무들이 말라죽거나 목재 산업이 감소하고 있다. 돈으로 환산할 수 없는 피해를 감당하면서 지구인들은 아직도 정신을 차리지 못하고 있다.

지난 30년 동안 산성의 농도가 점점 올라가고 있다. 이 때문에 호소, 하천, 토양 등에 영향을 주어, 플랑크톤·어류·수목에 피해를 가져오고 있다. 도시화·산업화가 진행됨에 따라 석유·석탄의 사용량이 늘어나 황산화물, 질소 산화물, 황산, 질산 등이 많이 배출되고, 이것이 비나 눈에 섞여 지상의 호수나 하천 또는 토양을 산성화시킨다. '리우+10'에서도 산성비의 인자인 이산화황과 질소 산화물의 배출량을 줄이자고 강력히 건의하고 있다.

　인류에게 식량을 공급해 주는 농토에 물을 대기 위하여 저수지의 물이나 지표수를 이용하는 것도 이젠 꺼림칙해졌다. 물뿐 아니라 토양의 산성화는 더욱 심각하다. 산성비가 내리면 토양 내에 산성이 축적되어서 토양의 pH가 높아지게 되는데 이는 식물체의 생장과 미생물 활동에 영향을 주게 된다. 토양의 산성화는 토양 미생물의 활동을 방해해 토양 내 낙엽이나 사체가 제대로 분해되지 않게 되고 이는 토양 내에 있는 작은 동물에게까지 영향을 미치게 된다. 결론적으로 토양(특히, 농지)이 산성화되고 다른 형태(토양 황폐화, 침식과 염류화)로 인해 폐허화되고 있다. 그만큼 농작물의 수확량도 줄어든다. 토양의 산성화는 식물이 직접적으로 피해를 입는 것보다 그것을 취한 인간들에게 더 피해가 갈지 모른다. 이대로 가다간 지구의 피복도 대머리가 될지 모른다.

맑은 하늘이 보고 싶다
- 대기 오염

　맑은 하늘을 보기가 꽤 힘들어졌다. 특히 봄철에는 중국에서 날아오는 황사와 대기 오염 때문에 더욱 맑은 하늘(공기)을 보기가 힘들어졌다. 대기 오염은 오존층을 파괴하고 지구 온난화 현상을 초래하며 엘니뇨 발생에 간접적인 영향을 미치기도 한다. 그러므로 대기 오염은 전 지구적인 기후 변화에 중요한 의미를 가지며, 주 오염원은 화석 연료(석탄과 석유)의 사용으로 발생되는 아황산가스(이산화황, SO_2)와 염화불화탄소(CFC)이다. 그 외에도 대기 오염은 산업 · 운송 · 농업 · 국토 개발 분야에서도 많이 생성되는데, 특히 자동차에서 배출되는 배기가스로 인한 대기 오염은 심각하지 않을 수 없다. 자연에서 발생되는 산불이나 화산, 바람에 의한 퇴적물의 이동, 꽃가루의 분산 등으로 발생되는 대기 오염도 무시할 수 없지만, 이들 모두는 인간이 만들어 내는 오염(차량 및 공장 굴뚝)에 비하면 크게 신경 쓸 일이 못 된다.

　이제는 숨 쉬는 것도 위험한 일이 되었다. 화석 연료가 연소되면서 발생되는 이산화황, 이산화질소, 분진 등의 오염 물질로 인해 사망하는 사람이 매년 300만 명에 이른다니 말이다. 이런 위협에 가장 많이 노출된 대상은 개발도상국 대도시 어린이들이다. 이들은 세계 보건 기구WHO에서 규정한 오염 물질 안전 수치보다 2~8배 높은 양을 들이마신다고 한다. 대륙과 멀리 떨어져 있는 오스트레일리아나 뉴질랜드 같은 나라도 쓰레기 소각, 겨울철 난방을 위한 벽난로에서 발생하는 연기, 자동차 배기가스 등으로 공기가 점점 오염되어 간다고 야단들이다.

　그렇다면 세계에서 가장 하늘이 깨끗하고 공기가 맑은 곳은 어디일까? 바로 남극 대륙이다. 남극은 워낙 하늘이 깨끗하고 공기가 맑기 때문에 착시 현상이 일어나서 시각적으로 원근을 판단할 수 없다. 인근을 항해하는 선박이 떠다니는 얼음의 위치를 정확히 알 수 없을 정도라고 한다.

　한반도의 하늘은 어떨까? 우리나라의 하늘은 항상 흐린 날씨 같고 안개가 낀 것도 같은 뿌연 먼지층의 하늘이다. 어쩌면 대부분의 사람들이 맑은 하늘에 대한 정의를 모르고 있을지도 모른다. 특히 외국에 사는 교민 중에는 인천 공항에 도착하자마자 목구멍이 간지럽고 재채기와 콧물이 나는 증상을 호소하는 사람도 있다. 뿐만 아니라 아침에 일어나서 시야가 흐릿한 것을 보고 '오늘도 안개가 끼었구나' 하며 당연한 일로 체념해 버리기 일쑤다. 국내선의 기내 방송에서도 '안개' 내지는 '흐린 날씨'라는 용어가 자주 사용된다. 그러나 그것은 안개도 아니요 흐린 것도 아닌, 대기 오염으로 인한 미세한 먼지(공해)가 하늘을 덮은 것이다. 지표에서부터 약 1~2km에 분포되어 있는 이 미세한 먼지층은 비행기를 비롯한 교통수단의 시정을 흐리게 할 뿐만 아니라 호흡기나 안질환을 일으키고, 비와 섞여 우리의 강산을 더럽히는 주범이 되고 있다. 아마도 이대로 계속 가다가는 맑은 하늘을 구경하고 깨끗한 공기를 마시기 위한 관광단이 생길지도 모른다.

스모그 현상

대기 오염의 일종인 스모그는 안개에 다량의 먼지나 매연이 섞여 시정이 2km 이하인 경우를 말한다. 스모그(smog)는 연기(smoke)와 안개(fog)가 결합된 합성어로 1905년 런던에서 열린 공중 위생 회의에서 처음 사용되었다. 스모그는 두 가지 유형으로 나눌 수 있다. 런던형 스모그는 안개에 난방용 배기 가스에서 나오는 황산화물과 일산화탄소가 녹아서 생기는데 1952년 런던에서 강력한 스모그가 발생하여 10일 만에 4,000명이나 죽은 일이 있었다. 반면에 LA형 스모그는 자동차나 공장에서 배출한 질소산화물 또는 탄화수소가 자외선을 흡수하여 광화학 반응을 일으켜 발생하는 스모그이다. 이는 자동차 배기가스에서 나오는 질소산화물, 유기화합물 등이 햇빛과 작용해 만드는 오존·알데히드 등의 2차 오염 물질 때문에 생기는 것으로 런던형 스모그보다 세력이 강하다. 이런 스모그는 시야가 깨끗하다가도 햇빛이 강해지는 오후만 되면 하늘이 희뿌옇게 변하는 특징이 있다.

우리나라 대도시의 스모그는 복합적이다. 이른바 '한국형 스모그'이다. 서울을 비롯한 대도시를 덮고 있는 회색빛의 안개를 보면 공해 물질로 오염된 스모그임을 알 수 있다. 이러한 오염대는 아침엔 400~600m 고도에 쌓여 있다가 온도가 높아지면 1,000m까지 올라간다. 회색으로 보이는 이유는 차량 배기가스에서 나온 탄소 때문으로, 낮에 햇빛을 받으면 질소산화물이 갈색을 띠다가 오후 2~3시경에 햇빛이 강해지면 뿌옇게 보인다. 한국형(서울형) 스모그 현상은 런던형이나 LA형과는 약간 다른 별도의 화학적·물리적 반응을 보인다. 서울은 공장 굴뚝 등 1차 오염원이 적은 데다 햇빛도 그리 강하지 않기 때문이다. 서울은 1980년대에 비해 아황산가스는 10분의 1, 일산화탄소와 먼지는 3분의 1로 줄었다고 한다. 자동차 수가 대폭 늘긴 했지만 정부의 개선 노력으로 이산화질소와 오존의 총량은 1980년대와 비슷한 수준이라고 한다. 그런데도 시야는 좀처럼 맑아지지 않고 있다. 많은 연구에도 불구하고 그 원인은 아직 명확하게 규명되지 않고 있다. 과학자들은 이 현상이 중국의 산업화 때문이 아닌지 의심하고 있다. 중국의 대기 오염 물질은 300~400km 떨어져 있는 우리나라에 8시간이면 도달하기 때문이다.

스모그의 원인을 규명하는 것도 중요하지만 건강을 위해 스모그를 피하는 방법도 연구되어야 한다. 스모그가 많은 지역에서 운동을 하면 운동하지 않는 경우보다 천식에 걸릴 확률이 3배나 높다는 연구 결과가 나왔다. 뿐만 아니라 스모그가 많은 날에는 야외에서 강도 높은 운동을 자제해야 한다고 권고하고 있다.

전 지구를 돌아다니는 살인 물질
– 방사능

2011년 3월 11일 일본에서 9.0 지진과 쓰나미(지진해일)로 후쿠시마福島 원자력 발전소가 손상을 입었다. 지진과 지진해일의 피해도 엄청나지만 원전의 파괴가 더욱 문제가 되고 있다. 원전에서 새어 나온 방사능 물질이 일본뿐 아니라 편서풍을 타고 전 지구로 퍼지고, 방사능 물질이 함유된 바닷물이 해류를 타고 전 지구의 바다를 돌아다니고 있다. 뿐만 아니라 바람의 방향에 따라 미량이나마 우리나라에도 영향을 끼쳤다. 방사능(放射能, radioactivity)이란 라듐, 우라늄, 토륨 따위 원소의 원자핵이 붕괴하면서 방사선을 방출하는 일, 또는 그런 성질을 일컫는데, 천연적으로 존재하는 물질의 방사능을 천연 방사능, 인공적으로 만들어진 물질의 방사능을 인공 방사능이라고 한다.

방사능은 1896년 프랑스의 물리학자인 앙리 베크렐Antoine Henri Becquerel, 1852~1908이 처음 보고했고, 그 후 모든 우라늄 화합물과 금속 우라늄에도 방사능을 띤다는 것이 발견되었다. 1898년에는 프랑스의 물리학자 피에르 퀴리 Pierre Curie, 1859~1906와 마리 퀴리Marie Curie, 1867~1934 부부가 자연에 존재하는 또 다른 2개의 강력한 방사성 원소인 라듐과 폴로늄을 발견했다. 이 후 방사능의 초기 연구는 방사능 물질의 구조와 개념에 큰 변화를 가져왔다. 이어서 동위원소라는 개념이 확립되었고1913, 6년 후에는 실험실에서 원자핵을 변환시키는 데 성공했다. 그 후 여러 차례의 실험과 거듭된 연구로 1942년에는 핵에너지의 대량 방출(핵분열)에 성공했다. 1945년 7월 16일 오전 5시 29분, 미국

앙리 베크렐

뉴멕시코 주 앨라모고도Alamogordo 인근 사막에서 거대한 버섯구름이 하늘로 치솟았다. 이것이 인류 최초의 핵폭발 실험이었다. 폭발 실험 3주 뒤인 1945년 8월 6일 아침 일본 히로시마의 하늘에 사상 처음으로 핵폭탄이 떨어졌고, 8월 9일 12시 2분에 나가사키에 떨어졌다.

일본 후쿠시마 원전 사고로 각종 매스컴에 방사능과 관련된 용어들이 자주 등장한다. 가장 많이 듣는 용어는 베크렐Becquerel, Bq과 시버트Sievert, Sv이다. 베크렐은 방사능 물질이 방사선(X선 등)을 방출하는 능력을 측정하기 위한 국제단위로, 방사능의 강도로 나타낸다. 즉, 단위 시간 내에 원자핵이 분열하는 수를 말하는데, 1베크렐은 1초간 1개의 원자핵이 분열해 방사선을 내는 방사능의 강도를 말한다. 이 단위는 프랑스의 물리학자 앙리 베크렐의 이름에서 유래되었다. 시버트는 사람이 방사선을 쬐였을 때의 영향 정도를 나타내는 단위로, 이는 생물학적으로 인체에 영향을 미치는 방사선의 양을 나타내는 단위이다. 이 단위는 방사능 노출 측정 및 생물학적 영향을 연구한 스웨덴의 의학 및 물리학자인 롤프 막시밀리안 시버트Rolf Maximilian Sievert, 1896~1966의 이름을 딴 것이다.

국제원자력기구IAEA에서 정한 원자력 사고의 레벨은 상황에 따라 7단계로 구분되어 있다. 이번 일본 원전 사고의 경우 처음에는 대수롭지 않다고 일본 정부에서 레벨 4~5로 발표했다가 한 달이 지난 2011년 4월 12일 레벨 7로 정정 하였다.

레벨 0 : 아무 일 없는 평상시를 말한다.
레벨 1 : 뭔가 이례적인 사건이 터졌지만 아직은 큰 문제가 안 되는 정도를 일컫는다.
레벨 2 : 뭔가 문제가 생겼다. 점점 심각해지는 상황.

레벨 3 : 중대한 이상이다. 1명 이상이 방사능에 피폭당한 경우를 말한다.

레벨 4 : 시설 내의 위험을 수반한 사고이며, 1명 이상이 방사능 피폭으로 사망했다. 아주 약간의 방사능이 주변 지역으로 새나갔으며, 이때부터 주변 지역에 대한 경고가 내려진다.

레벨 5 : 시설 바깥으로 위험이 예상되는 수준으로, 방사능이 외부로 유출되어 피난을 시켜야 하는 상황, 원자로 격벽의 일부가 파손된 상황이다. 여기서부터 멜트 다운(노심 용해, 爐心鎔解, core meltdown 또는 원자로 용해, 原子爐鎔解, nuclear meltdown)이 시작된다.

레벨 6 : 대형 사고로 방사성 물질이 외부로 대량 누출되었다. 사고 지점에서 신속하게 대피하지 않으면 죽는다.

레벨 7 : 심각한 사고. 광범위한 지역에 방사능 물질이 누출되어 엄청난 재앙이 일어난다.

 원자력 발전소 사고

민간 시설에서 발생한 원자력 사고는 32건, 군사 시설에서 발생한 사고는 63건이며, 공개되지 않은 사고는 얼마나 많을지 상상이 안 간다. 소련의 '마야크 핵연료 재처리 공장'은 1948년부터 플루토늄을 생산했는데, 이곳에서도 여러 차례 사고가 발생했다. 1979년 3월에는 미국의 스리마일 원자력 발전소의 제2원자로에서 핵 연료봉이 녹아내리는 노심 용해 사고가 일어났다. 원자로 온도가 급상승해 노심이 절반 이상 녹았다고 한다. 다행히 폭발 직전에 냉각 펌프가 작동하여 인명 피해는 없었으나, 상당한 양의 방사능 누출이 발생하여 인근 주민 20만 명이 대탈출 소동을 벌였는데, 레벨5에 해당되었다. 체르노빌 원자력 사고(Chernobyl disaster)는 1986년 4월 26일에 우크라이나 체르노빌에서 발생한 방사능 누출 사고이다. 당시 근무하고 있던 직원들이 사망하고, 실험실의 총책임자(아나톨리 댜틀로프)도 피폭 당해 1995년 숨을 거두었다. 또한 1986년에서 1987년 사이에 투입된 22만 6천 명의 작업자 중 상당수가 방사능에 피폭되어 사망하였는데, 레벨 7이었다.

지구는 멸망할 것인가?
- 지구의 미래

지구가 스스로 멸망할지? 또는 앞에 설명한 여러 가지 자연재해로 종말을 맞을지는 누구도 알 수도 없다. 한동안 '지구가 망한다' 또는 '그렇지 않다' 라는 흑백 논리가 만연했던 적이 있다. 이제는 20세기도 저물고 Y2K•라는 복병도 지나갔다. 한때는 이것들이 지구의 멸망을 알리는 징조라고 떠들썩했다. 인간이 지구에 다가오는 모든 위험을 물리치고 지구와 함께 영원할 수 있을지는 여전히 미지수다. 우습지만 실제로 지구의 종말이나 Y2K 때문에 가산을 탕진하거나 떼돈을 번 사람도 상당수 있었다. 그만큼 지구의 종말이 인류에게 끼치는 영향이 크기 때문일 것이다.

지구가 멸망할 것으로 예측한다면 태초의 원시 지구가 언제 어떻게 출발하였는지를 알아야 한다. 현재까지 과학적으로 파악된 바에 의하면, 지구의 미래는 태양의 미래와 관련되어 있고 더 나아가 우주의 미래와도 깊은 관련이 있다. 그렇기 때문에 태양이나 우주의 미래를 확실히 알기 전에는 지구의 미래도 알 수 없다.

오늘날 지구 상에는 약 62억 명의 사람들이 살고 있으며 해마다 최고 8000만 명씩 증가하고 있다. 인구의 급격한 증가가 지구 환경에 얼마나 많은 영향을 미치는가를 생각해 볼 필요가 있다. 역사적 기록들과 위성사진을 토대로 종합해 보면 지구 표면의 대략 40%에 이르는 땅에 인간들이 경작을 하거나 가축을 방목하고 도로를 포장하거나 건물을 지은 것으로 나타났다. 그러므로 인간의 손이

컴퓨터가 연도 표시의 마지막 2자리만을 인식하여 1900년 1월 1일과 2000년 1월 1일을 같은 날로 인식하게 되는 데 따르는 여러 가지 문제. 밀레니엄 버그(Millennium bug) 또는 컴퓨터 모라토리엄 (Computer moratorium) 이라고 한다.

미치지 않은 곳을 찾아보기 힘들 정도로 지구는 훼손되었다. 전문가들은 인구 증가 · 소비 형태 · 과학 기술의 발전 등으로 인류가 지구에 미치는 영향이 계속적으로 가속화할 것이라고 예상한다.

'더는 살 수가 없어요'_지구에서 탈출하려고 한다. 하지만 더 이상 갈 곳은 없다. 인간들이 내뿜는 오염만이 아니다. 대량 살상 무기(WMD)도 무시할 수 없다. 20세기가 낳은 치명적인 산물인 원자력 산업(핵무기)은 지구 전체를 파괴할 만큼 강력하기 때문에 지구가 최악의 사태를 맞을 수도 있다.

지구와 인간에 대해 낙관론을 펴는 사람들은 인간은 이제까지 지구 상에 출현했다가 사라진 다른 생물과는 달리 발달된 두뇌를 가지고 있기 때문에 지구의 환경 변화에 적극적으로 대처할 능력을 가지고 있다고 한다. 고도로 발달된 지혜를 가지고 있어 어떠한 어려움도 해결할 수 있으므로 미래가 걱정 없을 것이라고 생각하는 것이다. 한편 비관론은 열대 우림의 파괴, 사막화 현상, 빙하의 용융, 대기 오염, 오존층 파괴 등 갖가지 지구 오염은 과학이 아무리 발전하더라도 개선되지 않고 점차 악화될 것으로 예측하고 있다. 또 인류에게 필요한 대부분의 지하자원이 고갈되고 지구가 재생 불가능한 공해 덩어리가 될 것이라고 한다.

어느 것이 맞는지 지금은 알 수 없다. 지구의 환경오염 문제를 이대로 계속 끌고 가다가는 해결이 불가능하기 때문에 지구와 인류가 멸망할 것으로 보는 후자의 견해가 더 지배적이다. 이런 견해를 알고 있는 세계보건기구World Health Organization, WHO, 세계기상감시World Weather Watch, WWW, 세계기후계획World Climate Programme, WCP, 기후변화에 대한 정부 간 협의회Intergoverment Panel on Climate Change, IPCC, 몬트리얼 의정서(프레온 생산규제조약) 등 국제기구나 유엔의 관련 전문 기관에서는 실질적인 전략을 강구하고 있다.

환경 문제는 전 인류의 운명과 직결된 것이지만 때로는 우리 모두가 남의 일로 지나쳐 버리는 경우가 종종 있다. 인간들이 만들어낸 온갖 쓰레기와 오염 물질이 지구의 자정 작용에 의하여 흡수·정화되지 않는다면, 결국 우리 스스로가 뒤집어쓸 수밖에 없다. 알다시피 우주선 지구호는 비상 탈출구도 없고 비켜 갈 곳도 없다. 그러므로 지구 환경 문제는 어느 한 지역 한 국가만의 문제가 아닌 지구촌 전체의 문제가 되었다. 이런 점에서 환경 문제가 국방·외교와 함께 국제 간의 주요 현안 과제가 되었다. 어느 한 국가만의 노력으로 해결이 어려운 만큼 중증에 시달리는 지구 환경 문제는 우리 모두의 관심과 노력이 필요하다. 조상으로부터 물려받은 것이 아니라 '후손으로부터 빌려 받은 우리 지구'를 잘 보전하여 본래의 주인에게 고마운 마음으로 되돌려 주어야 한다.

 리우 회의

1992년 6월 브라질 리우데자네이루에서 150여 개국 대표들이 참가한 가운데 지구 환경 회의가 열렸다. 각 대표들은 생태계를 보호하고 온실 가스를 줄이며 지구 환경 훼손을 최소화하여 인류의 복지를 증진하기로 결의하였다. 즉, 지구에서 사람들이 살아가기에 좋은 환경을 만들자는 모임이었다. 그 후, 만 10년 뒤 2002년 8월에 세계의 지도자들, 과학자들, 환경 운동가들이 남아프리카 공화국의 요하네스버그에 모여 일명 '리우+10'이라고 불리는 환경 정상 회의를 재개했다. 리우 회의 이후 일어난 변화와 그간의 성과를 평가하기 위해서였다. 결과는 리우 회의 이후 지구 건강에 대한 우리의 의식 수준이 상당히 향상되었으나, 생물 서식지 파괴가 특별히 감소하지는 않았다고 평가했다. 우리의 과학 지식이 증가한 것은 바람직하지만 생물들의 보고가 여전히 파괴되고 있다고 우려하였다. 실천적인 측면에서 평가해 봤을 때 '리우'라는 이름은 지난 10년간 잠들어 있었다고 해도 과언이 아니다. 화석 연료가 지구의 온도를 높인다는 명백한 증거가 있음에도 불구하고 실제로 소비는 늘었기 때문이다.

리우 회의는 인류가 환경에 미치는 영향을 새롭게 인식시키는 계기를 마련했다. 1997년 열린 환경 회의에서 대부분의 선진국들은 교토 의정서를 채택해 오염 물질의 배출을 줄이는 데 합의했다. 그러나 미국은 경제에 미칠 악영향을 우려해 동의하지 않았다. 육지와 해양, 그리고 대기에 존재하는 어떤 것이든지 환경을 파괴하는 원인을 없애지 않는다면 지구는 최후를 맞게 될 것이다.

● 참고문헌

강호국 외, 1999, 『지형 및 기상』, 양서각.

김성준, 2001, 『유럽의 대항해 시대』, 신서원.

김신, 1997, 『대항해자의 시대』, 도서출판 두남.

김신, 1997, 『최초의 탐험가』, 도서출판 두남.

노웅희 · 박병석, 2002, 『교실 밖 지리여행』, 사계절.

안건상 외, 2001, 『지구여행』, 조선대학교출판부.

안원전, 2002, 『지구 속 문명』, 대원출판.

옥한석 외, 2005, 『세계화시대의 세계지리 읽기』, 한울.

유강민, 2002, 『지구의생성과진화』, 시그마프레스.

윤경철, 2001, 『지도의 이해』, 피어슨에듀케이션.

이병철 편, 1997, 『위대한 탐험』, 가람기획.

이희성, 1997, 『지구는 왜 둥근가』, 우리교육.

장순근, 1993, 『새로운 남극 이야기』, 수문출판사.

차종환, 2000, 『지구과학』, 도서출판예가.

최민순, 1999, 『세계사에 숨겨진 이야기』, 경학사.

최진범 외, 1993, 『지구라는 행성』, 춘광.

박영한 외, 2001, 『고등학교 지리부도』, 성지문화사.

우종옥 외, 1994, 『고등학교 지구과학』, 금성출판사.

최광언 외, 2001, 『고등학교 역사부도』, 성지문화사.

김광식, 1992, 『기상학사전』, 향문사.

최봉원 편, 1999, 『세계지명표기사전』, 성균관대학교출판부.

한국지리정보연구회, 2004, 『자연지리학 사전』, 한울아카데미.

국립제주박물관, 2000, 『항해와 표류의 역사』, 솔.

국토지리정보원, 카탈로그 및 홈페이지.

대한측량협회, 1993, 『한국의 측량 지도』.

대구지도센터 · 서전지구의 · 성지문화사, 카탈로그.

한국지구과학회, 1997, 『지구과학개론』, 교학연구사.

데이바 소벨 · 윌리암 앤드루스(김진준 옮김), 2002, 『경도』, 생각의나무.

마크 몬모니어(손일 · 정인철 옮김), 2005, 『지도와 거짓말』, 푸른길.

브라이언 리 몰리노(김정우 옮김), 2002, 『신성한 지구』, 창해.

오기노 요이치(김경화 옮김), 2004, 『이야기가 있는 세계 지도』, 푸른길.

필립 세프 · 낸시 세프(최명희 옮김), 1998, 『이색지구탐험』, 자작나무.

헨드릭 빌렘 반 툰(박성규 옮김), 2002, 『인류 이야기』, 아이필드.

Brian J. Skinner(박수인 외 옮김), 2003, 『생동하는 지구』, 시그마프레스.

R. A. 스켈톤(안재학 옮김), 1995, 『탐험지도의 역사』, 새날.

Allen, Phillip, 1997, The Atlas of ATLASES, Marshall Publishing Ltd.

Binding, Paul, 2003, IMAGINED CORNERS, Headline Book Publishing.

Blackmore, W. H., Elliott, M. J., Cotter, R. E., 1978, LANDMARKS, The Macmillan Company.

Bloomfield, E. R., Watson, C. A., 1990, Jacaranda Social Studies Atlas for AOTEAROA,
      Jacaranda Wiley Ltd.

Brunsden, D., 1999, ATLAS of the World, George Philip Ltd.

Rosenberg, M. T., 2003, THE HANDY GEOGRAPHY ANSWER BOOK, Visible Ink Press.

Russell, Kirkpatrick, 1999, Contemporary Atlas NZ, David Bateman LTD.

_____. 1993, The Early Middle Ages (history of the world), Cherrytree Press Ltd.

_____. 1994, The Oxford World Atlas, Oxford University Press.

_____. 1996, Answer Atlas: Featuring maps from Goode's World Atlas, Rand McNally and
      Company.

_____. 1996, Map Reading Guide, Land Information Center (N.S.W in Australia).

_____. 1997, Ancient Egypt, Myth and History, Geddes & Grosset Ltd, David Dale House,
      New Lanark, Scotland.

_____. 1998, Auckland Street Directory, Minimap LTD.